频率信号数字化测量

刘　娅　李孝辉　赵志雄　樊多盛　薛艳荣　著

科学出版社

北　京

内 容 简 介

数字化测量是测量技术发展的重要方向之一，但频率信号的数字化测量存在不少挑战，特别是对高精度频率信号的测量。本书全面介绍频率测量方法的工作原理及特点，以及当前公开报道的先进频率测量系统的工作原理，包括实验室系统和商业产品，总结各系统的特点，重点介绍两种基于数字技术的精密频率信号测量方法及其实现技术，另外对频率源测量相关的频率稳定度分析工具、测量不确定度及测量噪声的影响等内容进行介绍。

本书可供通信、导航、时频等领域工程技术人员参考，也可作为相关专业高校师生的参考资料。

图书在版编目（CIP）数据

频率信号数字化测量 / 刘娅等著. -- 北京 : 科学出版社，2025. 6. -- ISBN 978-7-03-079838-1

Ⅰ. TB939

中国国家版本馆 CIP 数据核字第 2024XQ4069 号

责任编辑：祝　洁 / 责任校对：崔向琳
责任印制：徐晓晨 / 封面设计：陈　敬

科 学 出 版 社　出版
北京东黄城根北街 16 号
邮政编码：100717
http://www.sciencep.com

北京华宇信诺印刷有限公司印刷
科学出版社发行　各地新华书店经销

*

2025 年 6 月第 一 版　开本：720×1000　1/16
2025 年 6 月第一次印刷　印张：13 1/4
字数：265 000

定价：138.00 元
（如有印装质量问题，我社负责调换）

前　言

在所有的物理量中，时间是具有最高测量精度的量，部分其他物理量也可以转换成时间或频率进行精密的测量。

20 世纪 80 年代，欧美就开始研制光抽运铯束频标、汞离子频标，90 年代启动了冷原子喷泉钟的研制工作。2001 年，美国国家标准与技术研究院研究报道了 ^{199}Hg$^+$ 单离子光钟并实现了 $7\times10^{-15}(\tau/s)^{-0.5}$ 的稳定度，标志着光学频率标准首次被实现，此后国内外机构的各类光钟开始高速发展。公开报道的数据表明，冷原子光钟的稳定度和准确度性能可超越铯原子喷泉钟一到两个数量级，有望成为下一代秒长定义的频率基准。近年来，有多家机构报道了系统不确定度达到甚至优于 2×10^{-18} 的光晶格原子钟。为了能准确地评价各类频率标准的频率稳定度、准确度，频率测量设备也在不断发展。

本书介绍频率测量技术近四十年的发展历程，详细介绍各频率测量技术的原理及特点；主要介绍频率测量、频率稳定度分析等相关内容，包括频率稳定度分析、经典频率测量方法等。希望本书内容能引发相关领域专家学者思考，促进该领域技术的进步。

本书第 1 章为时间频率测量概述，重点介绍频率源主要性能指标的评价方法，以及时频测量的应用，并对频率信号数字化测量的相关概念进行介绍。第 2 章为频率稳定度分析，主要介绍频率的各种稳定度分析方法，覆盖目前常用的频率稳定度分析方法。第 3 章为经典测频方法，主要介绍 20 世纪 60 年代以来出现的经典频率测量方法，并对各方法的特点和应用场景进行了比较。第 4 章为差拍数字测频，介绍差拍数字测频方法的工作原理，分析了主要测量误差的来源，并对基于差拍数字化测量原理的测量系统实现技术进行了详细介绍。第 5 章为欠采样数字测频，介绍采样率不满足奈奎斯特采样定理条件下，对频率信号高精度测量的方法，并对该方法的频率测量仪器实现技术进行了介绍。第 6 章为现代测频系统及方法，综合介绍目前使用较为广泛的商用高精度频率测量仪器，包括仪器的基本工作原理及测量性能，为读者了解当前精密频率测量仪器的概况提供参考。第 7 章为测量误差分析，主要介绍影响频率测量的噪声来源，以及不确定度评定方法。第 8 章为精密测频技术发展展望，根据频率测量仪器的需求及现状，结合作者经验，总结了频率测量仪器未来可能的发展方向和趋势。

本书撰写分工如下：刘娅负责本书的统稿工作，并撰写第 2 章、第 4~6 章的内容，李孝辉负责撰写第 1 章和第 8 章内容，赵志雄和樊多盛分别负责第 3 章和第 7 章内容的撰写，薛艳荣负责全书的修订和校对。

感谢中国科学院时间基准及应用重点实验室提供的研究条件，感谢国家自然科学基金重点项目(11033004)和天文联合项目(U2031125)提供的研究支持，感谢中国科学院青年创新促进会、中国科学院大学提供的交流平台。特别感谢边玉敬研究员、王丹妮正高级工程师、周渭教授等前辈们在时间频率测量方面知识的倾力指导。在本书撰写过程中，得到张慧君研究员、朱峰博士、王国永博士、陈瑞琼博士、李博博士、贺振中硕士、王玉兰硕士、王翔硕士等的大力支持，在此一并表示感谢。

作者深感自己学识浅薄，书稿内容难免有疏漏和不当之处，望读者批评指正，不胜感激。

作　者

2024 年 8 月

目　　录

前言
第1章　时间频率测量概述 ·· 1
1.1　时间频率的基本概念 ·· 1
1.2　时间频率标准 ··· 2
1.3　时间频率测量的主要术语 ··· 3
1.3.1　准确度 ··· 5
1.3.2　稳定度 ··· 8
1.4　时频测量的应用 ·· 11
1.5　频率信号数字化测量 ··· 13
1.5.1　频率信号数字化测量的优势 ·· 13
1.5.2　频率信号数字化测量的实现难点 ·· 13
1.6　时频测量专业术语 ··· 14
参考文献 ·· 20
第2章　频率稳定度分析 ·· 21
2.1　频率稳定度分析概述 ··· 21
2.2　典型噪声类型 ··· 23
2.3　频率稳定度频域表征 ··· 24
2.4　频率稳定度时域表征 ··· 25
2.4.1　频率稳定度时域分析方法 ··· 25
2.4.2　各频率稳定度时域分析方法特点比较 ····································· 40
2.5　频率稳定度频域和时域转换 ·· 42
2.6　频率稳定度分析实用技术 ·· 43
2.6.1　置信度确定 ··· 43
2.6.2　取样时间的选取原则 ·· 43
2.6.3　三角帽法 ·· 44
2.6.4　测量环境 ·· 46
参考文献 ·· 46
第3章　经典频率测量方法 ··· 48
3.1　直接测频法 ··· 48

  3.1.1 测频率法 ·· 48
  3.1.2 测周期法 ·· 50
  3.1.3 李沙育图形法 ·· 50
  3.1.4 时差法 ·· 51
  3.1.5 分辨率改进型频率计 ·· 52
 3.2 分辨率提高的测频法 ··· 55
  3.2.1 差拍法 ·· 56
  3.2.2 零差拍法 ·· 58
  3.2.3 倍频法 ·· 59
  3.2.4 频差倍增法 ·· 59
  3.2.5 比相法 ·· 61
  3.2.6 双混频时差法 ·· 64
 3.3 经典测频方法特点总结 ··· 66
 参考文献 ·· 68

第 4 章 差拍数字测频 ·· 69
 4.1 差拍数字测频方法 ··· 69
  4.1.1 差拍数字测频方法概述 ·· 69
  4.1.2 差拍数字测频原理 ·· 71
 4.2 系统误差分析 ··· 74
  4.2.1 正弦差拍信号失真影响 ·· 75
  4.2.2 量化误差及方法误差影响 ·· 76
  4.2.3 公共参考源噪声影响 ·· 79
  4.2.4 系统误差校准方法 ·· 80
 4.3 差拍数字测频实现技术 ··· 82
  4.3.1 系统组成 ·· 83
  4.3.2 系统设计与实现 ·· 83
  4.3.3 系统优化 ·· 100
  4.3.4 系统测试 ·· 103
 参考文献 ·· 116

第 5 章 欠采样数字测频 ·· 118
 5.1 欠采样数字测频方法 ··· 118
  5.1.1 采样技术概述 ·· 118
  5.1.2 欠采样理论 ·· 119
  5.1.3 频率信号的欠采样需求 ·· 121
  5.1.4 欠采样精密测频原理 ·· 122

5.1.5　系统误差校准 125
　5.2　欠采样数字测频实现技术 125
　　5.2.1　系统设计与实现 125
　　5.2.2　系统测试 136
　参考文献 138

第6章　现代测频系统及方法 139
　6.1　多通道频标稳定度分析仪 139
　6.2　信号稳定度分析仪 141
　6.3　比相仪 145
　6.4　频率比对仪 147
　6.5　相位噪声测量系统 150
　　6.5.1　多通道测量系统 150
　　6.5.2　时间间隔分析仪 151
　　6.5.3　相位噪声测量系统 153
　6.6　数字测频方法 155
　6.7　异频相位重合检测测频方法 158
　6.8　各系统特点总结 161
　参考文献 163

第7章　测量误差分析 165
　7.1　误差类型 165
　　7.1.1　随机误差 166
　　7.1.2　系统误差 166
　　7.1.3　粗大误差 168
　7.2　频率测量误差来源 173
　　7.2.1　公共振荡器 173
　　7.2.2　时间间隔计数器 175
　　7.2.3　模拟器件 176
　　7.2.4　模数转换器件 177
　7.3　容易忽略的误差 180
　　7.3.1　外在环境 180
　　7.3.2　同轴电缆 182
　　7.3.3　信号干扰 185
　7.4　测量不确定度 186
　　7.4.1　测量不确定度定义 186
　　7.4.2　测量不确定度来源 189

7.4.3　不确定度评定方法 191
　　　7.4.4　频率测量不确定度评定 198
　参考文献 199
第8章　精密测频技术发展展望 201
　参考文献 203

第1章 时间频率测量概述

本章首先介绍时间频率(时频)的基本概念，其次重点介绍频率源主要性能指标的测量评价方法及时频测量的应用，最后对频率信号数字化测量的相关概念、优势和实现难点、术语进行全面梳理。

1.1 时间频率的基本概念

通常提到的时间包含时刻和时间间隔两种含义。

时刻指在规定时间尺度上的点，给出事件发生时间点的信息，一般用年、月、日、时、分、秒表示，也有需要精确到毫秒、微秒、纳秒等单位的时刻(Jespersen et al., 1999)。

时间间隔是两个时间点间流逝的时间，标准的时间间隔单位是秒(s)，而实际应用中，很多领域需要测量更短的时间间隔，如毫秒($1ms=10^{-3}$ s)、微秒($1\mu s=10^{-6}$ s)、纳秒($1ns=10^{-9}$ s)、皮秒($1ps=10^{-12}$ s)、飞秒($1fs=10^{-15}$ s)，甚至仄秒($1zs=10^{-21}$ s)等。

一般情况下，不特别区分时刻和时间间隔这两个概念，而是通称时间。时间的基本单位是秒，是七个国际基本单位之一，也是目前测量精度最高的物理量。时间的计量标准具有传递方便特点，若能将其他物理量转化为时间进行测量，能提高这些物理量的测量精度和使用便捷性。

时间单位曾经是根据地球转动速率确定，是对一天的周期测量结果进行等分得到。原子钟的出现为实现更高精度定义秒长奠定了基础。第13届国际计量大会上通过了秒长的定义，"位于海平面上的铯(Cs-133)原子基态两个超精细能级间在零磁场跃迁辐射9192631770个周期所持续的时间为一个原子时秒"(Michael, 1999)。

目前以铯原子微波波段共振频率作为时间频率基准的原子钟称为微波钟。以原子的光学波段共振频率作为时间频率基准的原子钟则被称为光钟，光钟的工作频段比微波钟的工作频段高4～5个数量级，因此光钟可以达到比微波钟更高的精度。有报道显示，2022年美、日、中等多国的光钟频率不确定度均已经进入10^{-18}量级，部分实验室甚至报道了10^{-19}量级的光钟研制进展，较微波钟提升了几个量级。因此，2022年第27届国际计量大会通过了"关于秒的未来重新定义"的决议：利用光钟实现时间单位秒的重新定义。该决议计划在2026年的国际计量大会上提出关于秒的重新定义的建议，并在2030年第29届国际计量大会上最终决定。

原子时秒长是累计短周期的频率信号得到，由于频率信号测量精度高，实现的秒长精度要远远高于根据地球自转观测得到的结果。频率信号的准确度是决定秒长准确度的最主要因素。频率是事件重复的速率，如果用T表示事件重复的周期，那么频率ν则为周期的倒数，即$\nu=1/T$。对应地，周期也是频率的倒数，即$T=1/\nu$。

标准的频率单位是赫兹(Hz)，定义为每秒发生的事件数或是周期数。电信号的频率通常是多个赫兹，如千赫兹(kHz)、兆赫兹(MHz)或吉赫兹(GHz)，其中1kHz表示每秒发生1000次事件，1MHz表示每秒发生100万次(10^6次)事件，1GHz表示每秒发生10亿次(10^9次)事件。

秒定义的实现需要测量频率，其他许多场合也需要测量频率，如通信网、电力网内各节点的频率同步，需要频率测量予以保障。基于时间频率的重要性，现代电子系统通常都配备有高精度的频率源提供稳定可靠的频率，保障系统有序工作。当由多个频率源驱动的系统需要协同工作时，测量各频率源的相对频差并校准，使各频率源的频率同步，支撑复杂的电子系统协同工作，频率和时间的高精度测量成为现代电子系统必不可少的重要环节。

1.2 时间频率标准

现代电子系统的时间频率标准有晶体振荡器、原子钟等，其中原子钟又根据共振频率的不同分为原子微波钟和原子光钟。原子钟通常由两部分组成，分别是生成周期性信号的发生器和控制输出频率的控制器。根据原子钟对输出频率控制方法的不同，可以将其分为主动型原子钟和被动型原子钟两种，主动型原子钟的输出频率受设备自身谐振控制，被动型原子钟是通过与反馈环路信号比较控制输出频率。光钟通常是主动型，铯原子微波钟或铷原子微波钟都是被动型，氢原子钟有主动型和被动型两种类型。目前，各类原子钟频率标准，无论主动型还是被动型，其基本原理都是利用量子系统输出的频率信号校准晶体振荡器的频率，使晶体振荡器的输出锁定到原子频率，然后作为钟的输出信号(Levine, 1999)。

当前使用最广泛的振荡器是晶体振荡器（简称"晶振"），晶振也是各类原子钟的基本组成之一。例如，手表中的晶振，频率准确度约为百万分之一，频率稳定度能达到该数值的10倍，若采用稳定度控制装置，晶振还能达到更高的频率稳定度。因为晶体振荡器的输出频率很容易受温度变化和其他环境参数的影响，所以其长期稳定度相对较差。经过多年发展，虽然一些方法能在一定程度上解决该问题，但是温度等环境变化对晶体振荡器输出频率的扰动依然没有完全解决，会使输出频率呈随机变化特征。晶振的类型多样，根据具体的使用需求选择，考虑的要素包括成本、性能、寿命、结构和体积等。没有一种晶振能符合所有需求，需要权衡各种要素，最终确定晶振类型。

原子频率标准使用原子或分子跃迁产生周期信号。根据量子理论，原子和分子只能处于一定的能级，或在不同能级之间跃迁，其能量不能连续变化。当由一个能级向另一个能级跃迁时，就会以电磁波的形式辐射或吸收能量，辐射电磁波的频率取决于两个能级间的能量差。从高能级向低能级跃迁，便辐射能量；反之则吸收能量。该现象是微观原子、分子的固有属性，因而非常稳定，原子频率标准的基本原理就是设计方法使原子或分子受到激励而跃迁，从而辐射出稳定、准确的频率。上述工作原理决定了原子频率标准需要一个能使原子保持在特定能级之间持续跃迁的物理装置，以及一个能产生最终输出频率的晶体振荡器和控制电路。原子钟输出频率主要受原子能级跃迁辐射频率的控制，其准确度与辐射频率的准确度直接相关。原子频率标准（简称"频标"）的出现是一项重大进步，但也提出了很多挑战，包括原子能级跃迁的探测、物理封装和电子结构封装，都会在一定程度上对输出频率造成影响。另外，为了组装成可用的频率标准，必要的人工机械介入也会导致干扰。

与微波信号相比，光信号的频率高 4~5 个量级，并且有一些原子或离子的光学频率跃迁谱线很窄，其相应的谱线质量因子 Q 值高达 10^{18}(张首刚，2009)，利用这些谱线实现的频标，即原子光钟(简称"光钟")。光钟工作原理是利用冷原子或者离子在光频段的跃迁频率提供光学频率参考标准，用窄线宽激光探测原子或离子的跃迁谱线，并将其频率锁定到原子或离子的跃迁辐射频率上，然后利用飞秒光学频率梳，将光钟的频率转换到微波频段进行测量和应用，或者转换到其他光学频段来比对和应用。由此可见，光钟主要由三部分组成：一是提供光学频率标准的冷原子系统；二是超窄线宽激光器，用于探测钟跃迁谱线和作为光钟的本振；三是将光频段向可计数的射频段转换的飞秒光学频率梳(胡炳元等，2006)。

光钟是迄今为止最精确的计时手段，其中锶光晶格钟是机构研究最多的一类，目前频率稳定度和频率不确定度已经进入 10^{-18} 量级(Lu et al., 2020)，甚至达到 10^{-19} 量级(卢炳坤等，2023)。

1.3 时间频率测量的主要术语

对时间频率测量遵循计量的基本原则：需要测量的频率标准或晶体振荡器称为待测设备(device under test，DUT)；测量 DUT 需要一个参考标准，并且参考标准的性能与 DUT 性能符合特殊比例，称为测试不确定度比(test uncertainty ratio，TUR)，理想情况下 TUR 应该不小于 10∶1，比例越高，测量结果可信度越高(Michael，2002)。

时间测量通常针对秒脉冲(pulse per second，PPS)信号，尽管每个设备产生 1PPS 的脉宽和极性不完全相同，但 1PPS 的晶体管-晶体管逻辑电平（transistor-transistor logic，TTL）通用可测。频率测量通常是针对频率为 1MHz、5MHz 或 10MHz 的正弦信号，也有波形为方波或脉冲的信号。若振荡器输出频率信号波形为正弦波形，可用式(1.1)表示，即

$$V(t) = V\sin(2\pi \nu t + \phi) \tag{1.1}$$

式中，V、ν 和 ϕ 分别为幅值、频率和初始相位，是表征正弦信号的三要素。其中，幅值又称振幅，是正弦量在一个周期内所能达到的最大值，V；周期是物理做往复运动或物理量周而复始变化时，重复一次所经历的时间，s；频率是单位时间内完成周期性变化的次数，是描述周期运动频繁程度的量，Hz，周期与频率呈倒数关系，$T=1/\nu$，可以相互转换；相位是对于一个信号中特定时刻在它循环中的位置，初始相位是信号在初始时刻的相位值，(°)，根据定义可见初始相位与所选时间起点有关。由上述定义可知，相位与频率之间存在联系，满足 $\phi(t)=2\pi \nu t$ 关系。图 1.1 为振荡器输出的正弦信号，其中 T_s 为信号数字化时的采样周期。

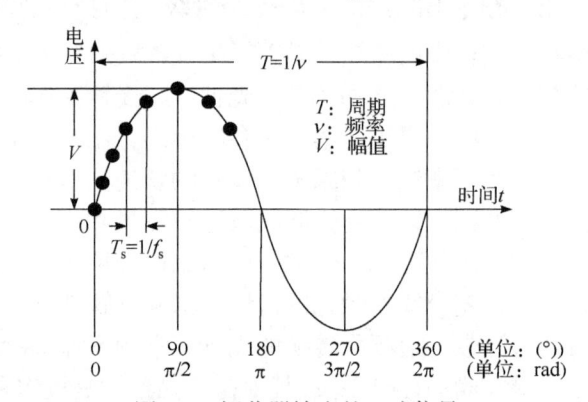

图 1.1 振荡器输出的正弦信号

为了定量分析频率，需要对信号的频率进行测量，当然也可以根据频率、相位、周期之间的转换关系，通过测量相位差或周期实现对频率的测量。测试时频率信号必须考虑信号幅值与测试仪器的兼容性问题，幅值太小不能驱动测试仪器，需要对信号进行放大处理；幅值太大容易导致过载，需要对信号幅值作衰减处理。

测量信号频率的主要目的是分析振荡器输出信号的周期复现能力，以及统计频率测量值和真值的符合程度，这两项指标是衡量振荡器性能的主要参数，对应

的术语分别是频率稳定度和频率准确度。

1.3.1 准确度

准确度的定义是测量值与真值的符合度，描述实际值与其标称值或理想值的偏差。时间准确度、频率准确度分别用时间偏差和频率偏差表征，时间偏差是指待测秒脉冲信号与同步到协调世界时(UTC)的脉冲信号的差值；频率偏差是待测信号的频率测量值与理想标称频率的差值，一般用相对值表示，又称频偏。

时间偏差通常使用时间间隔计数器(time interval counter, TIC)测量，如图 1.2 所示。TIC 有两个信号输入端口(输入端口数非固定，可根据仪器通道数扩展)，分别接入需要测量时差的两个信号。一个信号触发内部计数器开始测量，另一个信号触发停止测量，开始和停止区间的时间间隔被填充时基脉冲，内部计数器计数时基脉冲数，即可得到两输入信号间的时差。此类原理的时间间隔计数器测量分辨率主要取决于时基脉冲周期大小，如 10MHz 时基的 TIC 测量分辨率为 100ns。为提高 TIC 的测量分辨率，数字内插、模拟内插等方法被用于检测小于时基周期的时间间隔量，目前已经有分辨率为 0.9ps 的 TIC 商业产品。

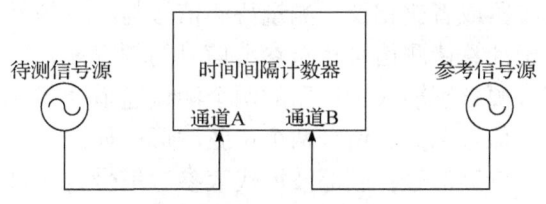

图 1.2 时间间隔计数器测量时间准确度

频率偏差 f 可按式(1.2)计算：

$$f = \frac{\nu_{测量值} - \nu_{标称值}}{\nu_{标称值}} \tag{1.2}$$

式中，$\nu_{测量值}$ 为测量仪器测得的待测信号源频率值；$\nu_{标称值}$ 为待测信号源预期应该输出的频率值，又称标称频率。由于 $\nu_{标称值}$ 是理想值，实际选取一个频率偏差比待测频率偏差小一个量级的参考频率近似作为标称频率。

频率准确度是频率偏差的最大范围。为了获得信号源频率准确度，从实施角度，首先需要测量信号源的频率量值。当前高分辨率的频率量主要采用相对测量法，即指定某频率足够准确的信号源作为基准，用测量仪器比较待测信号源与基准间的频率偏差。作为秒长定义的铯原子喷泉钟被作为频率量值的基准，通过与其进行相对测量，获得频率偏差，但是铯原子喷泉钟体积大、不可移动，仅能满足部分信号源的频率测量需求，因此从实用角度，频率偏差的测量，常选取频率准确度是待测信号三倍或高一个量级以上的信号源作为参考，测试相对于参考的频率偏差，代表该信号的频率准确度。下面介绍几种频率偏差测量方法，最简单的方法是用频率计直接计数待测设备输出信号的周期个数，作为参考的信号源是频率计内部或外部输入的参考信号源，如图 1.3 所示。频率计的测量分辨率或显示位数决定了频率计测量频率偏差的能力。例如，用有 9 位数字显示的频率计，测量频率为 10MHz 的信号，可显示的最小量值为 0.1Hz，假定最后一位测量值准确可信，则该频率计能分辨的最小频率偏差为 0.1Hz，称为频率测量分辨率。

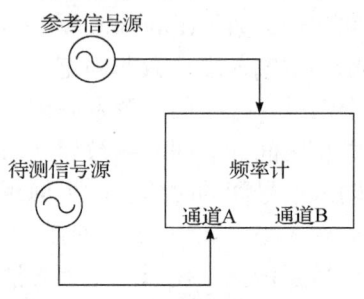

图 1.3　频率计测量频率准确度

也可以使用示波器或者比相仪，测量待测信号与参考信号在某时间间隔内相位差的变化量，用于计算待测信号相对参考信号的频率偏差。如图 1.4 所示，待测信号源与参考信号源分别输入示波器的两个测量通道 A 和 B，进行相位比较。示波器同时显示待测信号和参考信号两个正弦波形，如图 1.5 所示，顶部的波形代表待测设备输出的待测信号，底部波形代表参考信号，如果两个信号的频率相等，相位差不随时间变化，则示波器显示的图形呈静态保持不变。实际情况是两个独立信号的频率不可能完全相同，以参考信号为标准，即示波器中参考信号的图形呈静止状态，则可以观察到待测信号相对参考信号不停移动，移动的速度反映两信号间的频率偏差。图 1.5 中，底部黑色柱状条的宽度表示待测信号与参考信号的实时相位差，可见其相位差不断增大。比相仪的测试与示波器类似，区别是不观察波形，而是能直接获得两信号间的相位差数据。

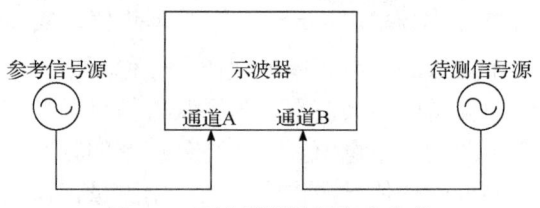

图 1.4　示波器测量频率准确度

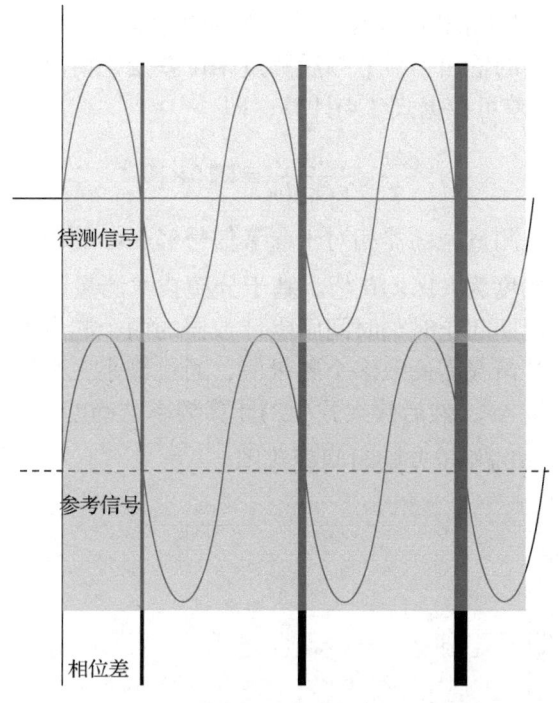

图 1.5 两个正弦信号的相位关系

示波器的相位差或频率偏差测量能力与其显示分辨率有关,常用于准确度要求较低的测量中,更高分辨率的需求可以采用时间间隔计数器测量两信号的相位差变化量,测量原理与图 1.2 相似,相位差变化速率即为待测信号相对参考信号的频率偏差。用时间间隔计数器测量频率偏差,其测量分辨率由计数器的测量分辨率决定,如单点测量分辨率 100ns 的时间间隔计数器,能在 1s 的测量周期内分辨 $1×10^{-7}$ 的频率偏差;分辨率 20ps 的时间间隔计数器能分辨 $2×10^{-11}$ 的频率偏差。更长的测量周期能提高测量分辨率,甚至达到亚皮秒量级(Michael, 2002)。

即使时间间隔计数器的测量分辨率达到皮秒量级,仍然难以满足原子钟等频率源优于 10^{-13} 量级频率准确度的测量需求,因此在频率测量中进一步发展了分频、混频等频率变换技术,降低待测信号的频率是为了提高测量分辨率。其中,分频相对于混频具有更简单、更容易实现等优点,而混频比分频更容易获得高信噪比。

采用分频技术分频后的信号,同样可采用比相仪、示波器或时间间隔计数器测量,测得确定周期内相位差的变化速率,然后根据式(1.3)计算频率偏差,即

$$f = \frac{\Delta t}{T} \tag{1.3}$$

式中，Δt 为测量周期内累积的相位偏差；T 为测量周期。

例如，将振荡器的输出信号分频后测量相位差变化情况，24h 相位累积变化量为 1μs，则频率偏差可根据式(1.4)计算，即

$$f = \frac{\Delta t}{T} = \frac{1\mu s}{86400s} = 1.16 \times 10^{-11} \tag{1.4}$$

由此可知，通过测量振荡器相对于参考信号经 24h 的相位差变化量，可以得到振荡器的频率准确度为 1.16×10^{-11}。基于分频技术测量频率准确度，最简情况下，仅需读取测量周期起止时刻时间间隔计数器的两个测量值即可计算。为降低随机误差影响，通常情况需读取多个测量值，通过最小二乘线性拟合估计测量间隔内的相位差变化量 Δt，然后代入式(1.3)计算频率准确度。图 1.6 是一个频率准确度为 1×10^{-9} 的晶振的相位差随时间变化图。

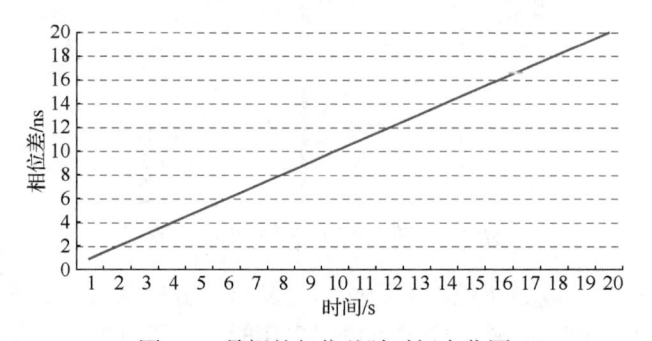

图 1.6　晶振的相位差随时间变化图

频率准确度和频率偏差均无单位，频率或频率差的单位为 Hz，两类值可以转换。已知标称频率，则可以将频率准确度换算成单位为 Hz 的频率值。例如，晶振标称频率为 5MHz，频率准确度为 5×10^{-11}，则频率值可由式(1.5)计算，即

$$(5 \times 10^{6}) \times (1.16 \times 10^{-11}) = 5.8 \times 10^{-5} = 0.000058 \text{(Hz)} \tag{1.5}$$

根据频率准确度的定义，取值是最大的频率偏差，则实际频率值 v_x 应满足式(1.6)所示的取值范围，即

$$5000000 - 0.000058\text{(Hz)} \leqslant v_x \leqslant 5000000 + 0.000058\text{(Hz)} \tag{1.6}$$

1.3.2　稳定度

稳定度是指在给定时间间隔内振荡器产生相同时间和频率信号的能力，是评价振荡器保持相同时间频率的能力，与准确度描述振荡器输出频率接近其标称频率的程度不同，图 1.7 解释了两者的区别。

(a) 稳定但不准确

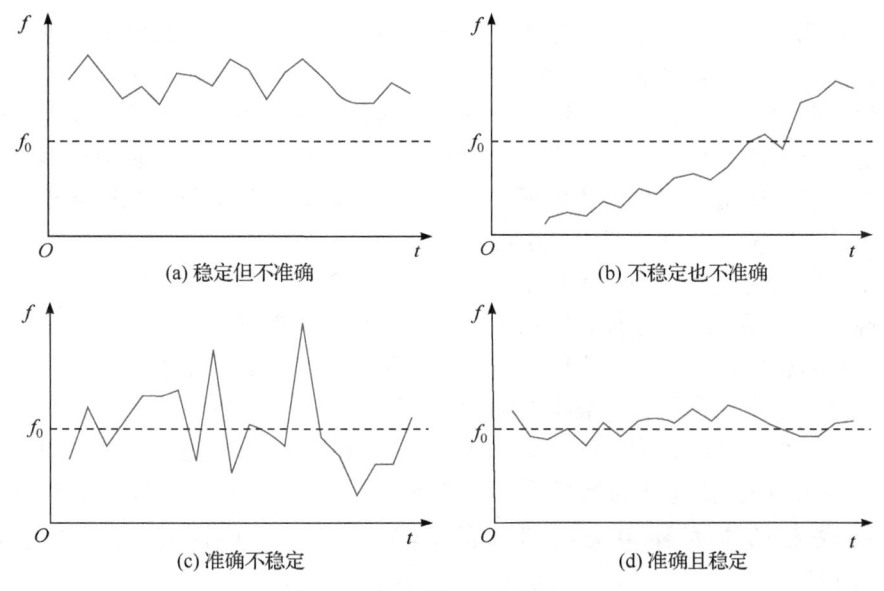

(b) 不稳定也不准确

(c) 准确不稳定

(d) 准确且稳定

图 1.7 准确度和稳定度的关系

稳定度定义为规定时间间隔内，信号频率或时间波动的统计估计值。波动是测量间隔内相对于某频率值或时间的偏差均值，短期稳定度通常指测量间隔小于 100s 的统计结果，长期稳定度是指测量间隔大于 100s 的结果，常用的长期稳定度的测量间隔通常大于 10000s(Michael, 2002)。

估计频率稳定度有时域和频域两类方法，所使用的测量仪器、统计工具不同，本节简单介绍频率稳定度的时域典型分析方法，详细内容参见本书第 3 章。

估计频率稳定度的数据源可以是一组频率量，也可以是时差或相位差值。在一些测量领域，常用标准差估计数据的稳定度，特别是具有平稳特性的数据，因为平稳数据的变化趋势与白噪声特性相似，与时间无关，所以只要测量数据的噪声在测量频带范围内均匀分布，标准差就能反映其稳定度性能。但是，标准差估计不适合分析振荡器输出信号的频率稳定度，主要原因是通常振荡器输出信号的频率与标称值存在频差，这将导致测量数据呈非平稳特性。另外，测量数据中含有与时间相关的噪声，随着测量时间的增加，均值和标准差都会发生改变，不能收敛到某个值。

鉴于振荡器噪声的非平稳特性，标准差不能用于估计振荡器的频率稳定度，较为常用的稳定度估计方法有阿伦方差估计。阿伦方差的均方根称为阿伦偏差(Allan deviation，ADEV)，阿伦偏差 $\sigma_y(\tau)$ 的表达式如式(1.7)所示，即

$$\sigma_y(\tau) = \sqrt{\frac{1}{2(M-1)}\sum_{i=1}^{M-1}(y_{i+1}-y_i)^2} \tag{1.7}$$

式中，y_i 为第 i 个频率偏差(频率偏差定义见本书 1.3.1 小节)；M 为数据总数；τ 为频率偏差值 y_i 对应的测量时间。

阿伦偏差计算与标准差不同，标准差是将每个测量数据与均值相减，而阿伦偏差是将每个测量数据与前一个测量数据相减，其优点是可以消除由于振荡器频率不准确引起测量时间与测量数据的相关性，这也是阿伦偏差比标准差更适用于估计振荡器频率稳定度的原因(Allan, 1966)。

振荡器输出信号的稳定度在某些测量时间，符合测量时间 τ 越大、稳定度越高的规律，主要是因为更长时间的平均能消除部分类型噪声的影响。当然，不是测量时间越长稳定度越高，当取某些较大测量间隔时，其稳定度不再变好，反而可能更差，如图 1.8 所示。最小的阿伦偏差值称为振荡器的本底噪声，对应的测量时间能最小化噪声影响，比它更大或是更小测量时间的阿伦偏差估计值均会变差。本底噪声中主要包含的噪声类型有非平稳的闪变噪声或随机游动噪声。图 1.8 所示振荡器的本底噪声为测量时间 $\tau=100\text{s}$ 时，对应阿伦偏差估计值为 7.46×10^{-11}。

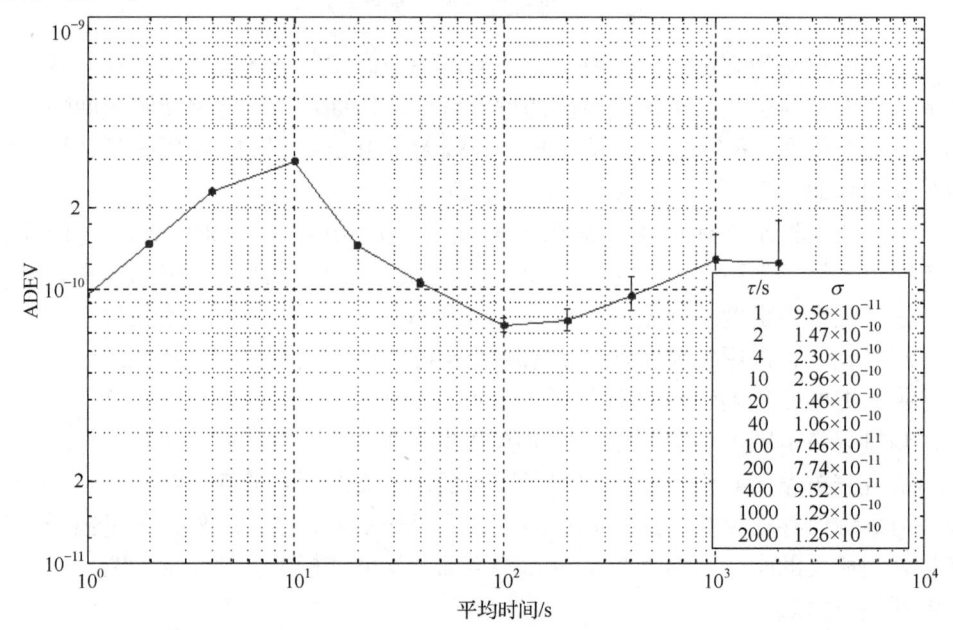

τ/s	σ
1	9.56×10^{-11}
2	1.47×10^{-10}
4	2.30×10^{-10}
10	2.96×10^{-10}
20	1.46×10^{-10}
40	1.06×10^{-10}
100	7.46×10^{-11}
200	7.74×10^{-11}
400	9.52×10^{-11}
1000	1.29×10^{-10}
2000	1.26×10^{-10}

图 1.8　频率稳定度

通过观察图 1.8 所示的频率稳定度，能直观了解消除测量系统和参考源噪声影响所需的最佳测量时间。本底噪声还反映对待测振荡器进行测量时，对应最低测量噪声的测量间隔，测试结果越准确，越能真实反映待测设备真正的频率稳定度性能。

1.4 时频测量的应用

频率测量的准确度和稳定度与测量对象、测量系统及应用环境密切相关。测量对象主要是指能产生稳定周期振荡的信号源，目前已经有秒级稳定度优于 10^{-14} 量级甚至更高的频率标准，并且还在不断发展，相应对测量系统的测量性能提出了更高要求。日常生活中，精确到秒的时间测量已能满足普通民众的应用需求，但在现代军事、通信、导航等领域对时间测量精确度要求越来越高。例如，1s 的测量误差可能会导致大海中的舰船偏离航线数百米；调度时间差可导致高速运行列车发生严重的交通事故；1μs 的测量误差可能导致航天飞机不能着陆在安全环境。因此，不同应用环境对测量系统性能的要求各不相同，应当根据应用需求选择合适的测量系统。

在电子测量领域，精密的时频测量是非常重要的一类测量技术，是许多其他物理量的测量基础，这是因为时间的单位秒在基本计量单位中测量精度最高，如表 1.1 所示。周期与频率是一组可以相互转换的量，用 T 表示事件重复的周期，则事件重复的频率 $\nu = \dfrac{1}{T}$，为周期的倒数，频率增加，周期减小。周期越小，测量时间间隔所需计数器的分辨率越高，当前商用时间间隔计数器最高测量分辨率为 0.9ps。更高频率的测量不能采用直接测量周期的方法，而是通过频率测量或者通过频率变换降低频率后测量。目前可以买到频率测量秒级阿伦偏差 5×10^{-15} 的产品，远高于时间间隔的测量水平。因此，对高频信号的测量通常采用频率测量方法，低频信号的测量用时间间隔测量法更具优势。由于测量方法的差异，频率测量比时间间隔测量更易获得高的测量精度。

表 1.1　SI 基本单位的不确定度

基本单位	量的名称	不确定度
坎[德拉](cd)	发光强度	1×10^{-4}
开[尔文](K)	热力学温度	3×10^{-7}
摩[尔](mol)	物质的量	5×10^{-8}
安[培](A)	电流	4×10^{-8}
千克(kg)	质量	8×10^{-9}
米(m)	长度	1×10^{-12}
秒(s)	时间	$<1\times10^{-15}$

七个基本物理量中只有质量(kg)、物质的量(mol)和热力学温度(K)单位与时间(s)的测量无关，其他四个物理量都可以通过对时间(s)的测量转换得到(Michael, 2002)。因此，高精度时间、频率测量技术的进步是带动电子测量领域发展的重要力量。

精密的时频测量是激光脉冲测距、超声波测距和雷达测距的物理基础。根据时间、信号传播速度与距离的换算关系，激光测距、雷达测距和超声波测距在军事、航空航天、冶金等领域都有着广泛应用。通过测量波束在测距仪器和被测目标之间往返所需的时间来测定两地间距离，因此时间测量精度是保证测距精度的重要条件。例如，在军事领域，对目标的精确定位是精确打击的基础，提高时间测量精度，就意味着有效提高制导、爆破、定位的精确度；在航空航天领域，飞行器通过精确测量波束往返所需的时间来进行导航和高度标定，飞行过程对时间频率测量的精度和实时性要求更为严苛，实时精确的测量时间，可以保障飞行器的安全飞行；在冶金铸造领域中，对热加工中工件外形的精确测量多采用基于超声波测距的非接触式测量实现。

精密的时频比对测量是卫星导航定位的基础，通过测量待测目标点相对多个位置已知参考点的距离，可以实现对待测目标点的精确定位，这是空间载体导航和制导实现的关键理论基础，全球定位系统(GPS)等卫星导航系统定位都是依据这一基本原理。

精密的频率测量是电力系统稳定的保障，电力系统频率的稳定性是近年来电力工程界广泛关注的课题。频率不稳定将导致电压不稳，严重时会发生电压崩溃。如果能快速、精确地测量瞬时频率，就能为电力系统中频率稳定性的控制过程提供及时正确的控制依据。

精确的时间、频率同步技术是通信系统的保障，在数字通信领域，通信系统的网络时间频率同步重要性日益显著。近年来，高速发展的 5G 网络，其关键能力体现在低时延、大带宽、海量物联支持三方面，无论采用哪种制式，基本业务都需要更精确的时间、频率同步支持，一些特殊的业务对时间同步的精度要求可能达到纳秒级。

综上所述，精密的时间频率测量比对技术在航空航天、精确制导及民用电力系统、通信系统等领域都有着广泛用途，是不可缺少的关键技术。同时，时频测量对于电子测控技术在工业、国防及科学技术的进步方面，也有着举足轻重的作用。随着频率标准的不断发展和进步，频率源的准确度和稳定度越来越高，研究高精度的频率测量、相位比对新方法，进一步提高测量分辨率、测量精度，对原子频标的应用有重要意义。

1.5 频率信号数字化测量

经过多年发展，频率信号的测量有许多可用的方法，一般情况下，频率测量既可以在时域也可以在频域进行。在频域，频谱测量的基础是傅里叶变换；在时域，频率测量主要是频率源之间的相对测量，可供选择的频率测量方法有示波器法、差拍法、频差倍增法和双混频时差测量方法等。

频率信号数字化测量(简称"数字测频")是在经典测频方法基础上发展演变而来的一种新测量方法。频率信号数字化测量是指在对频率信号测量过程中，对待测信号直接进行模数转换，或是将待测信号先进行频率变换，然后通过模数转换，并采用数字信号处理设备最终完成对待测信号的频率测量或分析的测量系统。频率信号数字化测量既可以在频域也可以在时域进行，取决于所采用的数字信号分析方法。

1.5.1 频率信号数字化测量的优势

频率信号数字化测量较传统模拟测频方法的主要优势从组成结构、功能、性能三方面体现。

组成结构方面，数字测频较模拟测频方法增加了模数转换器件，使用数字信号处理技术替换传统的模拟信号变换、测量器件，简化仪器结构，有助于抑制器件噪声，降低成本。

功能方面，频率信号数字化后，可以结合虚拟仪器技术实现仪器的测量、分析、显示、存储功能，较模拟仪器功能更丰富、智能化程度更高。

性能方面，目前已知采用模拟技术本底噪声最低的是双混频时差法，测量 10MHz 信号的秒级稳定度为 5×10^{-13}。基于数字信号技术的测量系统，性能最高系统测量 10MHz 信号的秒级稳定度典型值达到了 3×10^{-15}，较传统模拟仪器性能有大幅提升(刘娅等, 2009)。

1.5.2 频率信号数字化测量的实现难点

数字测频技术较早应用在电力系统的频率测量中。频率是电力系统和电气设备的重要运行参数，高精度的频率测量是电力系统和电气设备运行、监测、控制及继电保护的基础，也是提高电能质量，维护电力系统安全、稳定、经济运行的重要保障。20 世纪 80 年代，已经开始在电力系统的频率测量中运用数字信号处理技术。

多年来，计算机技术、模数转换技术及数字信号处理技术迅猛发展，但是在对更高频率信号的测量中,特别是在高精度频率测量领域,数字测频技术还没有得到广泛应用,主要是受采样率限制。

频率信号的数字化测量有多种方法,根据对信号数字化的采样率不同可分为高速采样和低速采样。高速采样是对待测信号直接采样,然后用数字处理技术测量频率,对于常见的频率为 10MHz 甚至 100MHz 信号的测量,直接进行模数转换,精密测量可能需要 1GHz 甚至更高的采样率,高采样率还需要配套能实时对这些数据进行运算和存储的设备。低速采样是指通过对被测的模拟信号频率变换降低到低频段后采样,或者通过结合抗混叠滤波器或者欠采样方法,以低于奈奎斯特采样定理的采样率实现对待测信号的数字化测量。

高速采样需有高采样率、高分辨率器件及数据实时处理所需匹配的资源,以当前技术水平,主要特点是成本较高。相对高速采样,低速采样更容易实现,但也有一些实施难点。以模拟信号先变频后采样为例,经典差拍法中混频器输出信号需经放大、整形,使信号过零点电压变化最快,方便计数器更准确地检测过零点,因此差拍后通常输出方波信号。如果按照经典差拍法思路数字化差拍信号,因方波信号为宽频谱,且高频分量丰富,对其高精度采样难度较大,也没有必要。要解决该问题就需要另找方案,有学者给出了混频后输出正弦波形的思路,优点是频谱简单,采样率需求随之降低,信号数字化更容易,但需要解决混频、量化后数字信号与原始待测信号的波形保真,频率、相位还原等问题(刘娅,2010)。

综上所述,频率信号数字化测量是当前频率测量仪器的主要发展方向,但高精度测量需要考虑高速采样技术、量化误差及测量噪声处理、频率数字化测量方法等问题。

1.6 时频测量专业术语

与其他专业领域类似,时频测量有本领域专用的定义和术语。本节将对本书所使用的专业术语进行全面梳理,给出各术语的具体含义,部分术语还一并给出其英文和常用的符号,便于读者在阅读中准确理解其含义,部分定义引自国家计量技术规范《时间频率计量名词术语及定义》(JJF 1180—2007)。

时间频率基准:直接复现秒定义(参见原子秒定义)的装置。通过独立测量和计算得到实际复现值及其不确定度,此不确定度称为基准的准确度,用相对值表示。

原子秒:目前国际单位制中时间的基本单位,1967 年第 13 届国际计量大会通过并采用。定义为秒是铯-133 原子在其基态的两个超精细能级间跃迁辐射 9192631770 个周期所持续的时间。

原子钟：以原子谐振频率为主振荡频率的数字时钟，除显示时、分、秒，还有秒脉冲输出、外同步信号输入及秒脉冲时延的调整部件。目前作为商品的原子钟有铯原子钟、氢原子钟及铷原子钟。

石英钟：以石英晶体振荡器为主振荡器的数字时钟，主要用于显示时、分、秒。准确度稍高的设备有秒脉冲输出和外同步功能。

频率标准：简称频标，一台独立工作的、只输出几个频率值的装置，一般有三个值，即 1MHz、5MHz 和 10MHz。其频率准确度需用基准或高一级的标准校准。

原子频标：以原子在两个能级间跃迁时发射或吸收振荡信号的频率为参考，通过锁相环路锁定一个给出实用频率的晶体振荡器，晶振频率与跃迁频率具有同样的准确度。原子频标具有很高的频率准确度、长期稳定度、频率复制性和重现性。

铯束原子频标：简称铯频标或铯原子钟，利用铯-133 原子在其基态的两个超精细能级间的跃迁信号控制一台晶体振荡器，跃迁频率为 9192631770Hz，是一种被动型原子频标。晶体振荡器的频率一般为 5MHz 和 10MHz，综合成微波激励信号，其频率接近原子跃迁频率，使铯原子在激励信号的感应下发生跃迁。当激励信号频率偏离原子跃迁频率时，产生调整晶振频率的信号，使偏差为零，稳定控制后，晶振的输出频率与实际发生的跃迁频率具有同样的准确度。

氢原子频标：简称氢频标或氢原子钟，分为被动型和主动型两种，所用的原子跃迁频率为 1420405752Hz，被动型氢频标的工作过程类似于铯频标。主动型氢频标又称氢脉泽，与被动型不同，它不是在外界激励信号的感性下发生跃迁，而是满足一定条件时跃迁自动发生，相当于一台自激振荡器，以自激振荡器信号为参考锁定一台使用方便的 5MHz 或 10MHz 的晶体振荡器。与铯频标相比，氢频标频率短期稳定度比较好，但长期稳定度因受频率漂移影响略差。

铷原子频标：简称铷频标或铷原子钟。目前商品的铷频标都是被动型的，所用原子跃迁频率为 6834682608Hz，工作过程类似于铯频标。铷频标的频率准确度较低，一般为 $10^{-11} \sim 10^{-10}$，需用铯频标或氢频标校准得到。与铯频标和氢频标相比，铷频标具有较大的频率漂移，大约在 1×10^{-11} 每月量级。铷频标因体积小、成本低，应用非常广泛。

晶体振荡器：利用石英晶体的压电效应产生振荡信号的频率源，简称晶振。在多种仪器内作为主振器，应用极其广泛，从手表、时钟、时频测量仪、信号发生器乃至原子频标都要配备晶振。晶振的最大弱点是谐振频率易受温度影响。

恒温晶振：为减少环境温度变化引起晶体谐振频率的变化，把石英晶体放在一个温度高度稳定的恒温槽内，配备良好的振荡、放大、控制电路，能使其具有优异的频率短期稳定度和相位噪声特性。

频率合成器：以内部晶振的频率值为参考，通过加减乘除的电路变化产生多种近于连续的频率。合成器输出频率的准确度与内部晶振的频率准确度相同，短期频率稳定度略微变差。一般有外频标输入功能，可以获得接近于外频标的准确度。

振荡器：泛指原子频标、晶体振荡器等各种能产生振荡信号的频率源，在本书中与频率源表述的内容类似。

时刻：时标上的点，或一台具体时钟的读数。

时间间隔：时标上两点之差，或两个事件之间流逝的时间，时频计量中所测得的时间间隔一般小于1s，如几毫秒、几微秒、几纳秒、几皮秒等。

时延：一个时间信号通过一段空间、一段电缆、一部分电路或一台电子设备等所用的传输时间，该信号达到时刻与发生时刻之差在时间同步系统计量时称为时延，也称为时间延迟。

时间抖动：常在通信领域用的术语，表征定时信号相对于理想状态的短期随机快速变化，变化频率大于10Hz。

时间漂动：常在通信领域用的术语，表征定时信号相对于理想状态的长期随机慢变化，变化频率小于10Hz。

频率：重复事件的速率。频率的标准单位是赫兹，符号Hz，定义为1s内事件重复的次数。电信号的频率通常用赫兹的倍数度量，如千赫兹($1kHz=10^3 Hz$)、兆赫兹($1MHz=10^6 Hz$)、吉赫兹($1GHz=10^9 Hz$)。

周期：重复事件的重复时间，与频率互为倒数。电信号的周期通常用秒的分数度量，如毫秒($1ms=10^{-3}s$)、微秒($1\mu s=10^{-6}s$)、纳秒($1ns=10^{-9}s$)。

相位：在正弦信号一个完整的周期内其某一时刻信号的位置。相位单位用度表示，一个周期为360°。有时也用弧度表示，360°相当于2π弧度。

相位差：两个同频率正弦电信号在某一时刻的相位值之差。在时频计量中相位差用时间单位表示，本书中用符号x表示。如用度表示的相位差$\Delta\phi$，信号的周期为T，则此相位差用时间表示为$\Delta x=\dfrac{\Delta\phi}{360°}\times T$。时频计量中通过测量相位差的变化量得出相对频率差(或称为频率偏差，定义见后文)。例如，在t_1和t_2时刻分别测得的相位差为Δx_1和Δx_2，则在t_1-t_2时间间隔内的平均频率为$\bar{v}=\dfrac{\Delta x_2-\Delta x_1}{t_2-t_1}$。

相移：人为地使周期信号的相位发生改变，改变过程又称移相。

频率标称值：理想的具有零不确定度的频率值，只是一个纸面上的或频标面板上输出频率的标识值，也称为标称频率。

频率实际值：简称频率值，是通过测量得到的频率值。

频率偏差：频率实际值与标称值之差，一般用相对值表示，如频率偏差

$y = \dfrac{v_x - v_0}{v_0}$，其中 v_0 为频率标称值，v_x 为频率实际值，本书中频率偏差均指的是相对值。频率偏差是量纲一的量。由于 v_0 只是纸面值，实际选取一个频率偏差比待测频率偏差小一个量级的参考频率近似作为标称频率。

频率差：两个频率实际值之差，简称频差。

频率准确度：频率偏差的最大范围，表明频率实际值靠近标称值的程度，用数值定量表示时，不带正负号。例如，一个频标频率标称值为 5MHz，频率准确度为 2×10^{-10}，其含义是频率实际值可能高，但不会高出 2×10^{-10}，也可能低，但不会低出 2×10^{-10}，即频率实际值 v_x 满足 $5 \times (1 - 2 \times 10^{-10})$ MHz $\leqslant v_x \leqslant 5 \times (1 + 2 \times 10^{-10})$ MHz。

频率漂移：各种原因导致的频率随着时间变化，包括老化和环境的影响，简称频漂。

老化：设备内部随着时间增加引起的频率变化。

日老化率：老化表征石英晶体频标连续工作时频率随时间单方向慢变化程度，每天的变化量称为日老化率，用最小二乘法估算，变化量用相对值表示。

开机特性：一般用于描述石英晶体频标和晶体振荡器在开机初始阶段的频率不稳情况。在计量上规定开机为 8h 内频率的最大变化量，即最大值与最小值之差。对于原子频标，一般锁定后稳定一段时间才能得到所给定的频率准确度。例如，铷频标的开机特性是给出开机 4h 和 8h 后的频率准确度。

白噪声(white noise)：在给定的频带内具有连续的均匀的功率谱密度，在频谱仪上显示为一条近于平坦的噪声功率曲线。

闪变噪声(flicker noise)：一种低频噪声，功率谱密度与频率成反比，故也称为 $1/f$ 噪声。

白相噪声(white phase noise)：白噪声对频标信号的相位调制，其表现为频率稳定度与取样时间成反比。

闪相噪声(flicker phase noise)：闪变噪声对频标信号的相位调制，其表现为频率稳定度与取样时间成反比。

白频噪声(white frequency noise)：白噪声对频标信号的频率调制，其表现为频率稳定度与取样时间的平方根成反比。

闪频噪声(flicker frequency noise)：闪变噪声对频标信号的频率调制，表现为频率稳定度与取样时间无关。此时的稳定度又称为 flicker 平坦区。

随机游动频率噪声(random walk frequency noise)：引起频率稳定度与取样时间成正比的噪声。

频率稳定度(时域)：描述平均频率随机起伏程度的量，平均时间称为取样时间，为一重要参数。不同的稳定度量值对应不同的取样时间。

取样时间：频率稳定度是描述平均频率随机起伏程度的量，测量时采用的平均时间称为取样时间，也称为测量时间。

取样个数：时域计算频率稳定度时，所取的平均频率偏差的个数。

测量带宽：频率稳定度测量装置的信号通带宽度，带宽越窄，装置引入的噪声被抑制得越多，能减小测量不确定度，但过窄也会抑制被测信号本身的噪声，使测量结果不真实。一般规定测量带宽要大于取样时间倒数的 5 倍。

长期频率稳定度：一般是指取样时间大于 100s 的频率稳定度，更多的是指 1d 以上。

短期频率稳定度：一般是指取样时间范围在 1ms～100s 的稳定度。

阿伦标准偏差(ADEV)：符号为 $\sigma_y(\tau)$，频率稳定度在时域的数学表征，区别于统计学上的标准差。

修正阿伦标准偏差：阿伦标准偏差的一种模式。它能从随取样时间变化的关系上区别出频率不稳定是由白相噪声还是闪相噪声引起的，这两种噪声都是表现在取样时间小于 1s 的频率稳定度。

置信度：置信度又称置信水平，与置信区间的定义相关。置信区间是对测量结果总体参数的区间估计，置信度展现某参数的真实值落在置信区间的概率，是测量值的可信程度。

最大时间间隔误差(MTIE)：在一个给定的时间范围内，可能出现的最大偏差。这种偏差的测量和控制对于确保精确的时间同步、时间测量至关重要，用于描述在测量或计算时间间隔时可能出现的最大误差范围，常用作同步数字通信网中的统计检验参数。

相位噪声：频率稳定度的频域表征。定义为单边带偏离信号载频处单位带宽(取 1Hz)内功率与载频功率之比，表现为载波相位的随机偏移，是评价频率源频谱纯度的重要指标，单位为 dBc/Hz。偏离载频的偏离值称为傅里叶频率，一般取 1Hz～100kHz。

时间间隔计数器：用计数法测量两个电信号间的时间间隔。测量时所用的参考时间间隔称为时基，如 1ns、1μs、1ms 等，由计数器内的晶振或外部输入参考经内部锁定后，通过倍频和分频后产生。传统的时间间隔计数器主要采用直接计数法测量时间间隔，测量分辨率受触发器翻转时间、时基等限制，很难突破 10ns。新型时间间隔计数器，在直接计数基础上进一步扩展时间间隔，采用如内插法、游标法和模数转换等方法提高测量分辨率，测量分辨率可达皮秒甚至亚皮秒量级。

钟差：两台钟的读数差，当差值小于 1s 时，一般用时间间隔测量仪测定。令 A 钟秒脉冲启动计数器，当 B 钟秒脉冲到达时停止计数，测得值为 ΔT，则两台

钟的读数差为 $T_A - T_B = \Delta T$，若 ΔT 为正，表明 A 钟显示的时刻超前 B 钟；反之，则 A 钟滞后 B 钟。

时间偏差：一个时标相对一参考时标(或参考钟)的时刻差，可用时间间隔计数器直接测量代表两时标的秒脉冲间的间隔，也可间接通过计算得到，如 BIPM 时间公报中给出的地方协调世界时相对国际统一的协调世界时的偏差，即 UTC(k)–UTC。

时间比对：利用比对装置测定和计算两个时标(时钟)的时间偏差的操作过程，部分情况还会进一步统计一定时间间隔内时间偏差的稳定度。

时间同步：在某一时刻，使两台或多台时钟具有同一读数的操作过程。时间同步通常配合时间比对实施，根据时间比对获得时间偏差，然后操作某一台或多台时钟。

同步不确定度：时钟同步后，剩余时间偏差的最大范围，取决于所用的同步方法。

时间传递：参考时间以编码形式通过有线或无线传送到远距离，供时间比对、时间同步使用，或直接使用获得的参考时间。因为时间比对与时间传递使用的技术相同，区别仅在于应用目的不同，所以部分场合两个术语存在混用情况。时间传递的重要技术指标是传输时延，为保证时间传递的准确性，可以通过测量或计算得到，并校准传输时延。

授时：指通过观测天文、物理现象建立并保持某种时间标准，通过一定的方式把标记该时间标准的信号(或信息)发播、传递出去，并用时号改正数进行精密改正的全过程，又称时间服务。授时需要时间传递技术支持，传递的参考时间必须是标准时间。

频率计数器：用计数法测量闸门时间内电信号频率值的仪器，通常用数字显示测量结果。

通用计数器：指比频率计数器、时间间隔计数器功能更多的一种计数器，通常可以测量频率、周期、时间间隔及相位差等。

分频器：一台仪器或一个电路模块，把输入频率变成较低的频率，实现方式有直接数字分频和锁相分频等。

倍频器：一台仪器或一个电路模块，把输入频率变成较高的频率，如一个倍频系数为 10 的倍频器可把 1MHz 输入频率变成 10MHz 频率后输出。

混频器：一台仪器或一个电路模块，输入两个不同频率的信号，产生一个频率等于两个输入频率之差的信号。在测量系统内用于提高测量分辨率。例如，一个 5MHz 与一个 5.000001MHz 的信号，混频后产生频率为 1Hz 的差拍信号，再用计数器测量，能测出输入信号更微小的频率变化。

锁相环：用于控制和调整晶体振荡器频率的闭合环路。相位锁定后，被控晶振与参考信号具有同样的频率并始终保持。锁相环通常由压控晶振、鉴相器、滤波器等组成。

频率校准：以准确度已知的频标作参考，调整一台被校频标频率值的操作过程。

测量分辨率：一台测量仪理论上可能的最小测量误差，是量化刻度的细度大小，即测量仪能读到的最小测量值。分辨率高是测量结果误差小的必要条件，但不是充分条件。

儒略日(JD)：从公元前4713年1月1日正午开始按十进制累计的天数。

修正儒略日(MJD)：从1858年世界时11月17日午夜开始按十进制累计的天数。2015年9月1日对应的修订儒略日 MJD=53614d(加上24000000.5d，即儒略日，不满1d记为小数。

全球定位系统(GPS)：美国国防部建立的高精度全球卫星无线电导航系统。

参 考 文 献

国家质量监督检疫总局, 2007. 时间频率计量名词术语及定义: JJF 1180—2007[S]. 北京: 中国计量出版社.

胡炳元, 许雪梅, 2006. 时间频率的精密计量及其意义[J]. 物理教学探讨, 24(269): 1-2.

刘娅, 2010. 多通道数字化频率测量方法研究与实现[D]. 北京: 中国科学院大学.

刘娅, 李孝辉, 王玉兰, 2009. 一种基于数字技术的多通道频率测量系统[J]. 仪器仪表学报, 30(9): 1963-1968.

卢炳坤, 林弋戈, 方占军, 2023. 我国基准光钟及其绝对频率测量[J]. 物理, 52(7): 456-466.

张首刚, 2009. 新型原子钟发展现状[J]. 时间频率学报, 32(2): 81-91.

Allan D W, 1966. The statistics of atomic frequency standards[J]. Proceedings of the IEEE, 54(2): 221-230.

Jespersen J, Fitz-Randolph J, 1999. From Sundials to Atomic Clocks: Understanding Time and Frequency[R]. 2nd ed. Washington D C: U. S. Government Printing Office: 15-20.

Levine J, 1999. Introduction to time and frequency metrology[J]. Review of Scientific Instruments, 70(6): 2567-2596.

Lu X T, Zhou C H, Li T, et al., 2020. Synchronous frequency comparison beyond the Dick limit based on dual-excitation spectrum in an optical lattice clock[J]. Applied Physics Letters, 117(23): 1-5.

Michael A L, 1999. Time measurement and frequency measurement.[M]. Boca Raton: CRC Press.

Michael A L, 2002. Fundamentals of Time and Frequency. The Mechatronics Handbook[M]. Boca Raton: CRC Press.

Sullivan D B, Allan D W, Howe D A, et al., 1990. Characterization of Clocks and Oscillators[R]. Washington D C: U. S. Government Printing Office: 264.

第 2 章 频率稳定度分析

本章介绍常用的频率稳定度分析工具,并分析各频率稳定度分析方法的特点,以及适用条件。

2.1 频率稳定度分析概述

现代频率稳定度分析诞生于 20 世纪 60 年代中期,依托于分析、测量技术的不断进步,得益于一些高分辨率测量方法的应用,特别是新的统计方法出现,比传统的 N 次采样方差更适合于评价原子钟噪声。1966 年举行的关于频率短期稳定度的重要会议和二阶取样方差(阿伦方差)的出现,标志着频率稳定度分析新时代的开端(Allan, 1966),也是原子频标朝着低相噪、商品化产品发展,频率稳定度性能不断提升,罗兰无线电导航系统用于全球精密时间频率传递的时期,这些领域的发展也极大促进了测量和分析能力的进步(Riley, 2008)。

频率稳定度分析是为获得在时域或频域量化频率源输出信号的相位、频率波动情况。时域与频域分析的主要区别是分析对象不同,频域主要检测、分析信号的相位噪声,常用单边带相位噪声表示;时域统计信号频率或相位的波动量,常用方差统计值表示,如阿伦方差、阿达马方差等。频率稳定度分析结果不仅反映频率源本身的稳定度,还与测量系统、工作环境等因素相关。

时域频率稳定度分析时,信号 $V(t)$ 可表示为

$$V(t) = [V_0 + \varepsilon(t)]\sin[2\pi\nu_0 t + \phi(t)] \tag{2.1}$$

式中,V_0 为输出信号标称幅值;$\varepsilon(t)$ 为幅值偏差量;ν_0 为标称频率;$\phi(t)$ 为相位值。式(2.1)中相位与频率满足式(2.2)所示的换算关系,因此频率稳定度分析既可以使用频率测量数据 $\nu(t)$,也可使用相位测量数据,两者的分析结果等价:

$$\nu(t) = \nu_0 + \frac{1}{2\pi}\frac{\mathrm{d}\phi(t)}{\mathrm{d}t} \tag{2.2}$$

频率稳定度分析中,常用频率偏差 $y(t)$ 为频率源输出信号的频率,频率偏差与相位的关系如式(2.3)所示,即

$$y(t) = \frac{\nu(t) - \nu_0}{\nu_0} = \frac{1}{2\pi\nu_0}\frac{\mathrm{d}\phi(t)}{\mathrm{d}t} = \frac{\mathrm{d}x(t)}{\mathrm{d}t} \tag{2.3}$$

时域频率稳定度分析主要的数据源是时间波动和频率偏差,是通过等间隔测量得到的数组,时间波动 $x(t)$ 的单位为 s,频率偏差 $y(t)$ 是量纲一的相对值。为了在描述中与独立的时间变量 t 区分,本书中将时间波动和相位差统称"相位差",时间波动 $x(t)$ 与以度为单位的相位差 $\phi(t)$ 满足 $\phi(t) = x(t) \cdot 2\pi\nu_0$ 的互换关系,即式(2.3)中表示时间波动的 $x(t) = \phi(t)/(2\pi\nu_0)$。

频率稳定度分析中使用数据的取样时间 τ 和原始测量数据的测量间隔 τ_0 是两个独立的量,两值不一定相等,通常 τ 的取值满足 $\tau = m\tau_0$,m 表示平均因子,m 的取值范围为大于等于 1 的整数,小于数组长度。

理想情况下,频率源输出其标称频率的信号,频率偏差是由噪声引起的随机函数。根据频率源属性,影响频率源的噪声类型有多种,不能通过简单的函数表达式进行统计分析;另外,频率源信号的瞬时频率很难直接测得,一般是通过测量某时间间隔内的频率均值。上述两条原因决定了对频率源的频率稳定度分析只能采用统计分析方法(Allan, 1987),而不是直接测量。目前,根据对频率源特征及不同噪声类型影响的分析,已经发展了多种统计分析方法,各有特点及针对性的应用场景,将在后面详细介绍。

频域频率稳定度分析的主要对象是相位噪声,影响频率源相位噪声的因素包括内因和外部环境因素,另外,频率源随着时间发生的慢变化(老化)也是相位噪声的来源之一,各种因素综合决定了频率源的稳定度性能。

在频域分析频率稳定度时,常采用幂律谱密度图形表示,根据图形可以分辨被测频率源的主要噪声类型。相比而言,时域频率稳定度分析结果难以区分白相噪声(WPN)、闪相噪声(FPN)。因此,传统观点认为频域频率稳定度更能反映频率源受噪声影响的本质,已经有学者就相关内容进行了研究,并提出了一些时域频率稳定度分析的改进方法,如修正阿伦方差等,证明时域频率稳定度分析结果也可用于区分不同噪声类型的影响(Howe et al., 2005)。

无论在频域还是时域分析频率源的频率稳定度,都是基于测量数据进行分析,分析的对象包括被测频率源的随机(噪声)属性和确定(系统性偏离)属性,通常假定被测频率源的随机属性为常数。由于采信的测量数据长度、测量时间有限,根据测量数据分析的结果可能不能完全代表被测频率源的真实状态。通常情况,建议在分析频率源噪声性能前,最好通过频率校准或数据预处理,先消除系统性偏离属性的影响,如频率漂移、温度效应等。

频率稳定度分析工具发展的主流趋势是利用尽可能少的测量数据或尽量短的测量时间,获得对频率源尽量长期性能的评估结果,同时还要保证分析结果的置信度。

2.2 典型噪声类型

研究发现，影响频率源的噪声主要有四种类型，分别是散弹噪声、热噪声、闪变噪声和随机游动噪声，各自的来源及特征总结如下。

散弹噪声：由大量带电粒子随机波动产生的噪声，其幅度呈高斯分布，频谱与频率无关。

热噪声：由热扰动造成带电粒子随机运动，从而产生的噪声，其功率与绝对温度成正比。其幅度也呈高斯分布，频谱与频率无关。

闪变噪声：与有源器件表面处理情况有关的一种低频噪声，其幅度呈高斯分布。此噪声非普遍存在，有的器件可以通过技术手段减少这种噪声，有的器件则不存在这种噪声，其特点是低频分量丰富。

随机游动噪声：一种频率更低的噪声，已经发现有周期大于一年的噪声。其特点是噪声过程无后效性，即前后状态不相关，变化连续且变化率有限(Riley, 2008)。

分析噪声类型是为了更清楚地了解噪声对频率源输出信号频率、相位的影响，上述噪声类型根据其作用机制和效果不同，可以分为表 2.1 所示的几种类型。

表 2.1 噪声类型

噪声类型	α
白相噪声(WPN)	2
闪相噪声(FPN)	1
白频噪声(WFN)	0
闪频噪声(FFN)	-1
随机游动频率噪声(RWFN)	-2
随机游动闪频噪声(FWFN)	-3
调频随机奔跑噪声(RRFN)	-4

注：α 为与噪声类型对应的指数。

上述噪声的功率谱密度呈幂律特性，所以又称幂律谱密度噪声模型，满足：

$$S_y(f) = h_\alpha f^\alpha, \quad 0 \leqslant f \leqslant f_h \tag{2.4}$$

式中，f 为傅里叶或是单边带频率，Hz，与标称频率(或称载波频率)不是相同的概念；h_α 为与 α 对应的系数；f_h 为测量系统的截止频率。研究证明，大多数频率源的噪声可用式(2.4)表征(Riley et al., 2004)。

2.3 频率稳定度频域表征

从频域角度分析相位波动,以及频率源输出信号中影响频率稳定的主要因素,研究其对频率稳定的影响,就是频域频率稳定度,通常用相位噪声表示。

根据式(2.1)给出的频率源信号模型,相位 $\phi(t)$ 的自相关函数为

$$R_\phi(\tau) = \lim_{T \to \infty} \int_0^T \phi(t)\phi(t+\tau)\mathrm{d}t \tag{2.5}$$

式中,τ 为相关时间。$\phi(t)$ 自相关函数的傅里叶变换即相位波动的功率谱密度,用 $S_\phi(f)$ 表示,即

$$S_\phi(f) = 4\int_0^\infty R_\phi(\tau)\cos(2\pi)f\tau \mathrm{d}\tau \tag{2.6}$$

与式(2.6)对应的频率 $\nu(t)$ 和频率偏差 $y(t)$ 的功率谱密度分别用式(2.7)和式(2.8)表示,即

$$S_\nu(f) = 4\int_0^\infty R_\nu(\tau)\cos(2\pi)f\tau \mathrm{d}\tau \tag{2.7}$$

$$S_y(f) = 4\int_0^\infty R_y(\tau)\cos(2\pi)f\tau \mathrm{d}\tau \tag{2.8}$$

上述三种功率谱密度从不同角度对频率源的噪声进行描述,它们之间可以相互转换,转换公式如式(2.9)所示,即

$$S_\nu(f) = f^2 S_\phi(f), \quad S_y(f) = \left(\frac{1}{\nu_0}\right)^2 S_\nu(f) = \left(\frac{1}{\nu_0}\right)^2 f^2 S_\phi(f) \tag{2.9}$$

式中,ν_0 为频率源的标称频率,与傅里叶频率 f 的定义完全不同(童宝润,2003)。

在频域频率稳定度实际测量应用中,直接测量的对象常常不是上述几种功率谱密度,而是噪声信号调制的单边带功率和载波功率之比,是用 $\pounds(f)$ 表示的单边带(single side band, SSB)相位噪声。

测量频率源相位噪声通常不采用通用的频谱分析仪,而是采用专业的相位噪声测试设备,首先是因为通常频谱分析仪的测量带宽较宽,无法满足高分辨率测量十分接近载频的相位噪声;其次,频率源的载频信号通常很"纯",即相位噪声相较一般信号的边带非常小,通常频谱分析仪的灵敏度不足以测量这样小的相位噪声;最后,频谱分析仪本振的频率稳定度可能比被测对象差,其自身噪声可能湮没待测信号的噪声(童宝润,2003)。随着技术水平的发展,目前已经有了测量分辨率、灵敏度、测量带宽满足频率源相位噪声测试要求的通用仪器,同时可以

用于频谱分析，如信号源分析仪等，但针对高稳定度频率源相位噪声的测量，还是需要具有极低本底噪声的专业相位噪声测量系统。

2.4 频率稳定度时域表征

频率稳定度是指任何一台频率源在连续运行后，在一段时间中能产生同一频率的程度，即频率随机起伏的程度。造成频率起伏的根本原因是噪声对信号相位调制(简称"调相")或频率调制(简称"调频")。这种调相或调频在时域表现为频率随时间的起伏，时域频率稳定度分析将频率源输出作为一个时间的函数，从时域的角度来分析其输出信号频率的稳定情况，统计其相位或频率波动相对于时间的变化量，常用的方法是各种类型的方差分析。

因为不同频率源的主要噪声类型并不相同，所以在分析频率源的稳定度时，需要根据噪声类型选择不同的频率稳定度分析方法。标准差统计方法常用于分析测量值离散程度，但若用于分析频率源的稳定度，因为频率源受非高斯白噪声影响，各测量值与均值的差不能收敛到某个常数值，所以并不适用。为此，研究人员定义了其他方差分析方法解决类似的问题，其中最为常用的是阿伦方差。除了阿伦方差分析方法，还有阿达马方差、总方差分析方法等多种方法可选，每种方差分析方法有不同的属性，能针对不同的噪声类型进行分析，本节将分别描述几种常见的时域频率稳定度分析方法，并比较各自的用途和特点。

根据稳定度分析取样时间的长度，可以将频率稳定度结果分为短期频率稳定度和长期频率稳定度，区分方法见本书 1.6 节相关术语定义。短期频率稳定度和长期频率稳定度的定义相似，但反映的却是信号稳定度方面不同的特性。短期频率稳定度表征信号的抖动水平，而长期频率稳定度则代表了信号频率随时间的漂移程度。

2.4.1 频率稳定度时域分析方法

频率稳定度时域分析方法有很多种，各有特点，主要解决当频率源受不同噪声类型影响时，能通过对一定时段内测量数据的统计获得确定值的问题。

阿伦方差是时域最常用的频率稳定度分析方法，为区分不同噪声类型，阿伦方差有多个版本可供选择；其他常用的稳定度分析方法还有阿达马方差、总方差、时间方差等，也各有特点。频率稳定度时域分析方法根据取样方式、数据处理方法等不同，有两种主要分类方式，第一种是根据统计所使用的数据不同，分为修正和非修正两类，主要差别是修正的方差使用测量数据的平均值进行统计，而非修正直接使用原始测量数据；第二种是根据统计所使用测量数据的取样方式不同，分为重叠取样和非重叠取样(也有学者称为交叠取样和非交叠取样)，其主要区别是是否重复使用测量数据，其中重叠取样法因数据利用率更高，统计结果自由度明显优于非重叠取样。

1. 标准方差

经典的 N 次采样标准方差定义式为

$$\sigma^2 = \frac{1}{N-1}\sum_{i=1}^{N}(y_i - \overline{y})^2 \qquad (2.10)$$

式中，y_i 为频率偏差；$\overline{y}$ 为 N 个 y_i 的均值，$\overline{y} = \frac{1}{N}\sum_{i=1}^{N}y_i$。标准方差更为常见的使用形式为其均方根值，即标准差 σ，又称标准偏差。

随着对频率源噪声的深入研究发现，其输出信号除含有热噪声和散弹噪声，还存在傅里叶低频分量丰富的闪频噪声和随机游动频率噪声，其中热噪声和散弹噪声与频率无关，归为白噪声，白噪声可以通过增加统计数据的长度，得到一个收敛的标准方差值。但是，由于信号还受闪频噪声等噪声类型的影响，该种噪声类型特点是变化周期长，已经发现有周期超过一年的闪频噪声，当采用标准方差统计时，闪频噪声可能导致标准方差统计结果随着测量数据的增多而变大，不能得到一个确定的静态量，即采用标准方差统计信号的频率值，可能不能收敛(Allan, 1987)。

通常统计所使用的测量数据越多，获得的测量结果越精确，误差越小。但是，对频率源噪声采用标准方差统计，不符合这一期望。当使用标准方差分析频率源的测量数据时，特别是存在闪频噪声时，随着测量数据的增多，标准方差分析结果不断发生变化，因此频率源的频率稳定度不能使用标准方差进行描述。为解决标准方差分析法存在的不收敛问题，经过多年研究发展，已经有多种能得到收敛值的方差分析方法可供选择(Riley, 2008)。

2. 标准阿伦方差

标准阿伦方差简称阿伦方差，是时域最常用的频率稳定度分析方法，英文缩写为 AVAR。与标准方差相似，阿伦方差也是通过计算频率偏差(频率偏差 $y = \frac{v_x - v_0}{v_0}$，参见本书 1.6 节频率偏差定义)或是相位差的变化量反映频率源的频率稳定度。基于频率测量数据的阿伦方差定义为(Allan, 1966)

$$\sigma_y^2(\tau) = \frac{1}{2(M-1)}\sum_{i=1}^{M-1}(y_{i+1} - y_i)^2 \qquad (2.11)$$

式中，y_i 为第 i 个测量间隔为 τ 的频率偏差均值，i 的取值范围为 $1 \sim M$；M 为频率偏差均值的总个数。

当测量结果是相位数据，则根据相位数据计算阿伦方差公式为

$$\sigma_y^2(\tau) = \frac{1}{2(N-2)\tau^2} \sum_{i=1}^{N-2} (x_{i+2} - 2x_{i+1} + x_i)^2 \qquad (2.12)$$

式中，x_i 为第 i 个相位数据，与时间偏差量等效，s，称其为相位数据是为了与时间变量区分(参见相位差定义)；τ 为每个相位数据的取样时间间隔；N 为测得的相位数据个数，且 $N = M+1$。

较常使用的表征频率稳定度形式是阿伦方差的平方根值，简称为阿伦偏差(ADEV)，用 $\sigma_y(\tau)$ 表示。阿伦偏差估计的置信区间与噪声类型密切相关，若不考虑噪声类型，简单估计阿伦偏差，满足 1σ 概率(68%)的阿伦偏差估计置信区间可以用 $\pm\sigma_y(\tau)/\sqrt{N}$ 近似表示，其中 N 表示参与计算阿伦偏差的数据个数(Riley, 2008)。

阿伦方差对白噪声的表征与普通方差相似，能对大多数频率源噪声类型收敛，并且与取样数无关，但是不能用于区分白相噪声和闪相噪声。为满足区分白相噪声和闪相噪声，或提高统计置信度等需求，发展了修正阿伦方差和重叠阿伦方差等。

3. 修正阿伦方差

修正阿伦方差(MVAR)是在阿伦方差基础上的发展的，用 $\text{Mod}\,\sigma_y^2(\tau)$ 表示，是另一种常见的时域频率稳定度测量方法，主要解决标准阿伦方差不能区分白相噪声和闪相噪声的问题。面向频率测量数据的修正阿伦方差定义为(Lesage et al., 1984; Allan et al., 1981)

$$\text{Mod}\,\sigma_y^2(\tau) = \frac{1}{2m^4(M-3m+2)} \sum_{j=1}^{M-3m+2} \left\{ \sum_{i=j}^{j+m-1} \left[\sum_{k=i}^{i+m-1} (y_{k+m} - y_k) \right] \right\}^2 \qquad (2.13)$$

式中，y_k 为频率偏差。利用一组 M 个频率偏差数据进行计算，首先按取样时间 $\tau = m\tau_0$ 计算频率偏差均值，m 为平均因子，τ 为平滑时间，τ_0 为测量间隔。

如果测量值是相位差，根据 N 个相位差数据计算修正阿伦方差的表达式如式(2.14)所示，其中相位差数据个数 N 与频率偏差数据个数 M 满足 $N = M+1$。

$$\text{Mod}\,\sigma_y^2(\tau) = \frac{1}{2m^2\tau^2(N-3m+1)} \sum_{j=1}^{N-3m+1} \left[\sum_{i=j}^{j+m-1} (x_{i+2m} - 2x_{i+m} + x_i) \right]^2 \qquad (2.14)$$

常用修正阿伦方差的平方根值表征频率稳定度，称为修正阿伦偏差，用符号 $\text{Mod}\,\sigma_y(\tau)$ 表示。当平均因子 $m=1$ 时，修正阿伦方差和标准阿伦方差的计算公式

等效。与标准阿伦方差相比，修正阿伦方差增加了一个平均运算过程，其作用是平滑测量数据，可以满足区分白相噪声和闪相噪声需求。

与阿伦偏差相似，修正阿伦偏差的置信区间与噪声类型密切相关，若不考虑噪声类型，简单估计修正阿伦偏差，满足概率为1σ(68%)的修正阿伦偏差估计置信区间可以用$\pm\sigma_y(\tau)/\sqrt{N}$近似表示，其中$N$为参与计算修正阿伦偏差的数据个数(Riley, 2008)。

4. 阿达马方差

分析存在频率漂移的频率源稳定度时，无论事先是否移除频率漂移项，若采用阿伦方差分析方法，对频率源长期稳定度的估计都会存在偏差。为解决这一问题，1971年，Baugh将阿达马变换(Hadamard transformation)引入时域的频率稳定度测量，称为阿达马方差(HVAR)，用$H\sigma_y^2(\tau)$表示。根据频率偏差数据计算阿达马方差的定义如式(2.15)所示，即

$$H\sigma_y^2(\tau) = \frac{1}{6(M-2)} \sum_{i=1}^{M-2} (y_{i+2} - 2y_{i+1} + y_i)^2 \tag{2.15}$$

式中，y_i为取样时间τ的第i个频率偏差均值；$\tau = m\tau_0$，τ_0为测量间隔，m为平均因子，通常m的取值范围为$1 \leq m \leq M/3$；M为频率偏差均值总个数。

当使用相位数据时，则阿达马方差定义为

$$H\sigma_y^2(\tau) = \frac{1}{6\tau^2(N-3m)} \sum_{i=1}^{N-3} (x_{i+3} - 3x_{i+2} + 3x_{i+1} - x_i)^2 \tag{2.16}$$

式中，x_i为相位；取样时间τ和相位数据个数N的定义均与式(2.12)相同。

常用阿达马方差的平方根表征频率稳定度，称为阿达马偏差(HDEV)，用$H\sigma_y(\tau)$表示。

阿达马方差计算是对频率偏差量进行二阶差分，对相位数据进行三阶差分，能消除频率源线性频率漂移的影响，且对频率漂移不敏感。当频率漂移大于频率源噪声的影响时，阿达马方差估计仍能得到很好的结果。阿达马方差对调频随机奔跑噪声收敛，并且对甚低频能量谱噪声也能收敛，不足之处是若要获得置信度相当的估计结果，阿达马方差比阿伦方差需要的测量数据更多(Riley, 2008)，在测量数据获取受限的情况下该方法的应用也受到限制。

阿达马方差能分离频率漂移的影响(Walter, 1992)，这种属性对分析铷原子钟等存在频漂的频率源特性特别有用，对于频漂不明显原子钟的分析，阿达马方差没有明显的优势。

5. 修正阿达马方差

修正阿达马方差(MHVAR)是阿达马方差的修正版，用 $\text{Mod}\,\sigma_H^2(\tau)$ 表示(Bregni et al., 2006)。修正阿达马方差与阿达马方差相比，主要区别是增加了一级对原始数据的平均处理。以使用相位数据为例，修正阿达马方差的定义如式(2.17)所示：

$$\text{Mod}\,\sigma_H^2(\tau) = \frac{\sum_{j=1}^{N-4m+1}\left[\sum_{i=j}^{j+m-1}(x_i - 3x_{i+m} + 3x_{i+2m} - x_{i+3m})\right]^2}{6m^2\tau^2(N-4m+1)} \tag{2.17}$$

式中，修正阿达马方差使用的相位数据 x_i 是取样时间 τ 的相位差值，$\tau = m\tau_0$，τ_0 为相位差的测量间隔；m 为平均因子；N 为根据取样时间为 τ 的相位值总数。

频率源的噪声能用功率谱密度表示，根据噪声模型其函数表达式为 $S \propto f^\alpha$，其中 f 是傅里叶频率，α 是与噪声模型对应的功率指数。若采用取样时间-修正阿达马方差的对数图表示频率源信号的频率稳定度，那么不同噪声类型在对数图中对应不同的斜率，用 μ 表示斜率。因此，修正阿达马方差可以确定频率源不同噪声类型。

根据修正阿达马方差的定义，可以推导出使用多阶差分的阿达马方差修正形式，即

$$\text{Mod}\,\sigma_{H,d}^2(\tau) = \frac{\sum_{j=1}^{N-(d+1)m+1}\left[\sum_{i=j}^{j+m-1}\sum_{k=0}^{d}\binom{d}{k}(-1)^k x_{i+km}\right]^2}{d!m^2\tau^2[N-(d+1)m+1]} \tag{2.18}$$

式中，当差分阶数 $d = 2$ 时，式(2.18)等价于修正阿伦方差；$d = 3$ 时，式(2.18)等价于修正阿达马方差。

阶数的选择与期望识别的噪声类型有关，方差分析的差分阶数 d 与可识别的噪声类型噪声指数 α 的对应关系是 $\alpha > 1 - 2d$，因此二阶的标准阿伦方差能识别 $\alpha > -3$ 的噪声类型，三阶的阿达马方差能识别 $\alpha > -5$ 的噪声类型(Riley, 2008)。通常不使用三阶以上的结果分析频率稳定度。

修正阿达马方差是无偏差估计，在频率稳定度分析中能区分短期的白噪声和闪相噪声，以及随机游动闪频噪声($\alpha = -3$)和调频随机奔跑噪声($\alpha = -4$)等噪声类型，修正阿达马方差的对数图显示对应的斜率 $\mu = -3 - \alpha$。

6. 重叠取样

在时域的频率稳定度分析中，取样时间的长度是影响分析结果的重要因素，除此以外，对频率偏差或相位差数据的取样方式，也会影响测量结果。当前对测

量数据的取样方式有标准取样和重叠取样两种方式，其中标准取样是标准阿伦方差采用的取样方式，常又被称为非重叠取样。

图 2.1 是非重叠取样和重叠取样的比较示意图。黑圆点表示数据序列，重叠取样几乎能使用测量数据的所有组合，因此重叠取样能提高稳定度估计的置信度，分析相同取样时间的频率稳定度，重叠取样能减少对测量数据量的要求。相对于非重叠取样，尽管重叠取样增加了数据运算量，但对当前处理器的运算能力而言比较容易实现。

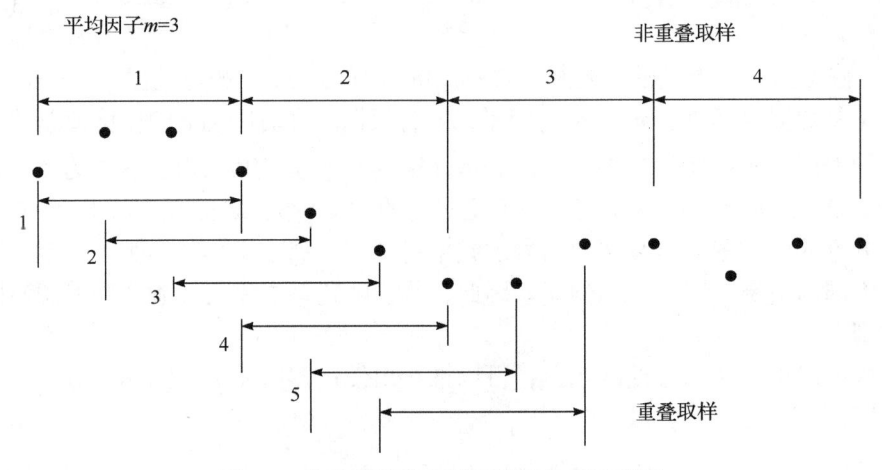

图 2.1 非重叠取样和重叠取样比较示意图

当取样时间与原始数据测量间隔相等时，重叠取样与非重叠取样等效，在取样时间大于测量间隔时，两者才有差别。在不增加数据的条件下，重叠取样能获得更长取样时间的频率稳定度分析结果。

以阿伦方差分析为例，取样时间为 τ，分析同一组数据，非重叠取样和重叠取样频率稳定度分别按式(2.19)和式(2.20)计算，两种方法取样数据主要差别是步进量不同，非重叠取样步进量 $\tau = m\tau_0$，而重叠取样数据步进量等于测量间隔 τ_0，其阿伦方差分别为

$$\sigma_y^2(\tau) = \frac{1}{2(M-1)} \sum_{i=1}^{M-1} (y_{i+1} - y_i)^2 \qquad (2.19)$$

$$\sigma_y^2(\tau) = \frac{1}{2m^2(M-2m+1)} \sum_{j=1}^{M-2m+1} \sum_{i=j}^{j+m-1} (y_{i+m} - y_i)^2 \qquad (2.20)$$

由此可见，根据同一组数据分析频率稳定度时，尽管重叠取样较非重叠取样增加了计算量，但提升了等效自由度，有利于提高方差估计的置信度。

常用的阿伦方差和阿达马方差分析大多使用重叠取样方式(Riley, 2008)。下面

分别介绍重叠阿伦方差和重叠阿达马方差的计算。

1) 重叠阿伦方差

重叠阿伦方差（overlapping ADEV）是标准阿伦方差的一种形式，是时域最广泛使用的频率稳定度计算方法，用 $\sigma_y^2(\tau)$ 表示。通过重叠取样形成所有可能的测量数据组合，能最大程度地利用现有测量数据计算阿伦方差，从而提高测量结果的置信度。

对于频率偏差数据，含 M 个频率偏差值 y_i，取样时间 $\tau = m\tau_0$，m 表示平均因子，τ_0 表示频率偏差的测量间隔，则重叠阿伦偏差可根据式(2.20)计算。

对于一组含 N 个数据的相位差数据 x_i，其中数据个数 N 与频率偏差数据数 M 满足 $N=M+1$ 的关系，则重叠阿伦方差的计算对应式(2.21)，即

$$\sigma_y^2(\tau) = \frac{1}{2(N-2m)\tau^2} \sum_{i=1}^{N-2m} \left(x_{i+2m} - 2x_{i+m} + x_i \right)^2 \tag{2.21}$$

常用重叠阿伦方差的平方根表示频率源的频率稳定度，称为重叠阿伦偏差，用 $\sigma_y(\tau)$ 表示。

重叠阿伦方差估计的主要优点是最大化使用数据，尽管通过重叠取样增加的差分数据不完全统计独立，但增加了等效自由度个数，提高了估计的置信度，因此重叠阿伦方差优于标准阿伦方差的置信度。

2) 重叠阿达马方差

重叠阿达马方差通过重叠取样，形成所有可能的二阶差分数据对，最大化利用现有测量数据，提高重叠阿达马方差估计频率稳定度的置信度(Riley, 2008)。

当数据为频率偏差时，重叠阿达马方差可根据式(2.22)计算，即

$$H\sigma_y^2(\tau) = \frac{1}{6m^2(M-3m+1)\tau^2} \sum_{j=1}^{M-3m+1} \left[\sum_{i=j}^{j+m-1} \left(y_{i+2m} - 2y_{i+m} + y_i \right) \right]^2 \tag{2.22}$$

式中，y_i 为在取样时间 τ 的频率偏差；$\tau = m\tau_0$，m 为平均因子，τ_0 为频率偏差的测量间隔；M 为参与计算的频率偏差总数。

当数据为相位差时，重叠阿达马方差的计算式为式(2.23)，即

$$H\sigma_y^2(\tau) = \frac{1}{6(N-3m)\tau^2} \sum_{j=1}^{N-3m} \left(x_{i+3m} - 3x_{i+2m} + 3x_{i+m} - x_i \right)^2 \tag{2.23}$$

式中，x_i 为相位差；N 为相位差个数，$N=M+1$；τ 为每个相位差值的取样时间。

用重叠阿达马方差分析相位差数据较频率偏差数据的效率更高，这是因为为了获得取样时间内的频率偏差,需要对取样时间间隔内的多个数据进行统计平均，而相位差有累积效应，仅需要根据取样间隔挑选对应时刻的相位差数据即可，减

少了处理环节。

与重叠阿伦方差估计的优点相似，重叠阿达马方差的主要优点是最大化测量数据的使用率，较标准阿达马方差提高了置信度。

重叠阿达马方差的平方根在表征频率源稳定度时更为常用，称为重叠阿达马偏差(overlapping HDEV)，用 $H\sigma_y(\tau)$ 表示。

7. 时间方差

时间方差又称时间阿伦方差(TVAR)，是一种基于修正阿伦方差的时间稳定度估计方法(Allan et al., 1990)。时间方差常用来估计频率源或时间分配系统引入的时间波动，主要用于描述频率源的时间误差特性。

频率源输出信号的累计时间偏差可以简单用函数表示，如式(2.24)所示，即

$$\Delta T = T_0 + (\Delta v / v) \cdot t + \frac{1}{2} D \cdot t^2 + \sigma_x(t) \tag{2.24}$$

式中，ΔT 为总的时间偏差，s；T_0 为初始时间与参考时间同步误差；$\Delta v/v$ 为由环境等原因引起的频率偏差；D 为频率漂移率(又称老化率)；$\sigma_x(t)$ 为噪声引起时间偏差的平方根。

电磁环境变化、干扰行为、振动等很多因素都会影响频率源的输出，准确的预测时间偏差量几乎不可能，但是时间偏差的预测在许多行业非常必要。因此，为了更准确地预测时间偏差，需要分析式(2.24)中各项的影响。式(2.24)中各分量对时间误差的贡献如下所述。

初始时间与参考时间同步误差用 T_0 表示，是初始时刻的相位，其对时间误差的贡献为常数，该项参数的测量分辨率和测量噪声与平均时间长度有关。

初始频偏对时间误差的影响呈线性关系，频率老化是引起频率源频偏主要原因，因此需要定期对频率源的频率进行校准，降低频率老化的影响。若频率源经过了定期校准，则频偏的主要来源包括参考源频率的不确定度、测量系统的测量误差及频率源的频率校准分辨率等，可以通过计算测量间隔内待测频率源与参考源阿伦方差之和的平方根来估计测量噪声的影响。因此，为了保证时间偏差估计的准确性，在确定初始频偏时，应尽量进行长时间的测量，以相对准确地获得频率偏差、老化率为目标，并保持测试条件与使用环境的一致性。

初始频偏测定后，环境变化可能是影响时间误差最主要的因素，频率受环境的影响程度与设备属性有关，也与设备所处环境条件有很大关系。执行频率稳定度分析时，从随机噪声中分离出环境影响的确定分量非常重要，需要对设备自身属性和环境情况非常清楚。

时间方差定义为

$$\sigma_x^2(\tau) = \left(\frac{\tau^2}{3}\right) \cdot \text{Mod}\,\sigma_y^2(\tau) \tag{2.25}$$

在确定取样时间后,修正阿伦方差与时间方差呈常数比例关系,如式(2.25)所示。考虑到白相噪声、闪相噪声和随机游动频率噪声是频率源及时间同步系统中的主要噪声类型,因此时间方差是通信领域时间同步系统时域频率稳定度分析的主要方法。当频率源信号主要受白噪声影响时,时间方差与标准方差结果相等。

8. 总方差

总方差是为解决当平均因子 m 较大时,由于数据过少,部分频率稳定度分析方法存在置信度降低,甚至产生"崩溃"的问题。例如,当平均因子 $m=\dfrac{N-1}{2}$ 时,即平滑时间接近于总数据序列长度的二分之一时,阿伦方差估计只有前一半数据的均值和后一半数据的均值,共两个可用数据,频率稳定度估计结果置信度大大降低(Riley, 2008),甚至使计算结果失去参考价值。

为了减少因平均因子较大对频率稳定度分析的影响,研究人员提出了许多解决方法,包括数据移位、数据首尾衔接形成闭环、数据映射等,其核心思想是提高估计值的置信度。总方差是一种通过数据映射,对原始数据两端进行延伸,扩展数据长度、提高置信度的方法。

1) 阿伦总方差

阿伦总方差(TOTVAR)简称总方差,用 $\text{Tot var}(\tau)$ 表示,主要解决在平均因子取值较大时,阿伦方差估计可用数据太少的问题,最糟糕情况下阿伦方差估计可能只有一对数据可用,置信度太低且易受频漂剔除方法影响。因此,总方差主要用于平均因子取值较大时,保证频率稳定度估计的置信度。以使用相位数据分析频率稳定度为例,总方差根据式(2.26)计算,即

$$\text{Tot var}(\tau) = \frac{1}{2\tau^2(N-2)} \sum_{i=2}^{N-1} \left(x_{i-m}^* - 2x_i^* + x_{i+m}^*\right)^2 \tag{2.26}$$

式中,τ 为取样时间,$\tau = m\tau_0$,τ_0 为数据测量间隔;m 为平均因子,通常的取值范围为 $1 \leqslant m \leqslant N-1$;$N$ 为所使用相位差总个数,x_i 为原始测得的相位差值,通过两端映射,将原始相位差数据序列 $\{x_i\}$ 映射成一个虚拟序列 $\{x_i^*\}$。映射方法如式(2.27)所示,即

$$\begin{cases} x_i^* = x_i, & i=1,2,\cdots,N \\ x_{1-j}^* = 2x_1 - x_{1+j},\ x_{N+j}^* = 2x_N - x_{N-j}, & j=N-2,\cdots,2,1 \end{cases} \tag{2.27}$$

当数据为频率偏差时，总方差估计可以使用式(2.28)计算，即

$$\text{Tot var}(\tau) = \frac{1}{2(M-1)} \sum_{i=2}^{M-1} \left(y_{i+j+1}^* - 2y_{i+j}^* \right)^2 \tag{2.28}$$

式中，M 为计算所用频率偏差值 y_i 的个数；τ 为取样时间。通过映射得到虚拟数组 $\{y_i^*\}$。原始数据放在中心位置，首尾采用映射数据，其映射方法如式(2.29)，即

$$\begin{cases} y_i^* = y_i, & i = 1, 2, \cdots, M \\ y_{1-j}^* = y_j, y_{M+j}^* = y_{M+1-j}, & j = M-2, \cdots, 2, 1 \end{cases} \tag{2.29}$$

常用阿伦总方差的平方根来表征频率稳定度，称为阿伦总偏差(TOTDEV)，简称总偏差，用 $\sigma_{\text{total}}(\tau)$ 表示。若采用双映射计算，则总方差和阿伦方差的期望值相同，能区分白相噪声、闪相噪声和白频噪声。

总方差通过数据延伸提高方差估计的置信度，尤其是当平均因子较大时，总方差的优势明显，其置信度高于重叠阿伦方差，并且总方差估计对频率漂移不敏感。但是，当平均因子较小时，如平均时间长度小于总数据长度的10%时，阿伦方差、重叠阿伦方差均能给出较高的置信度，此时总方差没有明显的优势(郭海荣，2006)。

2) 修正总方差

修正总方差(MTOT)，用 $\text{Mod}\,\sigma_{\text{total}}^2(\tau)$ 表示。修正总方差主要解决修正阿伦方差在平均因子较大时置信度下降的问题。

在估计方差之前，首先对测量数据进行映射处理，以一组相位数据为例，测得 N 个相位数据点 x_i，每个数据点的测量间隔为 τ_0，取样时间 $\tau = m\tau_0$，则修正总方差计算步骤如下：

步骤一，从相位数据序列 $\{x_i\}$ 中提取($N-3m+1$)个含 $3m$ 个数据点的子序列。

步骤二，剔除子序列的频偏值，得到去除线性趋势后 $3m$ 个数据点的子序列，计算方法是将子序列数据等分为两半，分别计算前后两半数据的均值，两均值之差除以子序列第一个数据和最后一个数据间时间间隔的一半，即可得到线性趋势项。

步骤三，对剔除频偏后的子序列进行正向偶映射，在子序列数组前后各生成一组 $3m$ 长度的数组，扩展为 $9m$ 个点的新子序列。

步骤四，计算 $9m$ 个点新子序列的修正阿伦方差。

步骤五，重复上述步骤，分别计算($N-3m+1$)个子序列的修正阿伦方差。

步骤六，计算所有子序列修正阿伦方差的均值，即为修正总方差。

根据相位数据计算修正总方差的公式为

$$\text{Mod}\,\sigma_{\text{total}}^2(\tau) = \frac{1}{2(m\tau_0)^2(N-3m+1)} \sum_{n=1}^{N-3m-1} \left[\frac{1}{6m} \sum_{i=n-3m}^{n+3m-1} \left({}^0z_i^{\#}(m)^2 \right) \right] \tag{2.30}$$

式中，$^0z_i^{\#}(m)$ 表示根据 3 倍扩展子序列的相位均值，指数 0 表示已经移除了频偏；平均因子 m 通常取值为 $m=N/3$。

式(2.30)外层循环只有一项，但内层循环包含 $6m$ 项，此时有足够的数据量用于修正总方差的估计，进而达到提高估计置信度的目的，尤其是长期取样稳定度的置信度。

修正总方差与修正阿伦方差相似，采用相同的相位平滑技术，能区分白相噪声和闪相噪声的影响，且期望值相同。与修正阿伦方差不同，在平均因子取值较大时，修正总方差通过数据映射延伸，提高了估计的置信度(Howe et al., 1999)。

3) 时间总方差

时间总方差(TTOT)是一种基于修正总方差的时间稳定度测量方法，能充分利用时间序列中所有信息提高时间方差估计的置信度(Riley, 2008)。计算公式与时间方差类似，时间总方差的定义如式(2.31)所示，即

$$\sigma_x^2(\tau) = \left(\frac{\tau^2}{3}\right) \cdot \text{Mod}\,\sigma_{\text{total}}^2(\tau) \tag{2.31}$$

时间总方差通过扩展原始测量数据，大大增加了估计等效自由度的数据量，从而提高了在取样时间较长时频率稳定度估计的置信度。时间总方差估计是一种有偏估计，对于调相噪声，如白相噪声、闪相噪声和随机游动相位噪声，其偏差很小；但对于低频噪声，如闪频噪声、随机游动频率噪声，其偏差较大。此时，时间总方差不再适用，因此时间总方差主要用于分析调相噪声。

4) 阿达马总方差

阿达马总方差(HTOT)是阿达马方差的总估计形式，用 $\text{Total}H\sigma_y^2$ 表示。阿达马总方差是为了解决阿达马方差在取样时间较大时估计值置信度低的问题。根据阿达马方差的计算公式，估计频率稳定度需要对相位数据做三阶差分运算，即当取样时间接近数据序列总长度的 1/3 时，阿达马方差估计的有效数据仅一组，此时阿达马方差估计的置信度最低。

阿达马总方差提高估计置信度的方法与阿伦总方差数据扩展法类似，在不增加测量数据的情况下，通过映射扩展数组长度，提高取样时间较大时的估计置信度。以一组含 M 个频率偏差数据 y_i 为例，计算频率稳定度，每个数据点的测量间隔为 τ_0，取样时间 $\tau = m\tau_0$。使用频率偏差数据的阿达马总方差计算步骤如下：

步骤一，从频率偏差数据序列 $\{y_i\}$ 中提取 $(N-3m+1)$ 个含 $3m$ 个数据点的子序列。

步骤二，剔除子序列的线性漂移(频漂)，得到去除线性趋势后的 $3m$ 个数据点子序列，计算方法是将子序列数据等分为两半，分别计算前后两半数据的均值，

两均值之差除以子序列第一个数据和最后一个数据间时间间隔的一半,即可得到线性趋势项。

步骤三,对剔除线性漂移后的子序列进行正向偶映射,在子序列数组前后各生成一组 $3m$ 长度的数组,得到扩展为 $9m$ 个点的新子序列。

步骤四,计算 $9m$ 个点新子序列的重叠阿达马方差。

步骤五,重复上述步骤,分别计算 $(N-3m+1)$ 个子序列的重叠阿达马方差。

步骤六,计算所有子序列重叠阿达马方差的均值,即为阿达马总方差。

使用频率偏差数据计算阿达马总方差的公式见式(2.32),即

$$\text{Total}H\sigma_y^2(m,\tau_0,M) = \frac{1}{6(M-3m+1)}\sum_{n=1}^{M-3m-1}\left\{\frac{1}{6m}\sum_{i=n-3m}^{n+3m-1}[H_i(m)]^2\right\} \quad (2.32)$$

式中,扩展子序列进行二阶差分移除线性漂移后得到 $z_n(m)$,$H_i(m)$ 为 $z_n(m)$ 的阿达马方差。当取最大平均因子 $m=M/3$ 时,外层循环求和仅含一项,但内层循环求和有 $6m$ 项,此时有足够数据用于阿达马总方差估计,保证估计的置信度,特别是取样时间较大时阿达马总方差估计的置信度。与阿达马方差相比,阿达马总方差估计的置信度有显著提高,等于或大于阿伦方差估计的置信度,同时阿达马总方差估计具有阿达马方差对频率漂移不敏感的属性,不受频率线性漂移影响,对存在明显频漂频率源的估计有明显优势(Riley, 2008)。

阿达马总方差估计主要用于取样时间较长时频率源稳定度的估计,可提高估计置信度;当取样时间较短时,相较于阿达马方差等稳定度估计方法没有明显优势,而频率源在取样时间较长时通常主要反映调频噪声的影响。因此,使用阿达马总方差估计的主要噪声类型是调频噪声,若想要获得调相噪声的估计结果,一般采用时间总方差进行估计(郭海荣,2006)。

9. Thêo1 估计

Thêo1 估计的基本原理与阿伦方差相似,采用双采样数据进行一阶差分。该方法能在使用相同数据长度条件下,得到更大取样时间的频率稳定度估计值,取样时间最大可以达到数据总长度的 75%,比总方差估计覆盖的取样时间范围更大,并且有比标准阿伦方差更好的置信度(Howe et al., 2003)。

根据相位数据的 Thêo1 估计公式(Howe et al., 2004)如式(2.33)所示,即

$$\text{Thêo1}(m,\tau_0,N) = \frac{1}{(N-m)(m\tau_0)^2}\sum_{i=1}^{N-m}\sum_{\delta=0}^{m/2-1}\left\{\frac{1}{m/2-\delta}[(x_i-x_{i-\delta+m/2})+(x_{i+m}-x_{i+\delta+m/2})]^2\right\}$$

(2.33)

式中,τ_0 为相位数据的测量间隔;N 为相位数据个数;m 为平均因子,取值为 $10 \leq m \leq N-1$ 区间的偶数,而标准阿伦方差的典型平均因子取值范围是

$1 \leqslant m \leqslant (N-1)/2$。Thêo1 估计的实质是计算取样时间 $\tau = 0.75(n-1)\tau_0$ 的频率差的平方根。

以相位数据长度为 11 的数据序列为例,平均因子 m 取最大可用值 10。图 2.2 为 Thêo1 估计的计算原理。

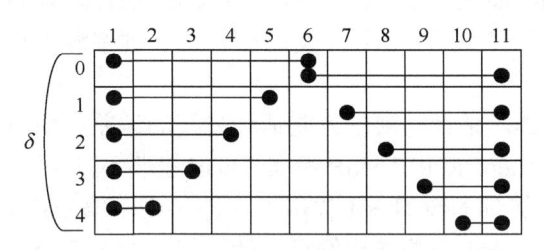

图 2.2 Thêo1 估计的计算原理图
当 $n=11$,$m=10$,则 i 取值为 1 到 $n-m-1$,$\delta=0$ 到 $m/2-1=4$

如图 2.2 所示,根据式(2.33),外层求和($i=1$)仅一项,最大可取平均因子为 $m/2=5$,即内层求和项共计 5 项,各项相位差值经等权求和。根据 Thêo1 估计频率稳定度,取样时间 τ 的取值为 $\tau=0.75m\tau_0$,τ_0 表示测量间隔。当主要受白频噪声影响时,Thêo1 估计与阿伦方差估计的期望值相同,但 Thêo1 估计较阿伦方差估计的置信度更高。

Thêo1 估计是一种阿伦方差的有偏估计形式,对除调频白噪声外所有噪声类型的有偏估计,因此需要对偏差进行修正。Howe 等(2004)给出了一种解决方案,Thêo1 的偏差估计 Thêo1Bias 与噪声类型、平均因子之间的关系如式(2.34)所示,即

$$\text{Thêo1Bias} = \frac{\text{AVAR}}{\text{Thêo1}} = a + \frac{b}{m^c} \quad (2.34)$$

式中,m 为平均因子;a、b 和 c 的取值可以查找表 2.2。Thêo1 估计中,取样时间 τ 的有效取值需满足 $\tau=0.75m\tau_0$,其中 τ_0 表示数据序列的实际测量间隔。

表 2.2 Thêo1 偏差估计参数

噪声类型	α	a	b	c
随机游动频率噪声(RWFN)	-2	2.70	-1.53	0.85
闪频噪声(FFN)	-1	1.87	-1.05	0.79
白频噪声(WFN)	0	1.00	0.00	0.00
闪相噪声(FPN)	1	0.14	0.82	0.30
白相噪声(WPN)	2	0.09	0.74	0.40

10. ThêoH 估计

对 Thêo1 估计作去除偏差处理，称为去除偏差后的 Thêo1(bias-removed version of Thêo1,ThêoBR)估计。ThêoBR 与阿伦方差合成(Howe et al., 2004)的稳定度曲线称为 ThêoH(hybrid-ThêoBR)(Howe, 2006)。ThêoH 估计是频率源稳定度分析相对较新的统计方法，尤其适用于估计平均时间较长、频率源中有多种噪声混合存在的情况。

如果去除了 Thêo1 估计与阿伦方差估计之间的偏差，则两者应该有相同的期望值。NewThêo1、ThêoBR 和 ThêoH 都是 Thêo1 去除偏差后与阿伦方差结合的版本。Howe 等(2004)提到 NewThêo1 提供了一种 Thêo1 偏差自动修正的估计算法，是基于阿伦方差和 Thêo1 方差按比例组合计算的，如式(2.35)所示：

$$\text{NewThêo1}(m,\tau_0,N) = \left[\frac{1}{n+1}\sum_{i=0}^{n}\frac{\text{Avar}(m=9+3i,\tau_0,N)}{\text{Thêo1}(m=12+4i,\tau_0,N)}\right]\text{Thêo1}(m,\tau_0,N) \quad (2.35)$$

式中，$n = \left\lfloor \dfrac{N}{30} - \dfrac{3}{1} \right\rfloor$，$\lfloor\ \rfloor$ 表示向下取整数。

ThêoBR 是 Thêo1 去除偏差后的一种频率稳定度估计方法，计算公式为

$$\text{ThêoBR}(m,\tau_0,N) = \left[\frac{1}{n+1}\sum_{i=0}^{n}\frac{\text{Avar}(m=9+3i,\tau_0,N)}{\text{Thêo1}(m=12+4i,\tau_0,N)}\right]\text{Thêo1}(m,\tau_0,N) \quad (2.36)$$

式中，$n = \left\lfloor \dfrac{N}{6} - \dfrac{3}{1} \right\rfloor$。

ThêoBR 估计的主要特点是在取最大可能取样时间时，仍能获得无偏估计，并且与噪声类型无关(McGee et al., 2007)。

ThêoH 估计是一种混合的统计方法，能在一张图中结合了 ThêoBR 和 AVAR 的结果，即

$$\text{ThêoH}(m,\tau_0,N) = \begin{cases} \text{Avar}(m,\tau_0,N), & 1 \leq m \leq \dfrac{k}{\tau_0} \\ \text{ThêoBR}(m,\tau_0,N), & \dfrac{k}{0.75\tau_0} \leq m \leq N-1 \end{cases} \quad (2.37)$$

式中，m 为偶数取值；k 的最大可能取值为 $\tau \leq 20\%T$。

ThêoH 估计是将 ThêoBR 估计与阿伦方差估计在足够长的平滑时间上合成为一条连续的方差估计曲线，是一种混合统计方式，两种估计方式互补，其中最大取样时间由 ThêoBR 估计确定，较小取样时间的频率稳定度估计结果由阿伦方差估计结果补充。以一组测量间隔为 15min 的相位数据序列为例，序列包括共计 10d 的测量数据，则根据阿伦方差分析方法，可以得到最大取样时间为 2d 的稳定度估

计结果，而采用 Thêo1 估计可以得到取样时间为一周的频率稳定度分析结果。因此，Thêo1 估计能从相同的数据序列中最大程度地获得更多的统计信息(McGee et al., 2008)。

11. 最大时间间隔误差

最大时间间隔误差（MTIE）是统计给定时间范围内的最大偏差，可用于评价频率源在确定时间间隔内因频率不稳定等因素累积的最大时间误差量，典型应用领域是电信行业。其计算方法是通过滑动一个包含 n 个时间误差(或相位)数据值的窗口，计算每个窗口内最大值与最小值之差，其中 $n=\tau/\tau_0$。MTIE 的估计对象是整个数据序列的最大时间间隔误差，根据式(2.38)计算，即

$$\text{MTIE}(\tau) = \text{Max}_{1 \leq k \leq N-n} \{\text{Max}_{k \leq i \leq k+n}(x_i) - \text{Min}_{k \leq i \leq k+n}(x_i)\} \tag{2.38}$$

式中，$n=1,2,\cdots,N-1$，N 为相位数据个数。

MTIE 用于测量频率源的时间偏差峰值，因此对单个极值、瞬时值或是奇异值尤为敏感。计算 MTIE 所需运算量随着平均因子 n 的增加呈几何增加，特别是处理较大的数据序列时，虽然可以使用一些快速的计算方法(Bregni, 1996)，但计算所需时间仍很可观。

尽管已经开展了一些研究，但是 MTIE 与阿伦方差等频率稳定度估计方法之间的关系尚无完全的定义，根据 MTIE 统计峰值的属性特点，更适合用概率统计量 β 来表示。以主要受白频噪声影响的频率源为例，最大时间间隔误差与阿伦偏差能近似满足式(2.39)表示的关系：

$$\text{MTIE}(\tau,\beta) = k_\beta \cdot \sqrt{h_0 \cdot \tau} = k_\beta \cdot \sqrt{2} \cdot \sigma_y(\tau) \cdot \tau \tag{2.39}$$

式中，k_β 为对应概率 β 的常数，β 的取值如表 2.3 所示；h_0 为白频噪声的噪声功率系数。

表 2.3 概率 β 与 k_β 的取值

β /%	k_β
95	1.77
90	1.59
80	1.39

最大时间间隔误差和下面将介绍的均方根时间间隔误差统计均常在通信领域用于估计频率源稳定度(Bregni, 1997)。根据 MTIE 方法估计的频率稳定度由宽度为 τ 的滑动窗口内最大时间偏差确定，这很难与根据时间偏差等方法估计的频率源稳定度结果直接进行比较。

12. 均方根时间间隔误差

均方根时间间隔误差(TIE rms)是另一种常用于电信领域的频率源稳定度统计方法，用 TIE_{rms} 表示(Bregni, 1997)，其定义如式(2.40)所示，即

$$\text{TIE}_{\text{rms}} = \sqrt{\frac{1}{N-n} \sum_{i=1}^{N-n} (x_{i+n} - x_i)^2} \tag{2.40}$$

式中，$n = N-1, \cdots, 2, 1$；N 为测得的相位数据个数。

当没有频率差时，TIE_{rms} 近似等于频率偏差的标准差乘以平均时间，这与时间偏差估计有点类似，但不像时间偏差估计能区分多种噪声类型。

13. 频率稳定度分析的图例

Sigma-Tau 图是一种频率源时域分析常用的表示方法(Riley, 2008)。其中，Sigma 表示以某种方差分析方法得到的方差值，用符号 σ 表示，Tau 表示取样时间，也称为平滑时间，用符号 τ 表示，取样时间与测量间隔 τ_0 呈整数倍关系，$\tau = m\tau_0$，其中 m 称为平均因子。Sigma-Tau 图用取样时间的对数作为横坐标，频率稳定度分析结果的对数作为纵坐标，如图 2.3 所示。Sigma-Tau 图在表征频率源稳定度时，受不同的噪声类型影响，绘制曲线的斜率不同，因此通过图形能直观反映信号主要遭受的噪声类型。

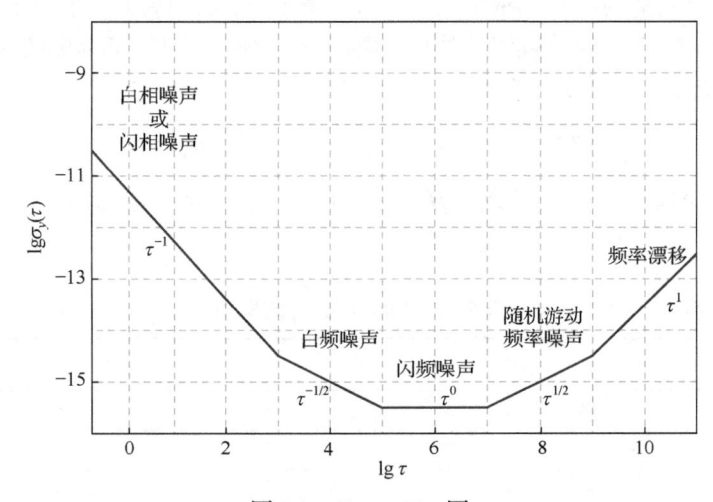

图 2.3 Sigma-Tau 图

2.4.2 各频率稳定度时域分析方法特点比较

部分类型的频率源可能含有发散的噪声，采用标准方差统计不能得到收敛的值，因此各国学者提出了能适应频率源噪声特性的多种频率稳定度分析方法。选

择统计工具最重要的判断准则是待测频率源的噪声类型。对一些方差类型的时域频率稳定度分析方法特点进行比较，见表 2.4。需要注意的是，表 2.4 中所有频率稳定度分析方法，除了阿达马系列方差具有消除频率漂移影响的特性外，其他分析方法都需要先行消除频漂影响后才能得到较好的估计值。

表 2.4 各方差类型的时域频率稳定度分析方法特点比较

分析方法	特点
标准方差	对于常见的振荡器噪声类型不能收敛，不建议用于评估频率稳定度
标准阿伦方差	经典的分析方法，特别适合估计中长期的频率稳定度；不足之处是置信度较低，测量结果易受频漂影响
重叠阿伦方差	时域分析使用最为广泛的方法，较标准阿伦方差最大的改进在于提高了置信度，不足之处也与阿伦方差同
修正阿伦方差	标准阿伦方差的修正版，增加了对测量数据的平均处理过程，因此能区分白相噪声和闪相噪声，更适合用于短期频率稳定度估计
时间方差	可分析白相噪声、闪相噪声和随机游动相位噪声对频率源时间波动的影响，主要用于评价通信领域时间同步系统的时间误差特性
阿达马方差	解决了阿伦方差在分析有频漂的频率源时，估计结果有偏差的问题，主要特点是对频漂不敏感，典型应用于分析存在频漂的频率源
重叠阿达马方差	与标准阿达马方差相比提高了置信度，不足也与阿达马方差同
阿伦总方差	适用取样时间较长时，特别是取样时间超过总测量数据 10%时，提高估计值的置信度；不足之处是总方差是有偏估计，且计算量较大
修正总方差	修正阿伦方差的总估计形式，取样时间较长时，较修正阿伦方差有更高的置信度，同样具有修正方差区分白相噪声和闪相噪声的特点
Thêo1 估计	Thêo1 估计较阿伦方差有更高的置信度，最大取样时间可达到数据长度的 3/4，是有偏估计，需要对偏差进行修正
最大时间间隔误差	用于估计某时间间隔内的最大时间误差量，常用于通信领域，评估频率源波动情况

应用中，需要根据频率源特性选择适用的频率稳定度分析方法，如常见的铷原子钟、铯原子钟和氢原子钟等，根据其受噪声影响类型不同有不同的选择。由于铷原子钟输出存在明显的频率漂移，常使用阿达马系列方差进行频率稳定度分析；铯原子钟的频率漂移不明显，常采用阿伦系列方差进行频率稳定度分析；氢原子钟会受到调相噪声影响，一般采用修正阿伦方差进行频率稳定度分析，长期来看氢原子钟也存在频率漂移，因此长期稳定度也常用阿达马系列方差来估计；对于时间同步测量系统和通信系统，主要关心的是时间分配系统各环节的时间同步情况，因此一般采用时间系列方差进行稳定度分析；总方差分析的置信度优势使其更常用于取样时间比较大的场合；重叠阿伦方差是最常使用的分析方法，特

别适用于频率漂移很小或者补偿过频漂后频率源的稳定度分析,较标准阿伦方差分析方法,重叠的数据处理形式能显著提高置信度,这也是其得到广泛应用的主要原因(郭海荣,2006)。

根据前面所述,频率源的频率稳定度分析有时域、频域的方法,其中时域又根据频率源受噪声影响类型、分析对象侧重点不同,有许多类型可选,用户需要根据实际频率源特性及应用场合,选择最合适的频率稳定度分析工具。

2.5 频率稳定度频域和时域转换

表征频率稳定度的方法包括时域和频域两类,分别反映同一事物的两个方面,它们之间存在一定的互换关系。如果通过测量得到频域频率稳定度,则可以通过式(2.41)推导出时域频率稳定度(童宝润,2003),即

$$\sigma^2(N,T,\tau) = \frac{N}{N-1} \int_0^\infty S_y(f) \left[\frac{\sin(\pi\tau f)}{\pi\tau f}\right]^2 \left[1-\left(\frac{\sin(N\pi\tau rf)}{N\sin(\pi\tau rf)}\right)^2\right] df \quad (2.41)$$

式中,$r = T/\tau$。由此可知:

$$\sigma^2(2,T,\tau) = 2\int_0^\infty S_y(f) \left[\frac{\sin(\pi\tau f)}{\pi\tau f}\right]^2 \left[1-\left(\frac{\sin(2\pi\tau rf)}{2\sin(\pi\tau rf)}\right)^2\right] df \quad (2.42)$$

$$\sigma_y^2(\tau) = \int_0^\infty S_y(f) \frac{2\sin^4(\pi\tau f)}{(\pi\tau f)^2} df \quad (2.43)$$

虽然频域稳定度和时域稳定度起因于同一物理过程,但是还没有代数关系式能将时域的测量结果直接转换为频域的量。不是因为从时域频率稳定度转换到频域相位稳定度的公式推导困难,而是转换要求从频率稳定度的时间响应中确定瞬时相位起伏谱密度的频率响应,而这二者之间的关系式不唯一,存在多义性,导致转换所得结果的可信度较低。当然,通过在时域测量中附加滤波设置,以及更多地了解频率源的噪声类型,可以减少多义性。一旦确定了相位起伏的频率响应,能从有关公式中求得相位起伏谱密度的近似值,再对谱密度积分得到相位稳定度。由于需要的附加信息较多,其可操作性并不强。

频率稳定度的时域和频域之间转换方法之所以不太精确,其原因在于描述噪声谱密度的不同频率响应范围之间希望是尖锐截止的,而实际上频率响应从一个频率范围到另一个范围是平滑的,因此转换形成误差。

频域稳定度和时域稳定度虽然可以互换,但实际操作起来十分不便,常规做法是根据需要直接测量。

在频率源的研制和应用中，频域频率稳定度还有其独特的优势。例如，如果频率源的供电电源滤波不好，50Hz 的纹波较大；如果频率源到用户的输出电缆接地或屏蔽不好，致使杂散干扰串入频率源信号中，此时时域频率稳定度变差，但难以通过结果分析变差的原因，此时如果获得了频域的频率稳定度，可以发现在 50Hz 处有较大的离散频谱线，有助于找出影响频率稳定性的原因(童宝润，2003)。

2.6 频率稳定度分析实用技术

进行频率稳定度分析，需要考虑的因素有置信度、取样时间、测量环境，以及影响待测频率源的噪声类型等。本节简单介绍频率稳定度分析时应该注意的几个方面。

2.6.1 置信度确定

在频率稳定度分析结果中，建议包含置信度的表述，这是因为方差估计结果受所用方差类型、数据量、平均因子、噪声类型、置信度等各项参数的共同影响，结果描述中包含越多的限制条件则越准确。置信度是频率稳定度分析结果中的一项重要参数，常使用 χ^2 分布描述频率稳定度分析中的置信度。

例如，某频率源的阿伦偏差估计值为 1.0×10^{-11}，考虑数据量和噪声类型的影响，有 95%概率的阿伦偏差实际值小于 1.2×10^{-11}。尽管增加置信度表述后得到的结果不够精确，但是更能有效反映所测数据的实际稳定度情况。如果各个稳定度分析结果所选择的置信度均不相同，将使结果之间不具有可比性。为避免这个问题，建议分析数据时，查阅相关的统计学书籍，采用通用的置信度相关参数。

最简单的置信度表述可以不考虑频率源的噪声类型，如阿伦偏差估计的频率稳定度 $\sigma_y(\tau)$，满足概率 $1\sigma(68\%)$ 的频率稳定度置信区间是 $\pm\sigma_y(\tau)/\sqrt{N}$，其中 N 表示用于计算阿伦偏差的相对频率偏差数据数(Riley, 2008)。

根据不同的频率稳定度分析类型，还可以基于 χ^2 分布确定置信度。严格来说，χ^2 分布仅适用于估计经典的标准方差，但实际上所有方差分析类型都可用来确定估计值的置信度。尽管部分方差估计的分布函数稍低于相应的 χ^2 分布函数，如总方差估计，但不影响 χ^2 分布函数满足大多数类型的方差置信度评估。

2.6.2 取样时间的选取原则

取样时间的选取与测量数据的长度、影响频率源的主要噪声类型、测量环境等条件有关，还与用户关心的频率源稳定度特征有关。取样时间的选取对通过频率稳定度分析结果识别周期性变化现象特别重要，而对所有可用取样时间计算频率稳定度值，能更全面地反映测量数据的波动情况。因此，根据需求及客观条件选取合适的取样时间是基本原则。

选取尽可能多的取样时间有利于鉴别干扰噪声的类型，然而，考虑到计算量与数据量成正比关系，如果选择计算所有取样时间的频率稳定度，随着数据量的增加将导致数据处理耗时大大增加，大多数情况没有必要计算所有取样时间的稳定度，这是因为绝大部分取样时间提供的关于频率源稳定度信息内容相似。常规做法是挑选典型的取样时间，使得到的频率稳定度分析结果能绘制连续的曲线，若测量数据变化呈周期现象时，建议选取对应等于或大于该周期的平均时间分析其频率稳定度，将有助于分析周期现象的影响。

2.6.3 三角帽法

测量频率源的频率稳定度通常需要一个更稳定(相同取样间隔的稳定度高三倍或一个量级)的频率源作为参考，而在对频率稳定度较高的原子钟进行测试时，难以得到满足性能要求的频率源作为参考，需要寻求其他更具可行性的解决方案。

有研究人员提出了三角帽法估计频率稳定度(Gray et al., 1974)，顾名思义，采用该方法测试频率稳定度需要至少三个频率源且频率稳定度相当。三角帽法的核心思想是分别确定各频率源噪声对频率稳定度结果的贡献，具体方法是利用多个频率源互比，分别估计两两间的相对结果，结合对频率源噪声类型的先验知识，估计各频率源的频率稳定度。

以一个更稳定的频率源为参考，进行相对测试，估计待测频率稳定度的测量方法，决定了难以从频率稳定度测量结果中区分噪声是来自待测设备还是来自参考源。理想情况下，参考源的噪声低到可以忽略，或者已知噪声量并能从测得结果中扣除。特殊情况，如仅有两个频率稳定度性能相当、噪声不相关的频率源，可以认为各自对测量方差的贡献相当，则将测得结果除以 $\sqrt{2}$，可以近似代表其中一个频率源的频率稳定度。如果有三个及以上频率稳定度性能相当的频率源，可以使用三角帽法来确定各自频率源频率稳定度的方差。

假设三个频率源分别用 a、b 和 c 表示，可以分别测得两两频率源频率稳定度的方差结果如式(2.44)所示，即

$$\begin{cases} \sigma_{ab}^2 = \sigma_a^2 + \sigma_b^2 \\ \sigma_{ac}^2 = \sigma_a^2 + \sigma_c^2 \\ \sigma_{bc}^2 = \sigma_b^2 + \sigma_c^2 \end{cases} \tag{2.44}$$

则各频率稳定度的方差可以用式(2.45)表示，即

$$\begin{cases} \sigma_a^2 = \dfrac{1}{2}\left(\sigma_{ab}^2 + \sigma_{ac}^2 - \sigma_{bc}^2\right) \\ \sigma_b^2 = \dfrac{1}{2}\left(\sigma_{ab}^2 + \sigma_{bc}^2 - \sigma_{ac}^2\right) \\ \sigma_c^2 = \dfrac{1}{2}\left(\sigma_{ac}^2 + \sigma_{bc}^2 - \sigma_{ab}^2\right) \end{cases} \tag{2.45}$$

对于三个性能相近的独立频率源可以采用以上公式确定各自频率稳定度的方差,但当三个频率源的稳定度差别较大,或数据较少,或噪声相关时,可能出现负方差,则三角帽法不再适用。三角帽法应该慎重使用,它不能替代测量中低噪声的参考源,并且三组稳定度数据应该同步测量,最好用于三个频率源稳定度相近的情况,使用三角帽法可以识别其中稳定度最好的频率源。测量结果若出现负方差,意味着测量结果可能存在以下情况:没有足够的测量数据,待测设备与参考设备的噪声相关或不完全独立,此时该方法失效。在取样时间较长时,容易出现负方差。

三角帽函数也可以用来修正频率稳定度测量结果中参考源噪声的影响,如图 2.4 所示,构建三个信号,分别两两测量频率稳定度。待测源用 A 表示,B 和 C 分别表示来自同一参考源的两个相同参考信号。测量 A 分别相对于参考信号 B 和 C 的稳定度,得到 A 相对于 B 以及 A 相对于 C 的稳定度数据,同时测量参考源 B 相对于 C 的稳定度。因为 B 和 C 来自同一参考源,噪声贡献可近似认为相同,则 B 或 C 的在测试中频率稳定度贡献可以用参考源实际频率稳定度乘以 $\sqrt{2}$ 近似得到。例如,已知参考源取样时间 1s 的频率稳定度约为 1×10^{-12},则通过测量得到的重叠阿伦偏差估计值 $\sigma_y = 1.414\times10^{-12}$。使用测得的重叠阿伦偏差估计值,可以在对 A 的频率稳定度估计结果中修正参考源噪声的影响。

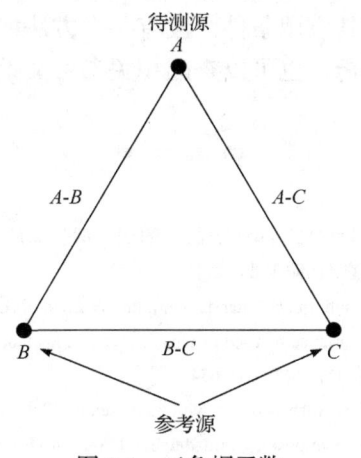

图 2.4 三角帽函数

通常评价修正是否有效的主要标准是修正后待测频率源不稳定度稍小于未修正的值。当参考源频率稳定度优于待测设备3~10倍时，使用三角帽法修正参考源噪声比较合理，对于频率稳定度更好的参考源，修正量可以忽略，因此测量中选择频率稳定度更优的频率源作为参考源有利于获得更准确的结果(Riley, 2008)。

三角帽法也可以扩展到对 M 台钟的性能测试，但同样不能有负方差结果，其表达式如式(2.46)所示，即

$$\sigma_i^2 = \frac{1}{M-2}\left(\sum_{j=1}^{M}\sigma_{ij}^2 - B\right) \tag{2.46}$$

式中，$B = \frac{1}{2(M-1)}\sum_{k=1}^{M}\left(\sum_{j=1}^{M}\sigma_{kj}^2\right)$；$\sigma_{ij}^2$ 为钟 i 相对于钟 j 的阿伦方差测量值，令 $\sigma_{ii}^2 = 0$，$\sigma_{ij}^2 = \sigma_{ji}^2$，则容易计算 M 台钟各自的阿伦方差。

2.6.4 测量环境

由环境因素引起对频率稳定度的影响应该与噪声的影响区别对待，但实际情况是区分这两项非常困难。具有可操作性的方法是在频率稳定度测试期间，尽量控制环境条件到最优状态，使温度、电压等的影响能被忽略。但是，什么样的环境对频率稳定度的影响最小，需要有设备的环境敏感性知识和实践经验，或者能单独对各项因素的影响进行实测，如果可能，最好在对环境进行敏感性测试前，先最小化噪声的影响。

频率源受环境影响主要是温度、湿度、电磁场、震动等方面，特别是环境条件发生的变化可能直接影响频率稳定度。其中，不同温度导致电缆的相位延迟不同，温度线性变化将引起相位线性变化，等效于频率变化。因为环境对设备的影响更多取决于设备自身和其应用条件，没有一个方法能适应所有设备类型，所以需要根据实际情况进行分析，也可以查阅相关参考文献。

参 考 文 献

郭海荣, 2006. 导航卫星原子钟时频特性分析理论与方法研究[D]. 郑州: 解放军信息工程大学.

童宝润, 2003. 时间统一系统[M]. 北京: 国防工业出版社.

Allan D W, 1966. The statistics of atomic frequency standards[J]. Proceedings of IEEE, 54(2): 221-230.

Allan D W, 1987. Should the classical variance be used as a basic measure in standards metrology?[J]. IEEE Transactions on Instrumentation and Measurement, IM-36(2): 646-654.

Allan D W, Barnes J A, 1981. A modified Allan variance with increased oscillator characterization ability[C]. Proceedings of the 35th Annual Frequency Control Symposium, Philadelphia, USA :470-474.

Allan D W, Davis D D, Levine J ,et al., 1990. New inexpensive frequency calibration service from NIST[C]. Proceedings of the 44th Annual Frequency Control Symposium, Baltimore, USA: 107-116.

Baugh R A, 1971. Frequency modulation analysis with the Hadamard variance[C]. Proceedings of the 25th Annual Symposium on Frequency Control, Atlantic City, USA: 222-225.

Bregni S, 1996. Measurement of maximum time interval error of telecommunications clock stability characterization[J]. IEEE Transactions on Instrumentation and Measurement, 45(5): 900-906.

Bregni S, 1997. Clock stability characterization and measurement in telecommunications[J]. IEEE Transactions on Instrumentation and Measurement, 46(6): 1284-1294.

Bregni S, Jmoda L, 2006. Improved estimation of the Hurst parameter of long-range dependent traffic using the modified Hadamard variance[C]. Proceedings of the IEEE International Conference on Communication, Istanbul, Turkey, 2: 566-572.

Gray J E, Allan D W, 1974. A method for estimating the frequency stability of an individual oscillator[C]. Proceedings of the 28th Annual Symposium on Frequency Control, Atlantic City, USA: 243-246.

Howe D A, 2006. ThêoH: A hybrid, high-confidence statistic that improves on the Allan deviation[J]. Metrologia, 43(4): 322-331.

Howe D A, Beard R L, Greenhall C A, et al., 2005. Enhancements to GPS operations and clock evaluations using a "Total" Hadamard deviation[J]. IEEE Transactions on Ultrasonics, Ferroelectrics and Frequency Control, 52(8): 1253-1261.

Howe D A, Peppler T K, 2003. Very long-term frequency stability: Estimation using a special-purpose statistic[C]. Proceedings of the 2003 IEEE International Frequency Control, Tampa, USA: 233-238.

Howe D A, Tsset T N, 2004. Thêo1: Characterization of very long-term frequency stability[C]. Proceedings of 18th European Frequency and Time Forum, Guildford, UK: 1-8.

Howe D A, Vernotte F, 1999. Generalization of the total variance approach to the modified Allan variance[C]. Proceedings of 31st Precise Time and Time Interval Meeting, Dana Point, USA: 267-276.

Lesage P, Ayi T, 1984. Characterization of frequency stability: Analysis of the modified Allan variance and properties of its estimate[J]. IEEE Transactions on Instrumentation and Measurement, IM-33(4): 332-336.

McGee J, Howe D A, 2007. ThêoH and Allan deviation as power-law noise estimators[J]. IEEE Transactions on Ultrasonics, Ferroelectrics, and Frequency Control, 54(2): 448-452.

McGee J, Howe D A, 2008. Fast ThêoBR: A method for long data set stability analysis[J]. IEEE Transactions on Ultrasonics, Ferroelectrics, and Frequency Control, 57(9): 2091-2094.

Riley W J, 2008. Handbook of Frequency Stability Analysis[R]. Washington D C: U.S. Government Printing Office: 2-31.

Riley W J, Greenhall C A, 2004. Power law noise identification using the lag 1 autocorrelation[C]. Proceedings of 18th European Frequency and Time Forum, Guildford, UK: 1-5.

Walter T, 1992. A multi-variance analysis in the time domain[C]. Proceedings of 24th Precise Time and Time Interval Meeting, McLean, USA: 413-424.

第 3 章　经典频率测量方法

频率测量系统是一种能接受两个或更多输入的测量仪器，通常其中一路输入信号被作为测量参考，与另一路输入信号进行相位或频率比较。根据测量需求不同，已经研发了多种类型的仪器，如频率计数器、比相仪、频率稳定度分析仪、信号分析仪或者相位噪声分析仪等，各仪器面向不同的应用场景，具有不同的功能、性能和成本，但核心功能是测量信号的频率。

频率测量结果和时间间隔测量结果都可以用来反映频率源的稳定度，但因为测量对象的差异，频率测量相对于时间间隔测量容易获得更高的测量分辨率，目前相位测量能实现皮秒量级甚至更高的测量分辨率，远优于时间间隔测量分辨率。测量系统的测量分辨率与很多因素有关，包括所使用的测量方法、元器件等，如数字频率计、周期或时间间隔计数器的测量分辨率由测量系统时钟频率决定，如果有模拟内插器，则其性能也会影响测量分辨率。提高分辨率的方法有很多，如延展测量对象、增大测量平均时间等，混频处理也是一种常见的提高测量分辨率的方法，混频能将测量分辨率提高差拍因子倍，其中差拍因子等于输入信号标称频率与混频输出差拍信号频率的比值。高性能频率测量系统还需要考虑的一项重要影响因素是测量系统的本底噪声，本底噪声是指测量系统附加在测量结果中的噪声，测量系统的本底噪声是限制测量分辨率的主要因素。频率测量系统测试需要参考频率源，因此其结果的准确性还与参考源的频率稳定度和准确度有关。

本章介绍 20 世纪 60 年代以来出现的经典频率测量方法，并对各方法的特点和应用环境进行简单分析。

3.1　直接测频法

频率的直接测量是相对于间接测量而言，待测信号不经过倍频、混频或其他以提高测量分辨率为目的的频率变换处理，直接测量信号频率的一类方法，典型的如频率计法、时间间隔测量法、示波器法等。下面介绍几种利用频率计、示波器、计数器等通用设备直接测量频率的工作原理。

3.1.1　测频率法

测频率法的基本工作原理是计数测量间隔内待测信号的周期发生次数，然后

统计多个测量间隔获得次数的均值作为待测信号的频率值,计算公式如式(3.1)所示(Stein, 1985):

$$\overline{v(\tau)} = (M + \Delta M)/\tau \approx M/\tau \tag{3.1}$$

式中,$\overline{v(\tau)}$ 为在测量间隔 τ 内的频率均值;M 和 ΔM 分别为在测量时间间隔内待测频率源信号的整周期数和小数周期数。式(3.1)中整周期数 M 能被准确获得,而小数周期数 ΔM 不能直接被计量,因此测频率法的最大测量误差可能为一个信号周期,即存在小于 $1/M$ 的量化误差。适当延长测量间隔,有助于提高直接测频率法的准确度。

采用测频率法测量频率信号的典型仪器是频率计,又称频率计数器,是一种专门对待测信号频率进行直接测量的电子测量仪器。常用的频率计是数字频率计,数字频率计是采用数字电路制作,能测量周期性变化信号的频率,典型数字频率计电路结构如图 3.1 所示。数字频率计由输入电路(含衰减放大电路、整形电路)、时基电路、闸门电路、计数电路、译码显示电路和控制电路几部分组成,各部分的主要功能如下。

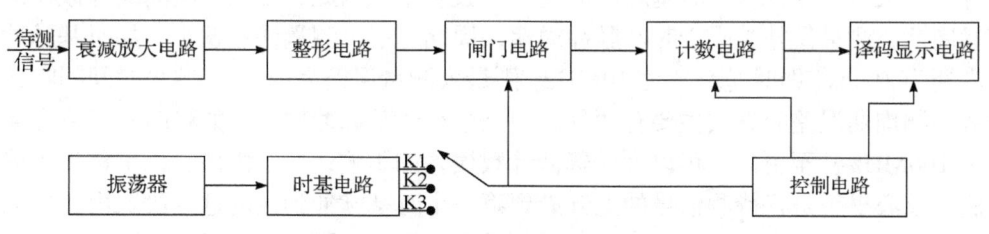

图 3.1 典型数字频率计电路结构

输入电路:由于输入信号可能是正弦波或其他波形,幅值可能过大或者太小,而闸门电路或计数电路通常要求待测信号为矩形波(又称方波),幅值太大可能过载,幅值太小可能难以驱动后级电路。为了扩展频率计的适应性,一般频率计会在输入端设计衰减放大电路和整形电路,对输入信号的波形、幅值进行适配,便于后端闸门电路处理。

时基电路和闸门电路:闸门电路是控制计数器计数的标准时间间隔信号,待测信号的矩形波通过闸门,进入计数器的个数是由闸门信号决定,闸门信号周期的稳定度和准确度很大程度上决定了频率计的频率测量精度。提高作为时基电路参考的振荡器性能,有助于提高频率计的测量精度。

计数电路和译码显示电路:在闸门电路导通的情况下,计数待测信号中有多少个符合预设条件的矩形波,通常检测矩形波的上升沿或下降沿,然后将闸门时间间隔内的矩形波个数转换为单位时间间隔的矩形波个数,即为待测信号的频率值,最后通过译码显示电路显示频率值。

控制电路：用于控制电路产生计数清零信号和锁存控制信号，以及进行数据存储等。

3.1.2 测周期法

测周期法的基本工作原理是测量频率信号每个周期的时间间隔 T，然后根据周期与频率 ν 的转换关系 $\nu=1/T$，计算信号的频率。常用时间间隔计数器测量频率信号的周期，示波器也可用于测量信号的周期。

以使用时间间隔计数器测量正弦信号的周期为例说明周期测量的原理。待测信号输入时间间隔计数器，首先，经过信号调理与整形等电路，将输入信号整形为矩形波，同时计数器的时基电路在高稳振荡器驱动下生成周期远小于被测信号的时基脉冲；其次，矩形波的上升沿或下降沿触发计数电路，在矩形波的高电平或低电平期间填充时基脉冲，并计数填充的时基脉冲数；最后，根据时基脉冲数，结合时基脉冲周期得到待测信号的周期。

时间间隔计数器测量周期的测量误差主要源于时基脉冲与待测矩形波不重合，最大可能存在一个时基脉冲周期的计数误差。因此，使用时间间隔计数器测量周期，测量误差受限于时基脉冲周期，周期越小，测量误差越小，如时基脉冲周期为 100ns，即时基频率为 10MHz，则最大测量误差为 100ns。减少时间间隔计数器测周期误差的方法主要有两种，一是减小时基脉冲周期，如将时基频率提高至 100MHz 甚至更高，可以大大降低计数误差的影响；二是内插法，也称为延展法，核心思想是将待测信号的上升沿到第一个时基脉冲到达的这一段取出，放大后再测量，对下一个上升沿到达之前与最后一个时基脉冲的间隔采用同样处理方法。内插法将小于一个时基脉冲周期的时间间隔单独提取出来，利用技术手段放大时间间隔后再测量，可以提高鉴别细微时间间隔的能力，降低测量误差。将时间间隔放大的技术有很多，最简单的一种是利用电流对电容的充放电，对微小时间间隔用大电流充电，再用充电电流 1/1000 的电流放电，相当于放电时间被放大 1000 倍；使用时延已知的电缆、寄存器或者可编程器件，也可以展宽微小时间间隔，便于更准确的测量。

3.1.3 李沙育图形法

李沙育图形法是一种使用示波器测量频率的方法(周渭等, 2006)。该方法测量基本原理是利用示波器的两个输入通道比较待测信号和参考信号的相位，调节参考信号的频率，使示波器屏幕上出现稳定的图形，此时两个信号的频率呈整数倍关系，这些图形称为李沙育图形。通过分析图形形状，进一步判断待测信号与参考信号的频率关系，如图形为圆形或椭圆形，则待测信号频率等于参考信号频率，根据参考信号的频率便可估算出待测信号的频率。

李沙育图形法原理简单、使用灵活，是一种频率标准之间简单测量的方法，对测量设备要求不高，但操作费时、测量精度不高，且难以判别待测信号与参考信号间的频率差是大于还是小于的关系，一般适用于初步估计晶体振荡器等频率源的频率，可以用于估计频率源的长期稳定度特性，不适用频率源的短期稳定度测量。

3.1.4 时差法

当待测信号与参考信号的标称频率相同或接近时，还可以通过时间间隔计数器的时差测量功能测量两信号的时差(或称相位差)，进而根据时差转换得到待测信号相对参考信号的频率差，从而获得待测信号的频率。

待测信号与参考信号的时差与以下三个参数有关：一是开始测量的起点时间，二是待测信号与参考信号的频率差，三是测量持续的时间。启动测量的时间不同，初始时差不同，但起点确定后初始时差为常数，不随时间变化。频率差、测量持续时间与时差成正比关系，若频率差不为零，则时差绝对值随时间累计增大，频率差越大，时差随时间增加的速率越快。因此，可以通过测量时差随时间的变化量，计算得到待测信号与参考信号的频率差，从而得到待测信号的频率，该方法称为时差法(Stein, 1985; Allan, 1975)。

待测信号和参考信号的频率分别用 v_1 和 v_2 表示，令待测信号 v_1 的正向过零点触发时间间隔计数器启动测量的时刻为 t_1，填充时基脉冲，参考信号 v_2 的正向过零点触发时间间隔计数器停止测量，填充的脉冲总数乘以脉冲周期，得到时差测量结果 $x_1(t_1)$，根据计划的测量持续时间，待到 (t_2) 时刻，测得时差测量结果 $x_2(t_2)$，两时差与频率的关系式为

$$x_2(t_2) - x_1(t_1) \cong -M\tau_c[1 + (v_2 - v_1)/v_1] \tag{3.2}$$

式中，M 为时间间隔计数器填充的脉冲数；τ_c 为时间间隔计数器的时基脉冲周期；$x(t)$ 为瞬时相位。式(3.2)包含了时间和相位差两方面的重要信息，由于频率源输出正弦信号，过零点处斜率最大，此时测量结果最准确。时间间隔测量法测量相位差如图 3.2 所示。

时差法仅适用于频差较小的信号间测试，频差越大，在越短的时间内越容易积累超过一个周期的相位差，相位差出现翻转，导致测量结果瞬间变化较大，引起误差。当两信号因频率差过大导致时差测量结果容易发生翻转时，可以在测量前对信号进行分频处理，增大周期值。包含分频器的时差测量系统如图 3.3 所示。分频器的作用是在时间间隔计数器测量之前，将周期扩大 N 倍，N 表示分频数。

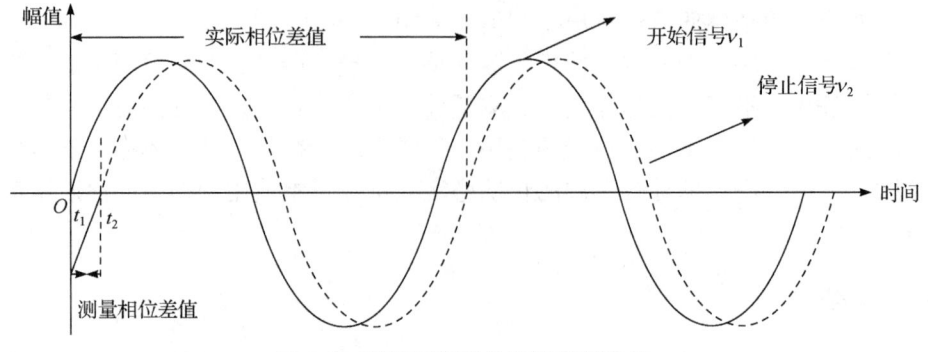

图 3.2　时间间隔测量法测量相位差

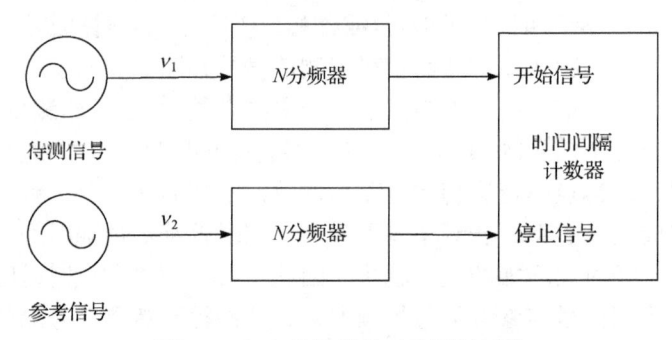

图 3.3　包含分频器的时差测量系统

在新的方法研发出来之前，包含分频器的时差测量方法被许多时间实验室用于原子钟频率的长期性能监测，通常时间间隔计数器测量的输入信号是被分频为秒脉冲的信号。

时间间隔测量法的测量分辨率取决于时间间隔计数器时基脉冲周期和计数器的处理速度；测量准确度受许多因素影响，包括输入信号波形的上升沿或下降沿受干扰情况、事件触发器受噪声干扰等。减少测量误差的方法与测周期法类似，详细内容参见 3.1.2 小节，此处不再赘述。

时间间隔测量法的使用受其工作原理影响存在较多的局限性，特别是测量时间间隔较小的脉冲信号时，电缆接头缺陷可能导致信号边沿变形、反射，长距离电缆传输可能引起回路干扰。信号边沿失真可能影响事件触发点的检测，反射可能影响频率源的输出频率，导致测量结果出错。

3.1.5　分辨率改进型频率计

基于频率计的频率测量是一种应用广泛的频率测量方法。本小节将介绍两种改进型频率计的工作原理，两种改进型频率计分别是倒数频率计和内插频率计。

1. 倒数频率计

倒数频率计与普通频率计的主要区别是触发闸门开启的信号来源不同，倒数频率计由输入信号触发闸门，而不是由内部时基信号控制测量的门时间。用 N 表示输入信号的周期变换次数，MT 表示测量时间，待测信号周期 T 的均值 $\bar{T}$ 由式(3.3)计算：

$$\bar{T} = \text{MT}/N \tag{3.3}$$

根据周期均值可得到待测信号的频率均值，即 $\bar{\nu} = 1/\bar{T}$。

一种倒数频率计的结构如图 3.4 所示。它包含两个计数寄存器，一个用来计数输入信号的周期数，另一个用来计数时基脉冲数，根据时基脉冲数和时基脉冲周期值计算测量持续时间 MT。两个同步的主门分别控制两个计数寄存器，同传统频率计不同，由微处理器控制的测量时间并不是一个精确设定的固定时间间隔，实际测量门时间 MT 与输入信号某个周期的触发同步。该种测量能精确测得输入待测信号的周期数，解决了周期数的 ±1 个周期的计数误差问题，但由于时基脉冲与输入信号不完全同步，存在最大 ±1 个时基脉冲周期的截断误差(李孝辉等，2010)。

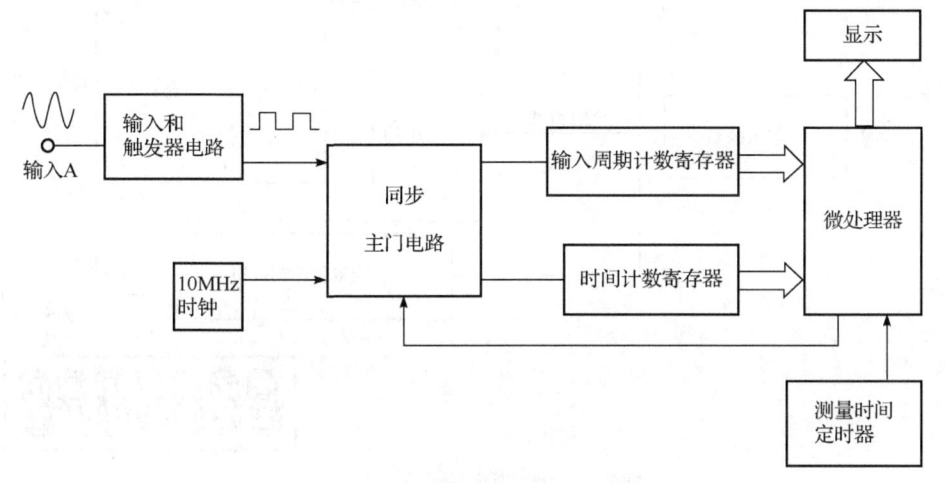

图 3.4 一种倒数频率计的结构图

为了获得平均频率值，需做以下运算：

$$\nu = \frac{\text{待测信号周期数}}{\text{时基脉冲数} \times t_c} = \frac{N}{\text{MT}} \tag{3.4}$$

式中，t_c 为一个时基周期持续的时间。若 $t_c = 100\text{ns}$，则倒数频率计的测量分辨率可以用式(3.5)计算，即

$$\text{分辨率} = \frac{t_c}{\text{MT}} \tag{3.5}$$

倒数频率计的主要特征是测量分辨率与待测信号频率无关，其相对分辨率独立于待测信号频率，因此为获得更高的分辨率，可以增加时基信号频率。例如，同标准参考时基频率 10MHz 相比，频率为 100MHz 时基信号的测量分辨率为 10ns/MT，提高了一个数量级。

2. 内插频率计

相对于倒数频率计，内插频率计能实现更高的测量分辨率。内插频率计的工作原理是由时基脉冲边沿触发闸门的开始和结束，然后在待测信号上升沿或下降沿与时基脉冲到来之间的间隙通过模拟内插放大时间间隔，然后再测量，从而提高分辨率。图 3.5 为内插频率计的典型结构图。

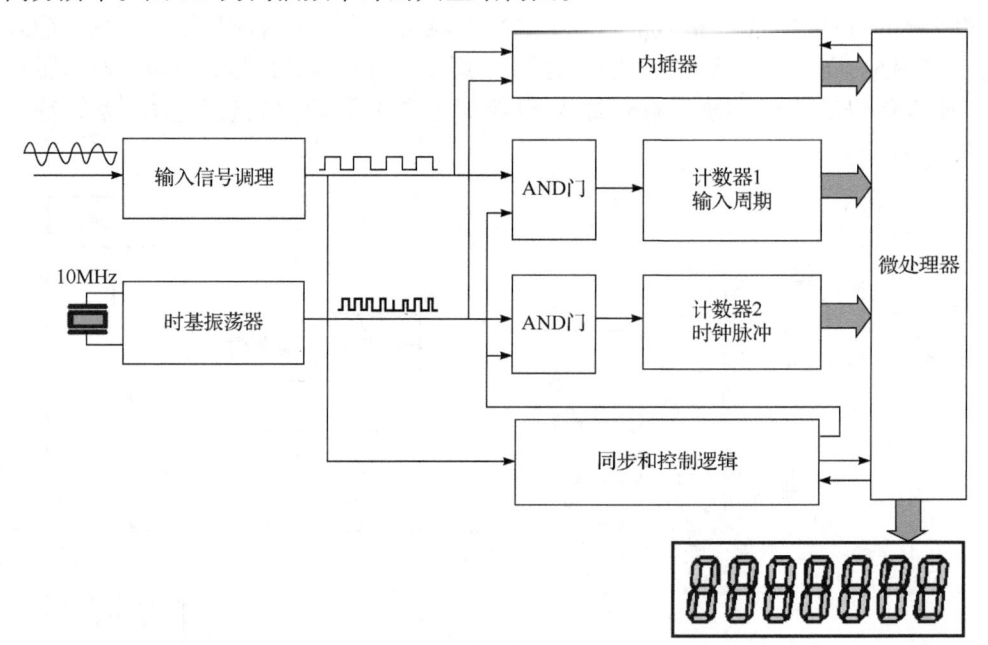

图 3.5　内插频率计的典型结构图

图 3.6 为一种将时间测量转换为电压测量的模拟内插器基本原理图。在开始事件发生到下一个时基脉冲到达之间，以及在停止事件发生到下一个时基脉冲到达之间，存在一个较短的时间间隔，图 3.6 中使用模拟内插器在这个短时间间隔期间用恒定电流 I 对电容进行充电，累计充电电量 $Q(t)=It$，其中电压 $U(t)=Q(t)/C=(I/C)\cdot t$。充电时间通常为 1～2 个时基周期，典型值为 100～200ns，对应电压 $U(t)$ 变化区间为 U_0～$2U_0$，通过选择合适的电流 I 和电容 $C(U_0=(I/C)t_0)$ 参

数，从而确定所需电压值。停止事件与下一个时基脉冲到达之间的间隔采用相同的模拟内插电路扩展时间间隔(李孝辉等，2010)。

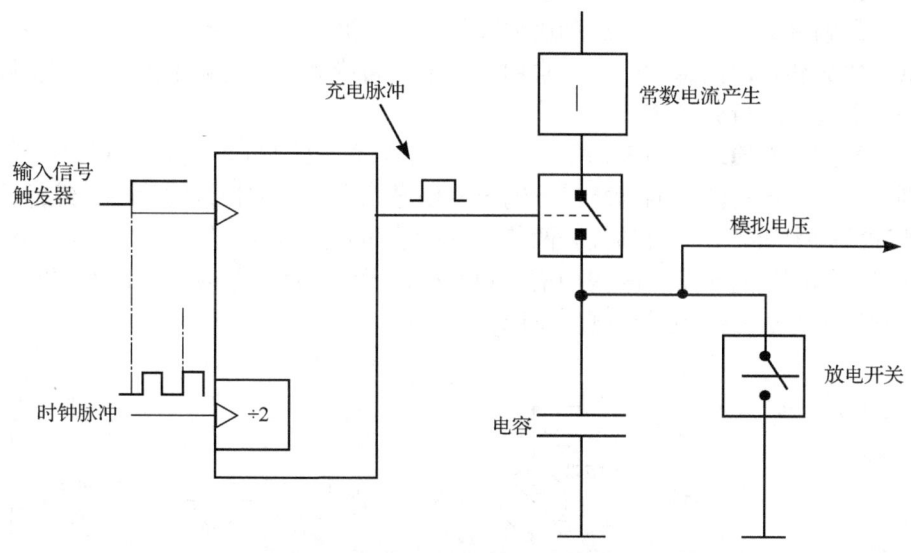

图 3.6　模拟内插器基本原理图

由时基脉冲边沿触发的开始到停止期间，待测信号所经历的整周期数和小数周期数分别用 M 和 ΔM 表示，对整周期数的测量与标准频率计相同，区别在于小数周期数的测量。内插器能将对小数周期数 ΔM 的测量分辨率提高到 ±1 时基脉冲周期的 1%以下。$\Delta M = T_N + T_1 - T_2$，其中 T_N 为时基脉冲周期数，T_1 为在开始触发到下一个时基脉冲之间的时间间隔，T_2 为停止触发到下一个脉冲之间的时间间隔。

对于时基为 10MHz 的计数器，通过内插频率计可以将测量分辨率从 100ns 提升至 1ns 甚至更高。

3.2　分辨率提高的测频法

随着原子钟技术的不断发展，频率源信号的频率稳定度不断提高，秒级频率稳定度 $\sigma_y(\tau)$ 优于 5×10^{-13} 甚至更高的频率源不再罕见，直接测频法难以满足对这类原子钟频率稳定度的准确评估，需要更高分辨率、更低附加噪声的频率测量方法。差拍法、零差拍法、倍频法、频差倍增法、比相法、双混频时差法等频率测量方法随之诞生，其提高分辨率的核心思想是对待测信号进行频率变换，放大细微的相位或频率变化量后进行测量。

3.2.1 差拍法

差拍法又称差频法,是利用非线性器件和参考信号对待测信号进行下变频,然后测量频率的方法。该方法利用混频降低了待测信号中心频率,并保留待测信号低频成分和相位信息的能力,常用于频率较高待测信号的频率测量,较直接测频法有更高的测量分辨率。

差拍法工作原理如图 3.7 所示。将待测信号(通常已知其标称频率)和参考信号分别送入混频器的两个输入端口,输出两信号频率相加和相减的信号,经低通滤波器滤除频率和成分,得到代表两信号频率差的差拍信号,然后用时间间隔计数器测量差拍信号的频率,因差拍信号频率通常远低于待测信号,可以使用时间间隔计数器等方法方便地进行测量(Riley, 2008)。

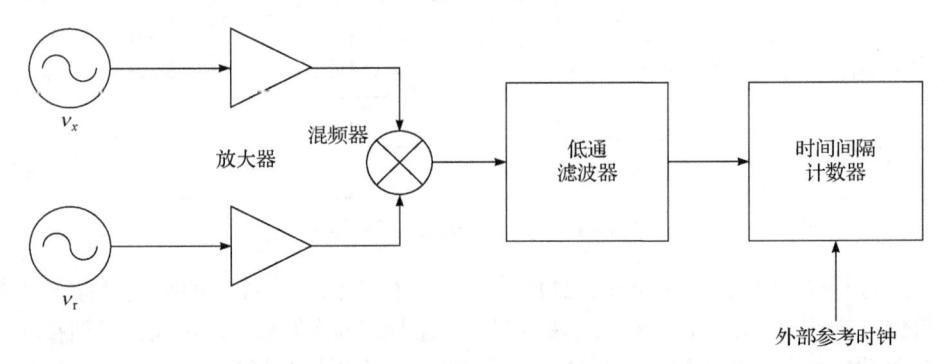

图 3.7 差拍法工作原理图

高稳频率源信号的谐波间相位关系非常稳定,并且信号各个周期能重复出现,具有较好的复现性,但是射频信号易受谐波失真影响,导致混频器输出信号的波形可能不是正弦波形。另外,信号波形对电平和环境影响较为敏感,容易受干扰,为降低由此导致的测量误差,通常可以将混频器输出的差拍信号放大并整形为方波,然后由过零检测器检测正向或负向过零点,反映被测信号的周期变化。

差拍法测量待测信号的频率变换过程推导如下。

以原子钟输出稳定幅值的待测信号为例,可以忽略幅度噪声影响,则可用式(3.6)和式(3.7)分别表示待测信号与参考信号频率、相位关系:

$$V'_x(t) = V_x \sin[2\pi\nu_x t + \varphi_x(t)] \tag{3.6}$$

$$V'_r(t) = V_r \sin[2\pi\nu_r t + \varphi_r(t)] \tag{3.7}$$

式中,V_x 和 V_r 分别为待测信号和参考信号的幅值;ν_r 为参考频率源输出信号频率;ν_x 为待测信号频率;$\varphi_x(t)$ 和 $\varphi_r(t)$ 分别为待测信号和参考信号在 t 时刻的瞬时相位。

第 3 章　经典频率测量方法

假设参考信号和待测信号经混频器和低通滤波器后,高频分量能被完全滤除,仅保留含低频成分的差拍信号进入时间间隔计数器进行周期测量,差拍信号幅值 $V(t)$ 表示为

$$V(t) \cong \frac{1}{2}V_x V_r \cos[2\pi(\nu_x - \nu_r)t + \varphi_x(t) - \varphi_r(t)] \tag{3.8}$$

差拍法需保证 ν_r 与 ν_x 的差值远小于 ν_r 或 ν_x,两者的频率差用 F 表示,即待测信号频率 $\nu_x = \nu_0 + \Delta\nu_x$,参考信号频率 $\nu_r = \nu_0 + F_0 + \Delta\nu_r$,$\nu_0$ 为待测信号的标称频率,F_0 为差拍信号标称频率,$\Delta\nu_x$、$\Delta\nu_r$、ΔF 分别为待测信号频率、参考信号频率、差拍信号频率与各自标称频率的频率偏差值,差拍信号频率 F 与 ν_r、ν_x 的关系可表示为

$$F = |\nu_r - \nu_x| = |F_0 + \Delta\nu_r - \Delta\nu_x| = F_0 + \Delta F \tag{3.9}$$

差拍信号频率与各自标称频率的频率偏差值可表示为

$$\Delta F = |\Delta\nu_r - \Delta\nu_x| \tag{3.10}$$

假设参考信号的频率准确度远优于待测信号,则 $\Delta\nu_x \approx \Delta F$ 成立,即待测信号与其标称频率 ν_0 满足:

$$\frac{\Delta\nu_x}{\nu_0} = \frac{\Delta F}{\nu_0} = \frac{F_0}{\nu_0}\frac{\Delta F}{F_0} \tag{3.11}$$

根据差拍信号频率与周期 T 的对应关系,$F_0 = \dfrac{1}{T}$,则

$$\frac{\Delta F}{F_0} = \frac{\Delta T}{T} \tag{3.12}$$

将式(3.12)代入式(3.11),则式(3.11)可以变换为

$$\frac{\Delta\nu_x}{\nu_0} = \frac{F_0}{\nu_0}\frac{\Delta T}{T} \tag{3.13}$$

根据式(3.13),差拍法可以将测量分辨率提高 $\dfrac{\nu_0}{F_0}$ 差拍因子倍。以标称频率为 10MHz 待测信号为例,假设差拍信号标称频率 $F_0 = 10$Hz,时间间隔计数器的时基频率为 10MHz,则由 ±1 个计数误差引起的时间间隔测量相对误差为

$$\frac{\Delta T}{T} = \frac{\pm 1 \times 10^{-7}\text{s}}{1\text{s}} = \pm 1 \times 10^{-7} \tag{3.14}$$

可实现的测量分辨率为

$$\frac{\Delta \nu_x}{\nu_0} = \pm \frac{10}{10 \times 10^6} \times 10^{-7} = \pm 1 \times 10^{-13} \tag{3.15}$$

即在上述条件下，差拍法测量分辨率可提高百万倍，达到10^{-13}量级。差拍法具有结构简单、测量分辨率高等优点，是一种提高分辨率的经典测量方法。

尽管差拍法有许多优点，但其应用受到以下限制：差拍法测量需要频率准确度优于待测源一个量级或三倍以上的参考源，并且要求参考信号频率与待测信号频率存在频差，频差的典型取值范围为1Hz～1kHz，保留较小频率的频差是为了便于后期测量。当待测信号来自原子钟或者类似性能的晶体振荡器时，满足上述条件的参考频率源并不易获得。这是因为频率准确度、稳定度较高的频率源，除非定制，典型的信号输出频率为5MHz、10MHz、100MHz等标准值，输出频率值可调的频率源通常频率准确度不及频标类，所以难以为待测源匹配合适的参考源。

综上所述，差拍法虽然在高精度测量方面实用性稍弱，但是对于普通频率源的测量仍具有重要应用价值。差拍法的重要意义在于给出了一种提高频率测量分辨率的解决方案，许多实用性更强的高分辨率测量方法都是基于差拍法思想发展的，如频差倍增法、双混频时差测量法等。

3.2.2 零差拍法

零差拍法是差拍法的特殊情况，是一种有条件限制的差拍法，要求待测信号和参考信号的标称频率相等，即$\nu_x = \nu_r$成立(Stein, 1985)，因此式(3.8)的差拍信号可表示为

$$V(t) \cong \frac{1}{2} V_x V_r \cos[\varphi_x(t) - \varphi_r(t)] \tag{3.16}$$

式中，瞬时相位$\varphi_x(t)$可分解为常数值和随时间变化值两部分，$\varphi_x(t) = \phi_x + \phi_x(t)$，常数值$\phi_x$为初始相位，与所选测量的时间起点有关，$\phi_x(t)$为随时间变化量，$\phi_x(t)$由待测信号与参考信号的频差，以及测试持续的时间决定。

在待测信号或参考信号中任选一路增加一个移相器，调节移相器参数，使两信号的相位关系满足$\phi_x - \phi_r = \pi/2$，则式(3.16)可以改写为

$$V(t) \cong -\frac{1}{2} V_x V_r \sin[\phi_x(t) - \phi_r(t)] = \frac{1}{2} V_x V_r \sin[\phi_r(t) - \phi_x(t)] \tag{3.17}$$

对式(3.17)等号右边差拍信号的测量与差拍法相同，可使用时间间隔计数器测量差拍信号的周期或是用频率计测量信号频率，进而计算待测信号的频率。

零差拍法主要用于具有相同标称频率信号间的比对测试，根据差拍信号分析待测信号相对于参考信号的相位噪声、频率偏差、频率稳定度等。零差拍法与差拍法的主要差别为是否需要通过移相处理确保两个比对信号的相位正交,移相器、

延迟线、锁相环等手段均可实现移相功能。

3.2.3 倍频法

倍频法是另一种提高频率测量分辨率的典型方法，倍频器将输入信号的频率、相位转换为 n 倍后输出，n 表示倍频数。假设倍频器输入信号相位用 Φ_{in} 表示，Φ_{in} 满足：

$$\Phi_{in} = 2\pi v_{in} t + \varphi_{in}(t) \tag{3.18}$$

式中，$\varphi_{in}(t)$ 为相位偏差；v_{in} 为输入信号的频率。经倍频器变换后，输出信号的瞬时相位用 Φ_{out} 表示，即

$$\Phi_{out} = 2\pi v_{out} t + \varphi_{out}(t) = 2\pi (n v_{in}) t + n\varphi_{in}(t) \tag{3.19}$$

与输入信号相比，信号倍频处理后的频率和相位分别被放大了 n 倍，相应信号的谱密度放大了 n^2 倍，$S_{\varphi_{out}}(f) = n^2 S_{\varphi_{in}}(f)$ (童宝润，2003)。

信号经倍频器放大频率和相位的同时，相位噪声也被放大，测频法、测周期法等常用频率测量方法均适用测量倍频后的信号。以使用频率计测频为例，1s间隔内待测信号的周期数为 M，则直接测频的量化误差为 $1/M$，将待测信号 n 倍频后测量的量化误差为 $1/(nM)$，即量化误差为直接测量法的 $1/n$。以测量频率为10MHz的待测信号为例，若频率计能测量小数点后两位的频率值，则直接使用频率计测量待测信号的分辨率为 $\pm 1\times 10^{-9}$，将待测信号倍频1000倍，假定倍频后的信号频率为10GHz，仍在频率计的测量范围内，则使用相同频率计测量的分辨率为 $\pm 1\times 10^{-13}$。

理论上，倍频数 n 越大，测量分辨率越高，但受器件的可实现性及频率计等测频仪器测量范围限制，倍频数不能无限大。另外，倍频器放大信号的同时，也会放大带宽内的噪声，为测量带来不确定性。因此，倍频法常用于低频信号的测量。

3.2.4 频差倍增法

根据前面内容，提高频率测量分辨率已经有差拍法、倍频法两种解决方法，差拍法分辨率的提高与差拍因子有关，差拍因子越大(待测信号标称频率与差拍信号标称频率的比值)，分辨率越高。因此，若差拍信号频率不变，提高待测信号频率也可以提高测量分辨率。倍频法是通过倍频器提高待测信号频率，倍频数越大，越有助于分辨率提高。频率过高会增加测量难度，因此倍频数不宜过高，为进一步提高测量分辨率提出了频差倍增法。频差倍增法结合了倍频法和差拍法两种方法，优点是差拍解决了倍频后信号频率过高、难以测量的问题(阳丽，2012)，使倍频器提高差拍因子，进而改善测量分辨率，频差倍增法可以不受仪器频率测量范围的限制。

对参与比对的两信号进行多级倍频、混频处理，测量最后一级输出差拍信号的频率，最后换算为待测信号的频率，称为频差倍增法或误差倍增法。倍频、混频处理能将待测信号和参考信号的频差、相位起伏放大，然后用时间间隔计数器或频率计测量差拍信号。根据对差拍信号测量方式不同，又可将频差倍增法分为频差倍增测频法和频差倍增测周期法。其中，用时间间隔计数器对低频的差拍信号进行多周期测量，能在同样的测量时间条件下，得到比测频法更高的测量分辨率，因此频差倍增测周期法应用更为广泛。

频差倍增法的工作原理如图 3.8 所示。典型频差倍增法测量系统的组成包括倍频器、混频器、频率合成器和计数器。另外，根据倍频器的放大倍数参数和测量分辨率需求，还可以配置多组倍频器和混频器。

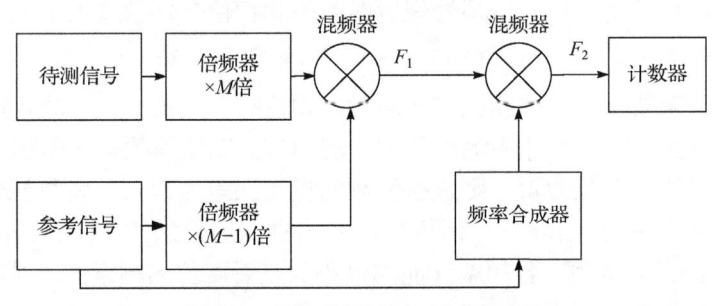

图 3.8 频差倍增法的工作原理图

待测信号频率 $v_x = v_0 + \Delta v$，其中 v_0 为待测信号的标称频率，也是参考信号的频率，Δv 为待测信号实际频率与标称频率的偏差，鉴于参考频率源的频率稳定度、准确度优于待测源，因此可以忽略参考信号频率偏差的影响。待测信号和参考信号分别被输入测量系统的对应通道，如图 3.8 所示，待测信号经倍频器倍频 M 倍后输出频率为 $Mv_0 + M\Delta v$，与经 $(M-1)$ 倍频变换的参考信号混频，图 3.8 所示第一级倍频、差拍后输出的差拍信号用 F_1 表示，F_1 满足式(3.20)，即

$$F_1 = v_0 + M\Delta v \tag{3.20}$$

由于差拍信号 F_1 中含 v_0，并且 v_0 远大于 $M\Delta v$，即 F_1 的频率与待测频率相当，仍然较大，此时若采用周期法测量 F_1 的频率，受时间间隔计数器分辨率的影响，测量误差比较大。因此，通常还需要引入一个频率合成器，用于生成与 F_1 有频差的信号，需满足频差典型取值范围为 1Hz～1kHz。将频差信号设置在低频段是为了方便使用频率计、时间间隔计数器等设备进行测量，同时还有利于用户分析频率源不同取样时间的频率稳定度。第二级混频器输出的差拍信号 F_2 的表达式见式(3.21)。假设 F_2 的标称频率为 1kHz，可利用时间间隔计数器获得最小测量间隔为 1ms 的测量结果，即可以根据测量结果分析最小取样时间为 1ms 的频率源频

率稳定度。因此，频率合成器的输出信号频率须使第二级差拍后输出信号 F_2 满足式(3.21)：

$$F_2 = F_0 - M\Delta\nu \tag{3.21}$$

式中，F_0 为频率合成器引入的低频分量，即频率合成器输出信号的频率 $\nu_c = \nu_0 + F_0$。

对差拍信号 F_2 的测量可以采用测频法、多周期法等。以多周期法为例，测量的实质是将差拍信号相位起伏变换为时间或周期的变化，实际常用时间间隔计数器测量差拍信号的周期。时间间隔计数器测得的周期与差拍信号频率关系如式(3.22)所示，即

$$t_i = \frac{1}{F_2} \times \rho = \frac{1}{F_0 - M\Delta\nu_i} \times \rho \tag{3.22}$$

式中，t_i 为第 i 次测得的时间；ρ 为周期倍增倍数。根据式(3.22)，可以推导得到待测信号的频率偏差 $\Delta\nu_i$，即

$$\Delta\nu_i = \frac{F_0 t_i - \rho}{M\Delta t_i} \tag{3.23}$$

频差倍增法的测量分辨率与倍频数、差拍因子有关，分辨率 $R = \frac{1}{M\nu_0\tau}$，其中 τ 是以 s 为单位的测量时间，M 为倍频数。由此可见，倍频数越高测量分辨率越高，在图 3.8 中，理论上还可以在两个混频器间增加无数级的倍频、混频单元，将待测信号与参考信号的频差 $\Delta\nu$ 倍增至 $M^n\Delta\nu$。实际应用中，在测量系统中引入倍频器、混频器，一方面增加系统复杂度，另一方面还可能引入额外的器件噪声，干扰测量结果。因此，提高分辨率的同时还需要兼顾由此附加的器件噪声影响，不能将倍频数做得太高，一般为 10~100000 倍，否则器件噪声可能对测量带来更多的负面影响。

频率倍增法特别适用于待测信号频率与参考信号频率近似相等的情况，由于待测信号与参考信号频差很小，通过倍频器倍增频差，频差被放大 M^n 倍后再测量，可以提高测量分辨率(刘娅，2010)。

与差拍法相比，频差倍增法的优势在于提高测量分辨率的同时，还不需要提供与待测频率有整数频差的参考信号，更实用。频差倍增法也常与其他方法结合运用，是频率测量方法发展方向之一。

3.2.5 比相法

与差拍法、倍频法通过混频或倍频手段提升测量分辨率不同，比相法是利用

与待测信号具有相同标称频率的频率源作为测量参考,通过鉴相器比对待测频率源与参考频率源的相位关系,实现对待测信号频率的测量。当两个频率源的频差远小于其标称频率时,其相互间的相位差能更灵敏、更细致地反映频率源间频率的差异和变化。比相法的特点是通过测量信号间的相位差变化反映待测信号的频率,特别适用于标称频率相同的频率源间长期比对。由于比相法仅注重相位细微的变化,存在整周期的模糊度,对于与参考信号存在较大频差的待测信号,尤其是存在整周期频差时,其测试结果不能真实反映频率值。

比相法的工作原理如图3.9所示。通过线性鉴相器将两信号的相位差转换成与相位差呈线性关系的电压信号,并通过记录存储设备等设备显示、存储测量结果,其中低通滤波器滤除带外高频信号,最后根据相位差随时间的变化情况,转换为待测源相对参考源的频率准确度和稳定度结果。图3.9中的记录存储设备可以是专用的电压记录设备,也可以利用相位差与时间呈线性对应关系的属性,使用通用时间间隔计数器代替(周渭等,2006)。

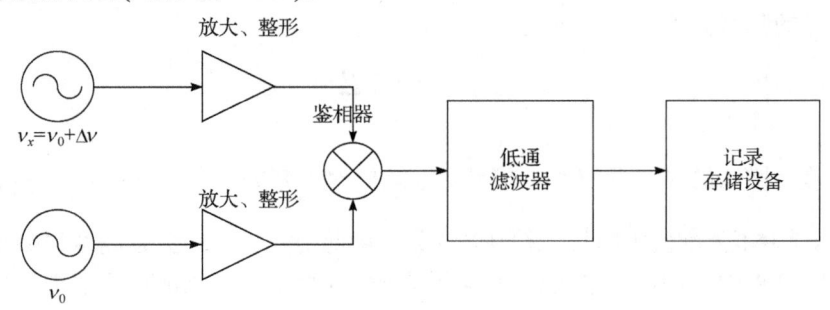

图3.9 比相法的工作原理图

在各种比相法中,脉冲平均法较其他比相法有更好的线性度,它用在当两参与比对信号频差较小时,将0°~360°的相位变化转换为与相位关系呈线性关系的电压变化,通过高精度测量该电压值,就能准确获得待测信号与参考信号的相位差变化情况。测量时通常需将输入信号放大、整形,把正弦信号变换成脉冲信号,以脉冲信号的下降沿或上升沿触发,控制具有良好动态特性的鉴相器的开关,以改变其输出方波的占空比。占空比的大小线性地反映了两比对信号之间的相位差,即方波的直流电平反映了两输入信号之间的相位变化(童宝润,2003)。

比相法的测频分辨率与测量时间长度相关,在相位差不发生翻转时测量时间越长,越容易获得高分辨率测量结果,若相位差发生翻转,还需对相位差数据做补偿处理。采用脉冲鉴相法时,因为不同频率源间相位差变化一周对应鉴相器输出电压的变化幅度近似相等,所以在不同频率信号鉴相时,鉴相器相同输出电压变化范围代表的相位变化灵敏度不同,高频鉴相器可以获得比低频鉴相器高得多的测频分辨率。

第 3 章 经典频率测量方法

比相法主要用于测量频率源的频率准确度和长期频率稳定度,部分高精度的应用场合也可用比相法测量短期频率稳定度。下面介绍比相法在频率源指标测试中的应用。

如果比对的两频率信号存在小于 1Hz 频率差,那么两信号的相位差将随时间累积发生变化,比相法测量在某一特定时间间隔内两信号相位差的变化,根据相位差变化量计算信号间频率差,或分析频率稳定度。假设有标称频率相同的两频率源,相位 φ 与时间间隔 T 存在线性关系,用式(3.24)表示,即

$$T = \frac{\varphi}{2\pi v_0} \tag{3.24}$$

式中,相位 φ 的单位是弧度;v_0 为两比对频率源的标称频率。鉴于时间与相位的线性转换关系和使用习惯,常以时间为单位来描述两比对频率源之间相位差变化情况。采用比相法的仪器测得一组相位差,如果两次测量的时间间隔用 τ 表示,τ 内两频率源相位差的变化量如式(3.25)所示,即

$$\Delta T = T_2 - T_1 \tag{3.25}$$

式中,T_2 为 τ 结束时刻两频率源的相位差;T_1 为 τ 起始时刻两频率源的相位差。根据频率与周期的对应关系,两频率源在时间 τ 内的频率偏差可以根据式(3.26)计算,即

$$\frac{\Delta v}{v_0} = \frac{\Delta T}{\tau} \tag{3.26}$$

式中,Δv 为在时间 τ 内两频率源频率差的均值。由式(3.26)可知,用比相法测频,测量对象是两频率源相位差的变化量,该变化量可能是由待测信号与参考信号间的频率差引起的,也可能是由待测信号或参考信号的噪声引起的。通常,为了保证测量结果的准确性,使用频率准确度优于待测信号 3 倍以上的频率源作为参考源,此时参考信号的频率偏差可以被忽略。另外,测量系统附加的测量噪声也会反映在测量结果中。测量系统附加噪声又可分为系统噪声和随机噪声两类,其中系统噪声不随时间变化,通常可以采取校准技术消除其影响,但随机噪声的影响很难被消除。

根据式(3.26)计算待测信号的频率 v_x:

$$v_x = v_0 \pm \Delta v = v_0 \left(1 \pm \frac{\Delta T}{\tau}\right) \tag{3.27}$$

其中,$\frac{\Delta T}{\tau}$ 前的正负值是根据相位差曲线的斜率正负值确定的,若待测信号频率比参考频率低,斜率为负值,则 $\frac{\Delta T}{\tau}$ 前的符号为负,反之为正。

比相法用信号间相位差的变化反映待测信号频率和噪声情况,较直接测频有

更高的分辨率,并且测量连续、无间隙,当待测源与参考源的频率差足够小时,比相法特别适用于评估待测源的长期频率稳定度。但是,比相法要求待测源与参考源能输出标称频率相同的信号,否则难以得到相对固定的相位关系,一定程度上限制了该方法的应用。另外,比相法对相位噪声敏感,因此测量系统的噪声干扰会直接影响测量结果(Stein et al., 1982)。

3.2.6 双混频时差法

双混频时差法结合了差拍法和测周期法的优点,利用双平衡混频器将参考信号和待测信号分别与公共参考源(又称为本振)信号混频,同时输出两个差拍信号,因两差拍信号的生成过程相同、处理结构对称,使用时间间隔计数器测量差拍信号间的时差时能抵消测量系统附加的共有误差,包括公共参考源的噪声,这也是双混频时差法较其他经典频率测量方法噪声更低的主要原因。

双混频时差测量系统工作原理如图 3.10 所示(Riley, 2008)。标称频率相等的参考信号 v_0 与待测信号 v_x,通过双平衡混频器,分别与来自公共参考源输出频率为 v_c 的信号混频,混频后输出信号经低通滤波及放大整形处理后,分别在两差拍信号的正向过零点处形成上升沿陡峭的触发信号,然后送入时间间隔计数器,由时间间隔计数器测量两差拍信号间的时差。公共参考源可以是独立的信号源,也可以是锁定到参考信号的频率合成器,公共参考源的误差大部分能在双平衡时差测量中被抵消,因此并不要求公共参考源的频率稳定度与待测源或参考源相当,其输出信号频率 $v_c = v_0 - F$,F 为差拍信号频率,取值与测量分辨率需求、测量系统的带宽等有关。为了满足不同频率范围的测量需求,常采用频率合成器作为公共参考源,能生成指定频率范围内任意频点信号。移相器的作用是调整待测信号的相位,使两混频器输出信号的相位尽量接近,有助于抵消公共噪声。

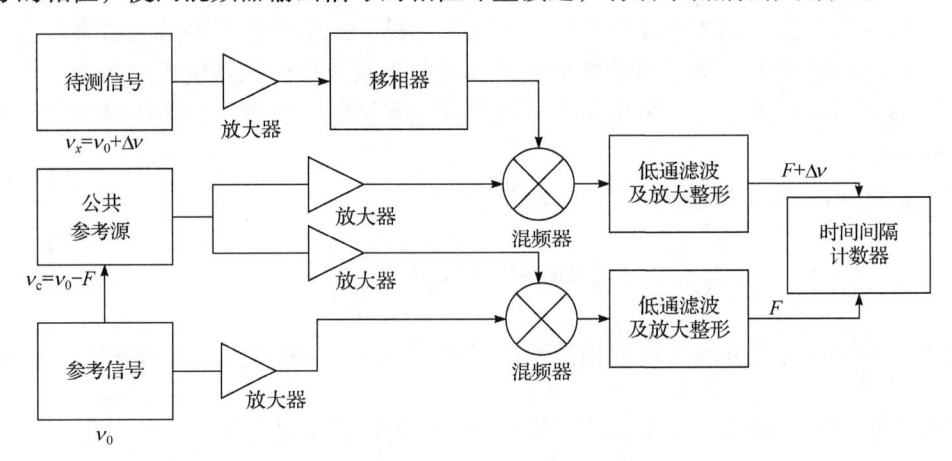

图 3.10 双混频时差测量系统工作原理图

如图 3.10 所示,双混频时差测量系统具有对称的结构、共用的公共参考源,这一组成决定了两差拍信号所受测量系统噪声的影响相似,通过时间间隔计数器测量两差拍信号的时差,抵消大部分系统共有噪声影响。公共参考源还解决了部分测频方法难以获得与待测信号频率存在频差且频率准确度、频率稳定度更优参考源的问题,这是因为满足性能要求的频率源可能只能输出标准频率信号,不易调偏频率,而输出频率满足要求的频率源可能性能不符合要求。

双混频时差法测量中,公共参考源输出与待测信号存在整数频差的信号,且频差远小于待测信号的标称频率,公共参考源输出的频率 ν_c 用式(3.28)表示,即

$$\nu_c = \nu_0 - F \tag{3.28}$$

式中,ν_0 为参考信号的标称频率;F 为差拍信号频率。

公共参考源输出信号 $V'_c(t)$、待测信号 $V'_x(t)$ 和参考信号 $V'_0(t)$ 分别表示为

$$V'_c = V_c \sin[2\pi\nu\nu_c t + \phi_c + \phi_c(t)] \tag{3.29}$$

$$V'_x = V_x \sin[2\pi\nu\nu_x t + \phi_x + \phi_x(t)] \tag{3.30}$$

$$V'_0 = V_0 \sin[2\pi\nu\nu_0 t + \phi_0 + \phi_0(t)] \tag{3.31}$$

式中,ϕ 为初始相位;$\phi(t)$ 为与时间相关的相位值;ϕ_c、ϕ_x、ϕ_0 分别为公共参考源输出信号、待测信号和参考信号的初始相位。假设各信号的初始相位均为零。则 $\phi_0 = \phi_x = \phi_c = 0$ 成立,混频后输出差拍信号分别用 $V_x(t)$ 和 $V_0(t)$ 表示,即

$$V_x(t) \cong \frac{1}{2}V_x V_c \cos[2\pi(\nu_x - \nu_c)t + \phi_x(t) - \phi_c(t)] \tag{3.32}$$

$$V_0(t) \cong \frac{1}{2}V_0 V_c \cos[2\pi(\nu_0 - \nu_c)t + \phi_0(t) - \phi_c(t)] \tag{3.33}$$

因为参考与待测信号具有相同的标称频率,差拍信号频率 $F = \nu_0 - \nu_c = \nu_x - \nu_c$,代入式(3.32)和式(3.33),得

$$V_0(t) \cong \frac{1}{2}V_0 V_c \cos[2\pi F t + \phi_0(t) - \phi_c(t)] \tag{3.34}$$

$$V_x(t) \cong \frac{1}{2}V_x V_c \cos[2\pi F t + \phi_x(t) - \phi_c(t)] \tag{3.35}$$

时间间隔计数器测量两差拍信号的相位差,测得闸门时间内两差拍信号的时差值,反映待测信号与参考信号的相位差,持续测量可以获得两差拍信号相位差的变化量,反映待测信号与参考信号的频率关系。

实际测量时,信号的初始相位与所选时间起点有关,不同信号初始相位不一定相等,即 $\phi_0 = \phi_x = \phi_c = 0$ 的假设不成立,因此双混频时差测量系统常会在混频器之前增加一个移相器,用于调整其中一个信号的相位,使两差拍信号的相位尽量

相等。

与直接时间间隔测量相比，双混频时差测量差拍信号能实现更高的测量分辨率；与差拍法相比，引入公共参考源，降低了对参考源的要求，并且平衡对称的结构还有助于抵消系统共有噪声，这也是双混频时差法能实现高精度测量的主要原因。

尽管双混频时差法有许多优点，但是想要进一步提高测量精度仍面临以下挑战：时间间隔计数器的测量分辨率有限、公共参考源的相位噪声不能被完全抵消，以及移相器等器件引入了噪声等。

目前，双混频时差测量法能实现亚皮秒的测量分辨率，它的测量分辨率、应用范围都远超过前面所述的几种频率测量方法，并且研究人员还在继续挖掘它的潜力，研究进一步降低测量噪声、提高测量分辨率的方法，如降低器件噪声或器件噪声的影响，与其他方法结合等。

3.3 经典测频方法特点总结

测量仪器研制的目标是以尽量少的代价，实现尽可能高的测量性能，尽可能丰富的测量功能。但是，通常能力提升伴随成本增加，因此工程应用更多考虑实际需求，以及当前所具备的客观条件，综合后选择最合适的解决方案。

本章介绍了几种经典测频方法，各有特点，适用不同的应用场合，表 3.1 是对各方法特点的总结，并简述了适用场合和测试条件要求等，为用户选择合适的频率测量方法提供参考。

表 3.1 时域信号频率稳定度测量方法比较

序号	测量方法	影响测量性能的关键因素	适用场合	特点	测试条件要求
1	时差法	时间间隔计数器分辨率	长期频率稳定度测量、输出低频信号的频率源	结构简单、频率测量范围宽、易扩展且成本相对较低，测量结果为相位，对小于时基脉冲的周期信号不敏感，事件触发过零点噪声影响，不适合短期稳定度测量	无
2	测频法	与频率计分辨率有关，存在量化误差	输出低频信号的频率源、普通稳定度的晶振等	设备简单、体积小、易扩展且成本相对较低，测量结果为频率，存在一个周期的量化误差，精度受限	无

续表

序号	测量方法	影响测量性能的关键因素	适用场合	特点	测试条件要求
3	差拍法	时间间隔计数器分辨率	短期频率稳定度	差拍提高了测量分辨率，成本相对合理，需要可调偏的参考源	需要稳定度优于被测源的参考源，且频率可调偏
4	零差拍法	时间间隔计数器分辨率、移相器噪声	短期频率稳定度	差拍提高了测量分辨率，需要移相器	需要与待测信号同频且更稳定的参考信号
5	倍频法	频率计测量误差、倍频器噪声	低频信号的频率源、短期频率稳定度	倍频提高了测量分辨率，不适合对高频信号测量，倍频器影响系统噪声	无
6	频差倍增法	时间间隔计数器分辨率、倍频器噪声	短期频率稳定度	倍频、混频提高了测量分辨率，倍频器、混频器引入器件噪声	需要与待测信号同频且更稳定的参考信号
7	比相法	鉴相器	原子频标间比对，测试长期频率稳定度	对相位及相位噪声均敏感，存在整周期测量模糊度问题，不能用于比对频差大于 1Hz 的信号	需要与待测信号同频且更稳定的参考信号
8	双混频时差法	时间间隔计数器分辨率、移相器噪声	原子频标间比对，可测试长、短期频率稳定度	测量分辨率高，测量噪声较其他经典方法小，系统组成相对较复杂	需要与待测信号同频且更稳定的参考信号

20 世纪后半叶，时频测量技术快速发展，最大的贡献是在时域引入基于时间间隔计数器的差拍法、倍频法、双混频时差法等实用的频率测量方法，并研发出商用设备，频率测量性能得到大幅度提升；2010 年以来，测量技术和数据处理方法取得巨大进步，如突破了频域与时域的界限，模拟和数字之间也可互相高精度转换，测量仪器模拟和数字结合，甚至实现了纯数字技术的仪器，等等。在过去模拟仪器占主导的时代，测量性能的提升往往意味着硬件成本增加，数字技术及虚拟仪器技术的快速发展可能改变这一规律(Howe et al., 1981)。

随着一些技术的发展成熟，与经典测频方法结合使用也是测频技术的一大发展趋势。例如，将以软件为核心的虚拟仪器技术和传统频率测量方法结合，形成基于传统测量原理的数字仪器，较模拟仪器可以方便地实现分析、显示、存储等功能，仪器的灵活度也有了极大改善。

参 考 文 献

李孝辉, 杨旭海, 刘娅, 等, 2010. 时间频率信号的精密测量[M]. 北京: 科学出版社.
刘娅, 2010. 多通道数字化频率测量方法研究与实现[D]. 北京: 中国科学院大学.
童宝润, 2003. 时间统一系统[M]. 北京: 国防工业出版社.
阳丽, 2012. 采用频差倍增法的高精度时域频率稳定度测量仪的研制[D]. 武汉: 武汉理工大学.
周渭, 偶晓娟, 周晖, 等, 2006. 时频测控技术[M]. 西安: 西安电子科技大学出版社.
Allan W, 1975. Picosecond time difference measurement system[C]. Proceedings of the 29th Annual Symposium on Frequency Control, Atlantic City, USA:404-411.
Howe D A, Allan D W, Barnes J A, 1981. Properties of signal sources and measurement methods[C]. Proceedings of the 35th Annual Symposium on Frequency Control, Philadelphia, USA:1-47.
Riley W J, 2008. Handbook of Frequency Stability Analysis[R]. Washington D C: U.S. Government Printing Office: 80-82.
Stein S R, 1985. Frequency and Time: Their Measurement and Characterization[M].New York :Academic Press.
Stein S R, Glaze D, Levine J, et al., 1982. Performance of an automated high accuracy phase measurement system[C]. Proceedings of the 36th Annual Symposium on Frequency Control, Philadelphia, USA: 314-320.

第4章 差拍数字测频

本章主要内容是分析差拍数字测频技术需要解决的关键问题，在此基础上介绍差拍数字测频技术的工作原理，并进一步分析该方法的主要误差来源，给出一种系统误差校准方法，最后详细阐述基于差拍数字测频系统的实现技术。

4.1 差拍数字测频方法

第3章介绍了各种经典频率测量方法的工作原理和适用环境，并比较了各自特点，本章将介绍一种新的频率测量方法，融合经典双混频时差测频方法和数字信号处理技术优点，称为差拍数字测频方法。该方法首先利用混频器对待测信号和公共参考信号混频，输出差拍信号，其次经模数转换器转换为数字信号，最后通过数字信号处理实现频率测量和稳定度分析。整个过程涉及的关键词分别是差拍和数字化，因此将该方法称为差拍数字测频方法(边玉敬，1991)。

待测信号频率的测量对象既可以是频率，也可以是相位，这两个量之间存在确定的关系，可以相互转换，并且大多数的频率稳定度分析方法支持使用频率或相位测量数据，因此通常的频率测量方法是针对其中一种量进行描述。差拍数字测频方法对信号频率的测量结合了频率和相位两种结果，频率测量值反映的是待测信号与参考信号整数频率差值，称为频率粗差，相位测量值更精细地反映待测信号与参考信号的相对相位变化关系，然后将相位差变化量转换为频率偏差，结合频率粗差结果即为待测信号的频率值。

4.1.1 差拍数字测频方法概述

模拟信号只有通过模拟数字转换器转化为数字信号后，才能使用软件进行处理。模拟数字转换器(简称"模数转换器"，ADC)是指将模拟信号转化为数字信号的电路。模数转换器的作用是将时间连续、幅值也连续的模拟信号转换为时间离散、幅值也离散的数字信号。一般，模数转换需经过采样、保持、量化和编码四个过程，涉及若干种转换误差源，其中决定模数转换性能指标的两个关键指标是采样率和分辨率。

模拟信号在时域上连续，将它转换为时间上离散的一系列数字信号，要求定义一个参数，用来表示数字信号采样自模拟信号的速率，这个速率称为模数转换器的采样率或采样频率。依据采样定理，模数转换器的采样频率应大于被采样信号最高频率带宽的2倍，但实际使用中，受到模数转换器件的非线性、量化噪声、失真等因素的影响，一般至少选择大于2.5倍的采样频率。

模数转换器的分辨率是指对于允许幅值范围内的模拟信号，能输出离散数字信号值的个数。这些信号通常用二进制数来存储，因此分辨率经常用比特(bit)作为单位，且这些离散值的个数是2的幂指数。例如，一个具有8bit分辨率的模拟数字转换器可以将模拟信号编码成256个不同的离散值。分辨率还可以用电气性质描述，单位为伏特(V)。电气性质的模数转换器分辨率为最低有效位(LSB)电压，LSB电压是使得输出离散信号产生变化所需的最小输入电压的差值。这样，模数转换器的分辨率Q等于LSB电压。

差拍信号数字测频需要重点关注选择合适采样率和分辨率的模数转换器。所有的模数转换器采样模拟信号，在某一次采样和下一次采样之间，存在一定时间间隔，因此模数转换器输出的数字信号只是对输入信号的不完全描述，仅根据输出信号无法得知完整的输入信号形式。如果输入信号以比采样率低的速率变化，那么可以假定这两次采样之间信号为介于两次采样之间的值，但当输入信号变化过快，则假定不成立。如果输入信号的变化率比采样率大得多，两次采样间有可能存在若干个周期的不确定性，模拟数字转换器输出的"假"信号称为"混叠"，混叠信号的频率为信号频率和采样率的差。为避免混叠现象，模数转换器的输入信号必须通过低通滤波器进行滤波处理，过滤掉频率高于采样率一半的信号。

频标信号的频率典型值为1MHz、5MHz、10MHz或100MHz等，若希望将频标信号数字化后测量，则数字化信号需要至少2倍于源频率的采样率，该采样率仅能基本还原信号。事实上，高精度的频率测量需要模数转换器的采样率和分辨率能分辨信号细微的相位变化，如辨别皮秒甚至飞秒量级的相位变化。为了满足此种需求，主要解决方案是提高采样率和分辨率，即对原始信号进行密集的过采样，降低量化误差。根据经验，每倍频的过采样能改善信噪比3dB(等效于0.3bit)。另外，通过噪声整形，改善可以达到每倍频$(6L+3)$dB(L指用于噪声整形的环路滤波器的阶数，如一个2阶的环路滤波器可以提供每倍频15dB的改善)。实际应用中，对频率为10MHz的频标甚至输出更高频率信号频标的数字化测量，需要模数转换器采样率达到100MHz以上，并且采样分辨率不低于12bit，尽管满足此类参数要求的模数转换器已经不在少数，甚至已经有采样率几十吉赫兹的器件，但是需付出昂贵的成本代价；另外，对采样获得的大量数据的处理，要求后端数据处理器件性能需能匹配，特别是数据处理实时性要求较高的场合。上述两方面的原因使得对源信号直接高速过采样的解决方案难以获得广泛应用。

相较于直接数字化测量，差拍数字化测量采样的波形为正弦型差拍信号，差拍信号是待测信号与参考信号混频后的输出，混频降低待测信号频率的同时在差拍信号中保留了待测信号相对于参考信号的频率差、相位差等信息，使差拍信号标称频率远小于待测信号，对其数字化所需的采样率远低于直接数字化测量，从而大大降低对模数转换器性能的要求，常用的差拍信号标称频率小于1kHz。

将待测信号降低到低频段后数字化，是差拍数字化测量的主要特点与优势。

为适应信号数字化以及基于数字信号的高精度相位测量需求，差拍数字化方法使差拍输出的信号波形为正弦型，与传统差拍方法使用方波波形不同。传统差拍方法输出方波波形的差拍信号，是为便于时间间隔计数器测量，方波波形的信号对使用时间间隔计数器测量有显而易见的好处，如陡峭的上升沿或是下降沿便于触发计数器的测量。但是，若采用数字化测量方法，对方波信号数字化却不是一件容易的事，主要原因是方波信号上升或下降沿处含丰富的高频分量，采样率不足将导致恢复出的数字信号上升沿变平缓，引起测量误差。因此，方波波形的差拍信号不利于采样率的降低，为降低采样率需求，期望数字化对象的频谱越简单越好。差拍数字化方法即基于上述原因提出的解决方案，使差拍信号为正弦波形，利用正弦信号频谱成分具有简单的特点，降低采样率需求。例如，对频率为100Hz的正弦差拍信号数字化，最低采样率仅为200Hz，即使以10倍频率过采样，采样率也仅需1kHz，是当前模数转换器件和数字信号处理器较容易实现的水平。

综上所述，差拍信号数字测频方法解决了高稳定度频率源信号直接数字化测量，受模数转换器采样率、分辨率限制，难以实现高精度测量的问题。但是，差拍信号数字化过程会引入量化误差，并且信号数字化过程中可能出现的混叠、泄漏等问题依然存在，需要遵循一般的采样规则，在器件、参数选择中加以考虑。

4.1.2 差拍数字测频原理

差拍数字测频方法是基于差拍法对信号变频的思想，将待测信号首先与一个公共参考源混频，经信号调理后输出正弦波形差拍信号，其次使用模数转换器将差拍信号数字化，最后使用数字信号处理技术测量待测信号的频率。与此同时，参考信号经过与待测信号完全相同的处理过程，得到参考信号包含测量系统附加噪声的频率测量值，用于校准待测信号的频率测量结果。差拍数字测频原理如图4.1所示。该方法要求参考信号与待测信号的标称频率相同，且与公共参考源输出信号的标称频率存在标称值已知的频差，频差是为了便于对差拍信号的调理以及满足后期分析不同采样间隔对应频率稳定度的需求而设置。

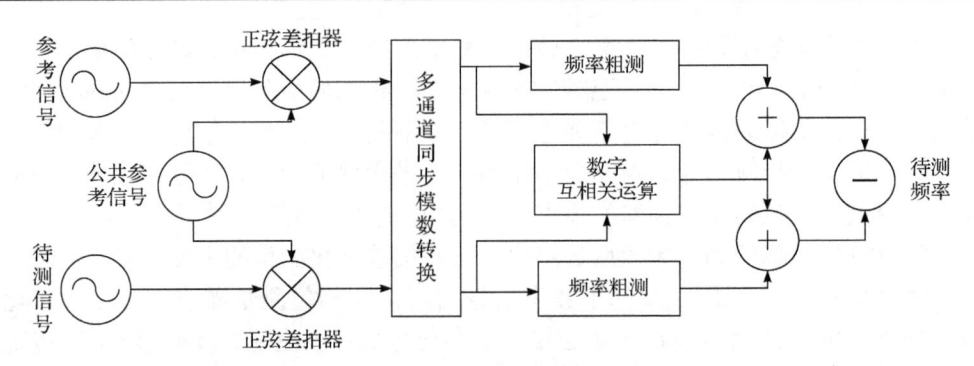

图 4.1 差拍数字测频原理

差拍数字测频方法实现的核心是基于数字信号的频率或相位测量方法，测频分粗测和精测两个步，分别测量频率的整数分量和小数分量，两个结果之和为待测频率。对整数频率的估计有许多可用方法，如频谱估计、三点估计等，其中频谱估计测量准确，实现也较为容易，本书采用频谱估计测量信号频率的整数分量，此处不再赘述。本章将重点阐述频率小数分量的测量方法，这是因为对频率小数分量的测量分辨率、测量精度最终反映了差拍数字测频方法的测量性能。频率小数分量的测量是利用参考信号和待测信号间的频差将导致信号间相位差随时间增加而变化的特点，采用数字互相关运算原理测量某时间间隔内信号间相位差的变化量，然后根据相位、频率的转换关系得到待测信号相对于参考信号的频率偏差。因为测量使用的是数字信号，测量时间间隔可以根据需要设置，所以通常是根据对频率源不同取样间隔的频率稳定度分析需求进行设置(刘娅, 2010)。

参考信号和待测信号的表达式用式(4.1)和式(4.2)表示。公共参考信号用式(4.3)表示，即

$$V_{10}(t) = V_1 \sin[2\pi\nu_0 t + \phi_1(t)] \tag{4.1}$$

$$V_{20}(t) = V_2 \sin[2\pi\nu_x t + \phi_2(t)] \tag{4.2}$$

$$V_c(t) = V_c \sin[2\pi\nu_c t + \phi_c(t)] \tag{4.3}$$

式中，$\phi_1(t)$、$\phi_2(t)$ 和 $\phi_c(t)$ 分别为参考信号、待测信号和公共参考信号的相位；ν_0、ν_x 和 ν_c 分别为参考信号、待测信号和公共参考信号的频率。参考信号和待测信号分别与公共参考信号混频或鉴相，输出的差拍信号用式(4.4)表示，即

$$V(t) = V \cos[2\pi F t + \varphi(t)] \tag{4.4}$$

式中，$V = V_1 V_c$ 或 $V = V_2 V_c$，V 为信号幅值；F 为差拍信号的标称频率，取值满足 $F = \nu_0 - \nu_c$；$\varphi(t)$ 为待测信号或参考信号与公共参考信号的相位差。

考虑到信号受到的随机干扰和模数变换过程中引入的量化误差，差拍信号采样后的离散信号可表示为

$$V'(n) = V\cos\left[2\pi\frac{F}{f_s}n + \varphi(n)\right] + g(n) + l(n), \quad n = 1, 2, 3, \cdots \tag{4.5}$$

式中，f_s 为信号模数转换器的采样率；$g(n)$ 为系统的随机噪声；$l(n)$ 为量化误差，可视为均匀分布的白噪声；n 为采样点数，取值范围为 $1\sim\infty$。将式(4.5)归一化处理，得到

$$V(n) = \cos\left[2\pi\frac{F}{f_s}n + \varphi(n)\right] + g(n) + l(n) \tag{4.6}$$

令 $f_s = N, Q = \dfrac{f_s}{F}$，两差拍信号经模数转换后分别用 $V_1(n)$ 和 $V_2(n)$ 表示，即

$$V_1(n) = \cos\left[2\pi\frac{n}{Q} + \varphi_1(n)\right] + g_1(n) + l_1(n) = x_1(n) + g_1(n) + l_1(n) \tag{4.7}$$

$$V_2(n) = \cos\left[2\pi\frac{n}{Q} + \varphi_2(n)\right] + g_2(n) + l_2(n) = x_2(n) + g_2(n) + l_2(n) \tag{4.8}$$

式中，$x_1(n) = \cos\left[2\pi\dfrac{n}{Q} + \varphi_1(n)\right]$；$x_2(n) = \cos\left[2\pi\dfrac{n}{Q} + \varphi_2(n)\right]$；$n$ 的取值范围为 $1\sim N$。

两差拍信号的互相关函数表达式为

$$\begin{aligned}
R_{12}(m) &= \frac{1}{N}\sum_{n=0}^{N-1} V_1(n)V_2(n+m) \\
&= \frac{1}{N}\sum_{n=0}^{N-1}[x_1(n) + g_1(n) + l_1(n)][x_2(n+m) + g_2(n+m) + l_2(n+m)] \\
&= \frac{1}{2}\cos\left(2\pi\frac{m}{Q} + \Phi\right) + R_{x_1 g_2} + R_{x_1 l_2} + R_{g_1 x_2} + R_{g_1 g_2} + R_{g_1 l_2} + R_{l_1 x_2} + R_{l_1 g_2} + R_{l_1 l_2}
\end{aligned} \tag{4.9}$$

式中，$\Phi = \varphi_2(n+m) - \varphi_1(n)$，表示两差拍信号的相位差，是需要解算的未知量。

当 $m = 0$ 时，可得

$$\begin{aligned}
R_{12}(0) &= \frac{1}{2}\cos\Phi + R_{x_1 g_2} + R_{x_1 l_2} + R_{g_1 x_2} + R_{g_1 g_2} + R_{g_1 l_2} + R_{l_1 x_2} + R_{l_1 g_2} + R_{l_1 l_2} \\
&= A + B + C
\end{aligned} \tag{4.10}$$

式中，$A = \dfrac{1}{2}\cos\left(2\pi\dfrac{m}{Q} + \Phi\right)$，为信号间的互相关函数；$B = R_{x_1 g_2} + R_{x_1 l_2} + R_{g_1 x_2} + R_{l_1 x_2}$，为噪声与信号的互相关函数；$C = R_{g_1 g_2} + R_{g_1 l_2} + R_{l_1 g_2} + R_{l_1 l_2}$，为噪声之间的互相关函数。从统计意义角度可以认为信号与噪声两者不相关，即 B 为零，而实际测量系

统中该项值并不严格等于零，若假定其为零值将导致测量出现误差，但是由于其值远小于信号的相位噪声，通常可以忽略 B。C 与 m 的取值无关，因此 C 可以根据相关函数的性质计算。对式(4.10)求累加和，可得 C 的值：

$$C = \frac{1}{N}\sum_{m=0}^{N-1} R_{12}(m) \tag{4.11}$$

将 B 和 C 的值代入式(4.10)，可得

$$\cos\Phi = 2\left[R_{12}(0) - \frac{1}{N}\sum_{m=0}^{N-1} R_{12}(m)\right] \tag{4.12}$$

根据定义 $\Phi = \varphi_2(n) - \varphi_1(n) = [\phi_2(n) - \phi_r(n)] - [\phi_1(n) - \phi_r(n)]$，其中 $\phi_r(n)$ 表示公共参考信号的相位偏差，参考信号和待测信号与公共参考信号同时混频，因此公共参考信号的相位噪声对两个信号的影响可以被抵消，即 $\Phi = \phi_2(n) - \phi_1(n)$，反映待测信号相对于参考信号的相位差值，$\Phi$ 中含有常数分量和随时间的变化量两部分。常数分量表示信号间的初始相位差，与所选测量时间起点有关；变化量与测量时间和信号间频差有关，反映待测信号与参考信号受频差影响，导致相位差随时间变化。需要注意，前面提到混频能在差拍信号中保留原信号的相位信息，该相位是指以度为单位的量值，表示某时刻信号在周期中的相对位置。本书中相位差测量值用时间单位表示，以度表示的相位转换为时间单位时，需引入信号周期量，原信号与差拍信号的周期存在差拍因子的倍数关系，因此用时间单位表示的原信号与差拍信号相位间存在差拍因子倍数关系。

差拍数字测频方法具有差拍法、比相法高分辨率的特点，这是因为引入频率粗测，可以识别整数频率差，与比相法相较有更宽的测量带宽，频率测量带宽还与配套的滤波器带宽参数有关。差拍数字测频方法的典型应用场合是标称频率相同的频率信号间比对。

4.2 系统误差分析

与传统的测频方法相比，差拍数字测频方法既存在模拟器件引起的噪声，又因模数转换过程引入了量化误差、孔径误差、非线性误差等新的误差源，需要分析各误差源对测量本底噪声的影响。本节主要分析差拍数字测频方法涉及的主要误差源的影响，包括正弦差拍信号失真影响、量化误差及算法误差影响、公共参考源噪声影响。最后，在误差分析基础上，介绍一种系统误差校准方法。

4.2.1 正弦差拍信号失真影响

根据图 4.1 所示的差拍信号数字测频原理，待测信号需要经过正弦差拍器与公共参考信号进行混频、滤波及放大处理，输出正弦波形的差拍信号进行模数转换并进一步数据分析处理。当正弦差拍器输出的信号频谱不纯时，就会导致信号波形失真。现实中不存在理想无失真的信号，但可尽量接近理想状态。按照科学严谨的理念设计和制作正弦差拍器，同时研究信号失真时对测量的影响，对于测量方法的具体实现有重要的指导意义，也有利于对测量方法的改进。

信号失真通常可以表示为叠加了多次谐波和相位噪声，而正弦差拍器的低通特性可能使一部分随机噪声和谐波通过，考虑到后期的数字频率测量处理能平滑绝大多数随机噪声，因此随机噪声对系统影响较小。此处主要分析谐波的影响，经低通滤波后高次谐波所占的频谱分量较小，所以以二次谐波为主进行分析。

用 $V_1(t)$ 和 $V_2(t)$ 分别表示参考信号和待测信号经混频后的差拍信号，两个信号均叠加了二次谐波：

$$V_1(t) = A_1 \sin[\omega t + \varphi_1(t)] + A_1' \sin[2\omega t + \psi_1(t)] \tag{4.13}$$

$$V_2(t) = A_2 \sin[\omega t + \varphi_2(t)] + A_2' \sin[2\omega t + \psi_2(t)] \tag{4.14}$$

式中，A_1 和 A_2 为信号基波的幅值；A_1' 和 A_2' 为信号二次谐波的幅值；ω 为两个差拍信号的标称角频率；$\varphi(t)$ 和 $\psi(t)$ 分别为基波的相位和二次谐波信号的相位，是频率差、初始相位和瞬时相位噪声的综合值。

为了计算谐波对相位差测量值的影响，以过零点时刻的瞬时相位进行分析，两信号过零点时刻分别为 t_1 和 t_2，则

$$V_1(t) = A_1 \sin[\omega t + \varphi_1(t)] + A_1' \sin[2\omega t + \psi_1(t)] = 0 \tag{4.15}$$

$$V_2(t) = A_2 \sin[\omega t + \varphi_2(t)] + A_2' \sin[2\omega t + \psi_2(t)] = 0 \tag{4.16}$$

过零点时刻信号的瞬时相位为零，即 $\omega t_1 + \varphi_1(t_1)$ 和 $\omega t_2 + \varphi_2(t_2)$ 无限接近零，因此 $\sin[\omega t_1 + \varphi_1(t_1)] \approx \omega t_1 + \varphi_1(t_1)$ 和 $\sin[\omega t_2 + \varphi_2(t_2)] \approx \omega t_2 + \varphi_2(t_2)$ 成立，分别代入式(4.15)和式(4.16)，可得差拍信号的瞬时相位：

$$\omega t_1 + \varphi_1(t_1) + \frac{A_1'}{A_1} \sin[2\omega t_1 + \psi_1(t_1)] = 0 \tag{4.17}$$

$$\omega t_2 + \varphi_2(t_2) + \frac{A_2'}{A_2} \sin[2\omega t_2 + \psi_2(t_2)] = 0 \tag{4.18}$$

相位差测量结果中由二次谐波引起的相位误差 ψ_e 可以表示为式(4.19)，即

$$\psi_e = \frac{A_1'}{A_1} \sin[2\omega t_2 + \psi_2(t_2)] - \frac{A_2'}{A_2} \sin[2\omega t_1 + \psi_1(t_1)] \tag{4.19}$$

多次谐波的影响可通过与二次谐波相同的方式进行推导，如式(4.19)所示，由谐波引起的相位误差与谐波、基波的幅值之比以及相位都有关系。多次谐波的影响可以通过设计正弦差拍器中的低通滤波电路实现优化。

4.2.2 量化误差及方法误差影响

差拍数字测频方法是基于数字相关算法实现的，在进行数据运算前，需要对信号进行模数转换，信号模数转换过程中引入新的噪声分量，其中主要是量化误差，需要重点关注量化误差对测量的影响。另外，在进行数字相关算法处理时，信号与噪声不完全独立，在数据处理过程中忽略该项造成的影响需要进行评估。

量化误差是由模数转换器的非线性传输特性引起的。在分析量化误差时，可把模数转换器看成从连续幅度输入到离散幅度输出的一种非线性映射，这种映射引起的误差可以利用随机统计方法或非线性确定方法进行研究。为了分析方便，多数文献采用的是随机统计方法。随机统计方法就是将模数转换器的输出等效为被取样连续幅度的输入与附加噪声之和(张毅刚等，2000)。

数字互相关处理对信号的干扰噪声有一定的抑制作用，相关算法由于采用有限长的样本函数代替高斯白噪声和均匀分布的量化噪声，使得信号与噪声不完全独立，从而引起误差，即式(4.10)中 B 项分量不严格等于零，测量过程忽略了 B 项，由此导致测量结果存在误差。

下面从对 B 项值的分析入手，具体讨论数字相关处理过程中误差的影响，各参数定义与 4.1.2 小节相同。

在 4.1.2 小节中定义了 $B = R_{x_{ij}g_{i(j+1)}} + R_{x_{ij}l_{i(j+1)}} + R_{g_{ij}x_{i(j+1)}} + R_{l_{ij}x_{i(j+1)}}$。

根据相关函数的性质，有

$$\begin{aligned} R_{x_{ij}g_{i(j+1)}}(m) &= R_{g_{i(j+1)}x_{ij}}(-m) = \frac{1}{N}\sum_{n=0}^{N-1} g_{i(j+1)}(n)x_{ij}(n-m) \\ &= \frac{1}{N}\cos(\omega_{ij}m)\sum_{n=0}^{N-1} g_{i(j+1)}(n)\sin(\varphi_{ij}+\omega_{ij}n) \\ &\quad -\frac{1}{N}\sin(\omega_{ij}m)\sum_{n=0}^{N-1} g_{i(j+1)}(n)\cos(\varphi_{ij}+\omega_{ij}n) \end{aligned} \tag{4.20}$$

同理可得 $R_{x_{ij}l_{i(j+1)}}$、$R_{g_{ij}x_{i(j+1)}}$ 和 $R_{l_{ij}x_{i(j+1)}}$ 的表达式分别为

$$\begin{aligned} R_{x_{ij}l_{i(j+1)}}(m) &= \frac{1}{N}\cos(\omega_{ij}m)\sum_{n=0}^{N-1} l_{i(j+1)}(n)\sin(\varphi_{ij}+\omega_{ij}n) \\ &\quad -\frac{1}{N}\sin(\omega_{ij}m)\sum_{n=0}^{N-1} l_{i(j+1)}(n)\cos(\varphi_{ij}+\omega_{ij}n) \end{aligned} \tag{4.21}$$

第 4 章 差拍数字测频

$$R_{g_{ij}x_{i(j+1)}}(m) = \frac{1}{N}\cos(\omega_{ij}m)\sum_{n=0}^{N-1}g_{ij}(n)\sin(\varphi_{i(j+1)}+\omega_{ij}n)$$
$$+\frac{1}{N}\sin(\omega_{ij}m)\sum_{n=0}^{N-1}g_{ij}(n)\cos(\varphi_{i(j+1)}+\omega_{ij}n) \quad (4.22)$$

$$R_{l_{ij}x_{i(j+1)}}(m) = \frac{1}{N}\cos(\omega_{ij}m)\sum_{n=0}^{N-1}l_{ij}(n)\sin(\varphi_{i(j+1)}+\omega_{ij}n)$$
$$+\frac{1}{N}\sin(\omega_{ij}m)\sum_{n=0}^{N-1}l_{ij}(n)\cos(\varphi_{i(j+1)}+\omega_{ij}n) \quad (4.23)$$

由式(4.20)~式(4.23)可得 B 的表达式为

$$B = \frac{1}{N}\cos(\omega_{ij}m)\left[\sum_{n=0}^{N-1}g_{i(j+1)}(n)\sin(\varphi_{ij}+\omega_{ij}n)\right.$$
$$+\sum_{n=0}^{N-1}l_{i(j+1)}(n)\sin(\varphi_{ij}+\omega_{ij}n)+\sum_{n=0}^{f_s-1}g_{ij}(n)\sin(\varphi_{i(j+1)}+\omega_{ij}n)$$
$$\left.+\sum_{n=0}^{f_s-1}l_{ij}(n)\sin(\varphi_{i(j+1)}+\omega_{ij}n)\right]+\frac{1}{N}\sin(\omega_{ij}m)\left[\sum_{n=0}^{N-1}g_{ij}(n)\cos(\varphi_{i(j+1)}+\omega_{ij}n)\right.$$
$$-\sum_{n=0}^{N-1}g_{i(j+1)}(n)\cos(\varphi_{ij}+\omega_{ij}n)+\sum_{n=0}^{N-1}l_{ij}(n)\cos(\varphi_{i(j+1)}+\omega_{ij}n)$$
$$\left.-\sum_{n=0}^{N-1}l_{i(j+1)}(n)\cos(\varphi_{ij}+\omega_{ij}n)\right] \quad (4.24)$$

对式(4.24)求和，则式(4.25)成立，即

$$\sum_{m=0}^{N-1}B = 0 \quad (4.25)$$

由式(4.25)可知，尽管严格意义上 B 不等于零，但 B 项分量的累加和为零，又因为式(4.10)的 C 值等于对整个周期的相关函数求和，在 B 值需要进一步估计情况下，将式(4.25)代入式(4.10)中仍能保证式(4.11)严格成立。这也表明式(4.10)中 C 项分量的估计式严格成立，不会引起测量误差。因此，此处主要讨论 B 值对测量结果影响，式(4.10)应当重新写为

$$R_{ij}(0)-\frac{1}{N}\sum_{m=0}^{N-1}R_{ij}(m) = \frac{1}{2}\cos\Phi_{ij}+B \quad (4.26)$$

令式(4.26)中由高斯白噪声引起的误差 $B_1 = R_{x_{ij}g_{i(j+1)}}+R_{g_{ij}x_{i(j+1)}}$，量化噪声引起的误差 $B_2 = R_{x_{ij}l_{i(j+1)}}+R_{l_{ij}x_{i(j+1)}}$，$B = B_1+B_2$。

$g(t)$ 代表均值为 0、方差为 σ_g^2 的高斯随机变量，由式(4.20)和式(4.22)可得 B_1

的方差为

$$\sigma_{B_1}^2 = \frac{2\sigma_g^2}{N} \tag{4.27}$$

设模数转换器为舍入式均匀量化器，量化间隔为 Δ，则 $l(t)$ 是以等概率落在区间 $(-\Delta/2, +\Delta/2)$。因此，$l(t)$ 服从均匀分布，均值为 0，方差为 $\Delta^2/12$。由式(4.21)和式(4.23)可得 B_2 的方差为

$$\sigma_{B_2}^2 = \frac{2\Delta^2}{12N} \tag{4.28}$$

考虑到 B_1 与 B_2 相互独立，则式(4.28)成立，有

$$\sigma_B^2 = \sigma_{B_1}^2 + \sigma_{B_2}^2 = \frac{2\sigma_g^2}{N} + \frac{2\Delta^2}{12N} \tag{4.29}$$

对式(4.26)等号右侧平方后求均值，得到噪声对相位差测量值的影响为

$$\begin{aligned}
& \frac{1}{N}\sum_{m=0}^{N-1}\left(\frac{1}{4}\cos^2\Phi_{ij} + B\cos\Phi_{ij} + B^2\right) \\
& = \frac{1}{4}\cos^2\Phi_{ij} + \left(\frac{2\sigma_g^2}{N} + \frac{2\Delta^2}{12N}\right) + \frac{1}{N}\sum_{m=0}^{N-1}B\cos\Phi_{ij} \\
& \leqslant \frac{1}{4}\cos^2\Phi_{ij} + \left(\frac{2\sigma_g^2}{N} + \frac{2\Delta^2}{12N}\right) + \frac{1}{N}\sum_{m=0}^{N-1}B = \frac{1}{4}\cos^2\Phi_{ij} + \left(\frac{2\sigma_g^2}{N} + \frac{2\Delta^2}{12N}\right)
\end{aligned} \tag{4.30}$$

σ_g^2 反映的是输入信号的信噪比 $\text{SNR} = \frac{V^2}{\sigma_g^2}$，$V$ 为输入信号的幅度，模数转换器的位数为 a，有 $\frac{\Delta}{V} = \frac{2}{2^a - 1}$，代入式(4.30)得到量化噪声和白噪声的标准差 σ_{Error}：

$$\sigma_{\text{Error}} = \sqrt{\frac{1}{4}\cos^2\Phi_{ij} + \frac{1}{N}\left(\frac{2V^2}{\text{SNR}^2} + \frac{2\Delta^2}{12}\right)} \tag{4.31}$$

由此可见，数字相关算法的误差项及量化误差的标准差与 N 的平方根成反比；同时，也与信噪比和模数转换器的位数有关。信噪比越大，模数转换器的位数越多，量化噪声的标准差越小，量化误差越小。

对测量系统中量化噪声导致的量化误差分析，需要得到模数转换器的位数与量化精度的关系。根据文献，如果输入信号的功率为 σ_x^2，那么模数转换器输出信号功率与量化噪声功率之比(单位用 dB 表示)为

$$\frac{S}{N} = 10 \cdot \lg \frac{\sigma_x^2}{\sigma_e^2} = 10 \cdot \lg \left(\frac{\sigma_x^2}{\frac{1}{12} \times 2^{-2B}} \right) = 6.02B + 10.79 + 10 \cdot \lg \sigma_x^2 \tag{4.32}$$

式中，σ_x^2 为输入信号的功率；σ_e^2 为量化噪声功率。可以看出，模数转换器输出信噪比随量化位数的增加而提高，量化位数每增加一位，模数转换器输出信噪比提高约 6dB；增加输入信号的功率，也可以提高模数转换器输出信噪比。但是，这一方法受到模数转换器本身动态范围的限制，如果模数转换器输入信号超过器件本身的动态范围，会产生较严重的失真，式(4.32)的分析结果也不再适用。式(4.32)通常作为确定模数转换器位数的主要依据，根据输入信号的特性及系统要求的信噪比就可以确定模数转换器的位数。

对于数据采集设备，采样数据的精度可以通过提高采样率加以改进，理论上采样率增加的限制在于持续采样时采集与数据处理器的吞吐能力。通常情况下，重建原信号达到 90%甚至更高的精度，要求对信号每个周期进行约 10 次的采样，常用的采样范围是每周期 7~10 次采样，如对 1kHz 信号采样，采样率为 10kHz 有助于高精度复原信号。

数字相关算法的误差与 N、SNR 和 a 有关，其中 a 对误差影响较小，16 位分辨率的模数转换器能满足优于 10^{-14} 量级测量本底噪声的需求。另外由式(4.31)可知，噪声对测量结果的影响与 N 成反比，SNR 对量化误差影响较大。

4.2.3 公共参考源噪声影响

根据图 4.1 所示的差拍数字测频方法原理，该方法引入了一个公共参考信号，其作用与双混频时差法中的公共参考源类似，为测量系统提供一个与参考信号标称频率存在不大于 1kHz 频差的信号，用该信号分别与参考信号和待测信号混频，输出低频的差拍信号，然后使用模数转换器将差拍信号数字化，送入数字信号处理器，运行测量频率或相位的软件进行处理。

参考信号、待测信号及公共参考信号的频率分别表示为

$$v_1 = v_0 + \Delta v_1, \quad v_2 = v_0 + \Delta v_2, \quad v_c = v_0 - F + \Delta v_c \tag{4.33}$$

式中，v_1 和 v_2 分别为参考信号频率和待测信号频率；v_0 为参考信号标称频率；Δv_2 为待测信号实际频率与标称频率的频差量，是需要测量的量；F 为差拍信号标称频率；Δv_c 为公共参考信号的瞬时频率变化量，是噪声引起的频率随机变化量，$\Delta v_c \ll F$。

参考信号和待测信号分别与公共参考信号混频输出的差拍信号频率如式(4.34)和式(4.35)所示，即

$$\nu_{b1} = F + \Delta\nu_1 - \Delta\nu_{c1} \tag{4.34}$$

$$\nu_{b2} = F + \Delta\nu_2 - \Delta\nu_{c2} \tag{4.35}$$

模数转换设备将差拍信号离散化后送到计算机中，计算两个差拍信号的频率差或相位差，如式(4.36)所示，即

$$\nu_{b2} - \nu_{b1} = (\Delta\nu_2 - \Delta\nu_1) - (\Delta\nu_{c2} - \Delta\nu_{c1}) \tag{4.36}$$

测量待测信号相对于参考信号的频率差，通常测量所用参考源应优于待测源3倍以上性能，因此可以近似认为式(4.36)中 $\Delta\nu_1 = 0$。式(4.36)等号右边第二项是由公共参考信号噪声引起的，若两个差拍信号完全同步被采样、测量，则公共参考信号噪声对两个信号的影响相同，即满足 $\Delta\nu_{c2} - \Delta\nu_{c1} = 0$，代入式(4.36)即可得到待测信号的频差量 $\Delta\nu_2$。

若两个差拍信号不能被同步测量，或者通道间采样不完全同步，则受公共参考源噪声影响，不同时刻公共参考信号的随机相位噪声不相等，即 $\Delta\nu_{c1} \neq \Delta\nu_{c2}$，公共参考信号的噪声不能被完全抵消，特别是当公共参考信号受白频噪声和白相噪声等噪声类型影响时，测量结果中将不可避免地含有公共参考信号噪声。在此种条件下，测量系统的本底噪声与公共参考源的短期稳定度性能紧密相关，提升测量系统本底噪声性能，首先需要使用有更高短期频率稳定度性能的公共参考源，但公共参考源还需满足输出频率与标准频率存在频差的要求，因此通常是用频率信号合成模块实现。频率信号合成模块通常可以根据需求生成某频率范围的任意信号，常用数字频率合成器实现，其短期频率稳定度性能很难达到原子钟或是高稳晶振水平。受公共参考源的短期频率稳定度性能影响，经典的双混频时差法测量性能提升受到限制；差拍数字测频方法通过对各通道同步采样、测量，一定程度上解决了上述问题，同步测量能完全抵消公共参考源的影响。与传统的双混频时差法相比，差拍数字测频方法的测量精度能不受公共参考源频率稳定度性能的影响，因此整体测量性能有所提升(Greenhall, 2000; Low, 1986)。

4.2.4 系统误差校准方法

通过前面的分析发现，差拍数字测频方法的测量噪声来源包括模拟器件的电路噪声，信号数字化过程引入的量化误差及方法误差等，因此测量性能受各种噪声的影响。提高测量系统的测量精度，核心工作是减小测量误差。

减小测量误差的措施主要包括两类：一是控制来源，尽可能减小或隔离误差来源，如选择低噪声器件，以理论计算为依据选择满足采样率和分辨率要求的模数转换器，采取措施屏蔽电磁干扰，控制环境温度变化范围等；二是消除影响，如对误差进行校准。在采取了可能的减噪措施后，误差校准方法的效果将成为影响系统测量性能的重要因素。

由于各误差项的来源及其影响各不相同，并且相互之间并不完全独立，难以与测量结果分离。在此背景下，提出了一种系统误差实时测量与同步校准的方法。

系统误差校准基本原理是在对待测信号进行测量过程中，同步进行系统误差测量，并用测量结果实时校准。具体做法是以某个频率准确度优于待测信号的频率源作为系统误差测量源，与待测信号同步执行测量操作，参考信号与待测信号经过完全相同的频率变换、模数转换、滤波等信号处理过程，所以各主要误差来源具有强相关的特性。因参考信号频率远优于待测信号，可以将其作为具有理想标称频率的信号，测量结果中忽略其频率偏差的影响，则对参考信号的测量结果与其标称频率的偏差即为测量系统附加的测量误差，使用该测量值实时校准待测信号的测量结果，即可以校准测量系统的系统误差的影响。该方法校准有效的前提是待测通道和参考通道附加在测量结果中的噪声相同，不相同的部分不能被抵消，为系统的本底噪声。

系统误差校准原理如图 4.2 所示。测量系统至少具有两个测量通道，一个是用于测量待测源的测量通道，另一个是用于校准系统误差的校准通道。两个通道具有完全相同的结构，且模数转换器受同一时钟驱动同步采样各通道信号，上述设置均为保障两通道噪声的强相关性。参考源经测量系统测得的频率偏差结果包含频率源自身噪声、公共参考源噪声以及测量系统混频、数字化等引入误差的影响，其中参考源频率偏差可以忽略，则对参考源的测量结果主要反映测量系统的系统误差，用该结果实时校准待测源的测量结果，实现对测量系统误差的实时校准。

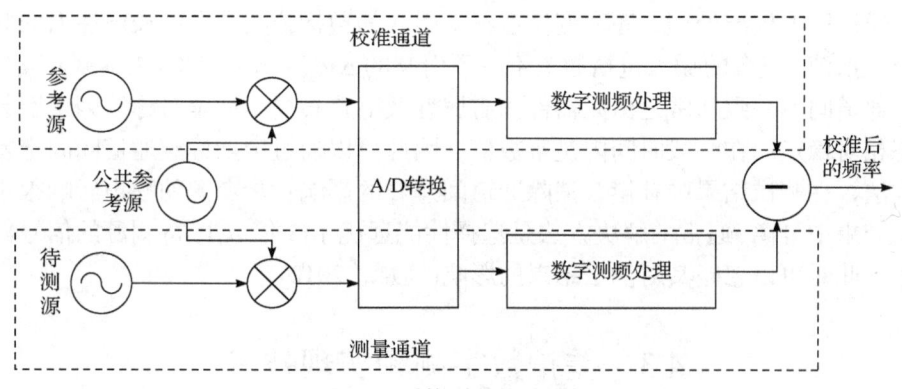

图 4.2 系统误差校准原理

需要注意的是，利用该方法实现系统误差同步自校准需要满足三个前提条件，一是参考源频率稳定度指标优于待测源 3 倍以上；二是测量设备各个测量通道结构相同，并且通道间的差异已经被校准；三是参考信号与待测信号需要严格同步测量，保证噪声的相关性。当参考源和待测源频率稳定度性能相当，难以满足优于待测源 3 倍以上条件时，需要考虑引入其他方法辅助估计系统误差。

系统误差同步自校准是差拍数字测频技术实现高精度测量的关键，其特点是只要满足通道一致性要求，可以扩展为多个通道，能用于多个频率源并行测量，理论上通道数仅受限于数字信号处理器的数据吞吐及处理能力。

以双输入通道的系统为例，系统误差校准通道输入的参考源频率为 v_0，以参考源为基准，测量通道输入的待测信号频率 $v_x = v_0 + \Delta v_x$，公共参考源输出信号的频率 $v_c = v_0 - F + \Delta v_c$，其中 F 为差拍信号标称频率，Δv_c 为公共参考源的瞬时频率偏差。

校准通道和测量通道经数字测频处理后输出的频率测量值分别用 v_0' 和 v_x' 表示，即

$$v_0' = v_0 - v_c + \Delta v_{m0} = F + \Delta v_c + \Delta v_{m0} \tag{4.37}$$

$$v_x' = v_x - v_c + \Delta v_{mx} = F + \Delta v_x + \Delta v_c + \Delta v_{mx} \tag{4.38}$$

式中，Δv_{m0} 和 Δv_{mx} 分别为测量系统附加在校准通道和测量通道上的频率误差。根据式(4.37)和式(4.38)知，单通道测得的频率值中含有测量系统附加噪声的影响，用校准通道的测量值校准各测量通道的测量值，最后得到待测信号的测量值 v_{x0} 如式(4.39)所示，即

$$v_{x0} = v_x' - v_0' = \Delta v_x + (\Delta v_{mx} - \Delta v_{m0}) \tag{4.39}$$

得到待测信号实际频率值与其标称频率值的频偏量 Δf_u，其中还包含有经校准也不能完全抵消的残余误差。

通过以上校准处理，频率变换过程中引入的包括公共参考源噪声在内的共有噪声被抵消，残余的噪声包括通道不一致引起的 $\Delta v_{mx} - \Delta v_{m0}$ 和参考源噪声等。其中，通道间不一致通常是由元器件固有属性及电路布局不完全对称等因素引起，状态相对稳定，在一段时间内是常数值，因此可以通过定期标定通道间固定差异的方法，在测试结果中补偿，消除通道间差异的影响；参考源的噪声影响很难从测量结果中分离，通常的解决方法是选择性能远优于(3 倍以上)待测源的信号作为参考，此时可以忽略其对测量结果的影响(刘娅，2010)。

4.3 差拍数字测频实现技术

差拍数字测频方法结合了模拟和数字技术，目标是突破传统测频方法受到的限制，实现更高的测量性能。本节根据差拍数字测频方法的原理，介绍一台基于差拍数字测频方法实现的频率稳定度分析仪的软、硬件模块组成，最后给出系统性能的测试情况(刘娅等，2009b)。

4.3.1 系统组成

将差拍数字测频方法转变为实用仪器,除了需要根据工作原理设计软、硬件功能模块,还需要考虑电磁干扰、仪器供电、结构优化等设备集成方面的问题,对系统进行整体设计,使仪器能实现最优本底噪声。

根据差拍数字测频方法原理,频率稳定度分析仪对待测信号的处理可以分三个阶段,由四个功能模块实现,如图4.3所示。

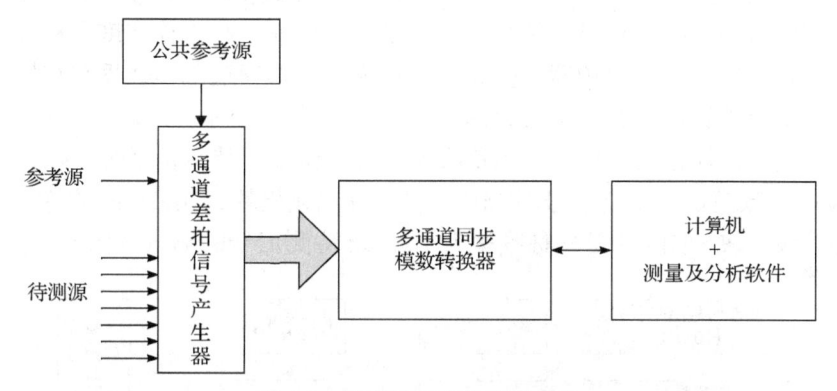

图4.3 频率稳定度分析仪结构

第一阶段为变频处理,将待测源与公共参考源输出的信号经多通道差拍信号产生器倍频、混频及信号调理,实现对待测源频率的上、下变频。其中,待测信号的个数由仪器的测量通道确定,频率稳定度分析仪设计了8个输入通道,最多可同时测量7路待测信号;公共参考源既可以采用能锁定到外参考的频率综合器,生成一定频率范围的信号,也可以采用输出单一频点的晶体振荡器,满足单一频点信号的测量需求。

第二阶段为模数转换,参考信号和待测信号分别经倍频和混频处理后,输出低频的差拍信号,其波形为正弦波,将差拍信号输入多通道同步模数转换器,对模拟差拍信号进行量化采样。为减少公共参考源的影响,要求各个通道信号必须被同步采样,受同一采样时钟驱动。

第三阶段是在计算机或是数字信号处理器中对数字化后的差拍信号进行分析,计算待测信号的频率或是与某通道信号的相位差,并进一步根据频率或相位结果实现对待测信号的频率稳定度分析。分析软件还具有对测量结果实时图形化显示、数据存储及其他常见的测量仪器功能。

4.3.2 系统设计与实现

频率稳定度分析仪分为硬件和软件两个组成部分。硬件主要完成对待测信号倍频、混频、信号调理和数字化等处理,并提供数据接口送入数字信号处理器中;软件是仪器的核心,负责待测信号的频率粗测、频率精测、频率稳定度分析,数据存储、图形化显示,与硬件通信和用户交互操作等任务。

1. 硬件设计与实现

面向原子频率标准测试的频率稳定度分析仪的主要功能:同时测试 8 路信号(含 1 路参考信号)的频率或相位差,并根据测试数据进行实时频率稳定度分析、信号完好性监测、图形化显示等操作。根据功能要求,频率稳定度分析仪的硬件主要由倍频模块、正弦差拍器、公共参考源模块、多通道同步数据采集器和运行频率稳定度分析软件的数字信号处理器组成,其结构如图 4.4 所示。其中,倍频模块属于选件,根据待测信号的标称频率选配。例如,待测信号为 5MHz 时,需 20 倍频的倍频模块,待测信号 10MHz 需要 10 倍频模块,100MHz 的待测信号则不需要倍频模块。图 4.4 是标称频率为 10MHz 待测信号的测量结构。

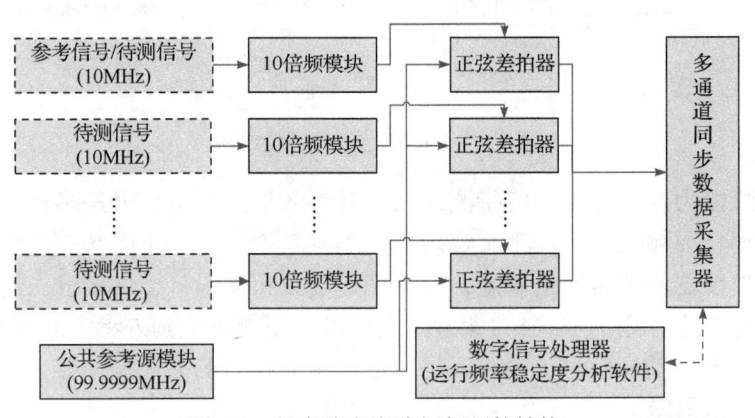

图 4.4　频率稳定度分析仪硬件结构

10 倍频模块将标称频率为 10MHz 的信号倍频到 100MHz,根据频差倍增原理,10 倍频能提高测量分辨率 10 倍,倍频模块输出的信号与公共参考源模块的输出一起经正弦差拍器混频、低通滤波,输出标称频率为 100Hz 的差拍信号,各路差拍信号进入多通道同步数据采集器,8 个模数转换器件受同一时钟驱动采样信号,将各差拍信号同步数字化,数字信号被送入数字信号处理器,经过频谱分析、数字互相关、拟合等处理,实现频率或相位差的高精度测量和频率稳定度实时分析。

正弦差拍器主要功能有两项:首先是混频两输入信号,实现对待测信号降频,器件选型时为提高分辨率,采用鉴相器实现混频功能,输出正弦型信号;其次是对混频信号进行调理,包括放大和滤波。因为混频后输出信号的功率太小,不利于量化及测量,所以需要对信号进行放大,滤波是为了滤除混频输出的高频分量和多次谐波,以及抑制带外噪声。

根据测量功能、分辨率及数据实时性分析要求,分解出实现频率稳定度分析仪需要 8 个独立且同步的模数转换器,满足单通道采样率不小于 100kHz、分辨率不少于 16 位、采样时钟精度优于 50μs 等基本指标要求。

图 4.5 为基于差拍数字测频方法研制的频率稳定度分析仪外观照片。

图 4.5 频率稳定度分析仪外观照片

频率稳定度分析仪的基本组成模块包括电源模块、公共参考源模块、正弦差拍器模块、数据采集模块,以下将分别介绍各模块的设计思想、器件选择约束条件等内容。

1) 电源模块

电源如人体的心脏,是所有电设备的动力之源,掌管着系统的驱动力,是仪器非常重要的电路模块之一。电源电路的选择和设计直接关系到设备的电磁干扰/电磁兼容(EMI/EMC)规范,甚至关系到设备的基本性能。

根据不同的工作原理可将电源分成三类,即线性稳压电源、电荷泵电源和开关稳压电源,它们都有各自的特点及适用范围。线性稳压电源的优点是成本低、噪声低,具有低的静态电流,缺点是转换效率不高;电荷泵电源优点是成本较低,无需电感,外围电路只需几个电容,体积较小,能够提供 95%的效率,缺点是固定开关频率时产生较大的噪声和静态电流;开关稳压电源具有高效率、高输出、低静态电流等特点,但该类电源控制器的输出波形和开关噪声较大。

测量仪器系统危害最严重的干扰来源之一是电源污染,根据本系统低本底噪声设计的要求,需要设计可靠的、抗干扰性能良好的电源模块,这对提高系统的抗干扰性能非常重要。电源模块的主要参数有成本、效率、输出波形、噪声及静态电流,对于本系统的设计,效率与噪声是两个重要的考虑因素,前者决定了系统可持续工作的寿命,后者决定了系统的稳定性。

本系统中电源以外其他三种模块分别需要+12V、−12V 和+5V 的直流稳压电源,所需电流约为 2.5A,根据设计参数选择要素,选择具有低纹波、低压差等特点的线性电源。根据线性电源的性能指标情况,还可以选择增加一级直流转直流(DC-DC)的稳压电路,若需要 DC-DC 转换器,则在电源选型时还需要考虑功耗余量。例如,根据本系统的电压、电流需求,以及考虑设计余量,有多种电源方案可供选择,一种方案是选择直接能提供上述电压、电流需求的电源模型,适当提高功耗参数,确保为功耗变化留足余量。该方法优点是方便,易实现,但需要的电压有三种,导致电源体积较大。另一种方案是满足系统中最高电压需求,然后通过直流转换器生成低电压。该方案电源模块小,但需附加直流电压转换电路,且电压变换过程本身会消耗部分功率。

按需生成了各模块的供电电压信号后,进入各个模块供电端口之前,通常还需要对电源进行滤波,如跨接 $0.01\mu F$ 和 $10\mu F$ 等值的电容,有助于抗干扰。

电源的外围配套电路设计中选用较低等效串联电阻(ESR)的大电容有助于全面提高电源波纹抑制比。本系统电源模块使用了大量的电解电容,一方面起滤波作用,另一方面对稳定参考电压(芯片的工作电压)有益。对于输入/输出电容的要求,一般是输入电容要尽可能大,ESR 可以适当降低,这是因为输入电容主要是耐压。输出电容的耐压和容量可以适当降低,但要求 ESR 要够高,这是因为要保证足够的电流通过量。为防止高频信号的窜入,在输出端口建议增加一组滤波电容。

2) 公共参考源模块

公共参考源模块的主要功能是生成一个公共参考信号,并分配为多个相同的信号,为每一个输入通道各提供一个参考信号。根据功能要求,公共参考源模块应包含如下功能单元:高稳晶体振荡器单元、频率分配放大器单元、频率偏差产生单元,其结构如图 4.6 所示。

图 4.6 所示的频率分配放大器包括了一分二和一分八两种型号。一分二频率分配放大器的输入是参考信号,参考信号可以是来自仪器外部的输入信号,也可以使用仪器内部高稳晶体振荡器单元的输出信号,如图 4.6 中虚线所示,虚线表示可选连接。参考信号经一分二频率分配放大器后输出两路相同的信号,一个作为测量仪器系统误差的校准信号,关于系统误差校准的详细内容参见 4.2.3 小节;另一个作为频率偏差产生单元的参考信号,使频率偏差产生单元输出的信号锁定到参考信号,频率偏差产生单元的输出信号即公共参考信号。该信号具有以下特点:其频率与参考信号频率的频差为确定值,且满足大于 1Hz、小于 1kHz;与参考信号同源,部分噪声具有相关性。生成的公共参考信号经过 1 个一分八的频率分配放大器单元,分成 8 个相同的公共参考信号,分别输入各正弦差拍器模块的

第 4 章 差拍数字测频

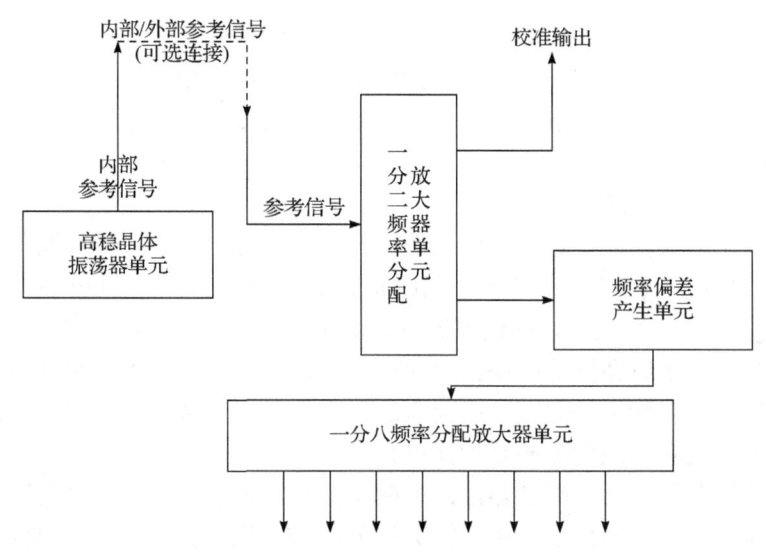

图 4.6 公共参考源模块功能单元结构

其中 1 个输入端。

频率分配放大器单元的主要功能是将输入信号无差别地分成多个信号，对应的指标要求是信号经频率分配放大器单元后输出信号与输入信号相比，各通道附加的随机相位噪声应小于测量系统的本底噪声，因此可以忽略频率分配放大器附加相位噪声的影响。

高稳晶体振荡器单元是在没有参考信号可作为参考输入时，为仪器提供参考信号，因此其基本要求是输出信号的频率准确度、稳定度优于待测信号 3 倍以上。为了满足常见原子频率标准，如测量频率准确度优于 6×10^{-12} 的铯原子钟，要求高稳晶体振荡器的频率准确度优于 2×10^{-12}。考虑到晶体振荡器的温度、老化漂移等特性影响其输出频率的准确度，因此建议使用之前先对其输出频率进行标校。

频率偏差产生单元的主要功能是以参考信号为基准，生成指定频率的信号，要求输出信号功率满足驱动频率分配放大器、正弦差拍器的需求(典型信号功率为 7~13dBm)，鉴于频率稳定度分析仪的多通道同步测量的系统结构，对公共参考源的稳定度要求较双混频时差法更低，秒级频率稳定度优于 1×10^{-12} 即能忽略其对 10^{-14} 量级系统本底噪声的贡献。满足上述要求的频率合成方案有多种可选，包括基于锁相环的频率合成、直接数字频率合成(DDS)等，各有特点。频率稳定度分析仪先后实验了锁相环的频率合成和直接数字频率合成两种方案，考虑到 DDS 的可以合成较宽范围的频率信号，较锁相环仅能生成点频信号具有更灵活的频率测量范围的优势，最终频率稳定度分析仪选择 DDS 方案，生成与参考信号频率频差在 1~100Hz 可调的信号，然后经一组滤波器滤除带外噪声后，对信号进行功率放大，使其功率符合 7~13dBm 区间后输出。对频率偏差产生单元的基本要求是输出信号的频率准确度、频率稳定度指标均与参考信号相当，即可以忽略频率偏差产生单元附加噪声的影响。频率偏差产生单元的锁相环方案设计内容可参考文献王国永(2012)。

3) 正弦差拍器模块

正弦差拍器模块的任务是将待测信号与公共参考信号通过信号调理、混频、滤波、放大后输出正弦差拍信号，差拍标称频率的范围为 1~300Hz(频率范围与滤波器带宽对应)。系统设计的通道容量是 8 个，在系统设计过程中，通过实验发现，将多个通道集成在同一电路板上导致的电磁干扰问题较多，并且不利于系统通道的扩展，最终确定各通道采用独立的正弦差拍器方案，因此正弦差拍器模块至少包括 8 个具有相同功能的差拍器单元。

正弦差拍器是一个三端口器件，有两个信号输入端口和一个输出端口，其中一个输入接入公共参考信号，另一个接入待测或参考信号。当输入为参考信号时，该通道的测量结果为系统误差校准值，用该值校准其他通道测量待测信号的结果，有关系统误差校准的内容参见 4.2.3 小节。

正弦差拍器与其他差拍器的主要差别是输出信号波形为正弦波，其结构如图 4.7 所示。衰减器主要用于调整输入信号的幅值，使其匹配鉴相器的最佳工作区间。鉴相器直接输出的差拍信号由于叠加了载频、多次谐波及随机噪声等分量，需要使用低通滤波器滤除带外噪声，考虑到经鉴相器和低通滤波器后输出信号的功率较小，还需通过低噪声放大器对差拍信号放大，提高信噪比。

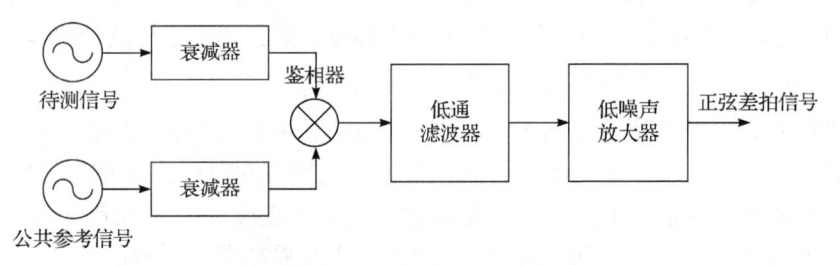

图 4.7　正弦差拍器结构

正弦差拍器的主要功能是频率的下变换，混频器和鉴相器均可实现该功能，本方案使用鉴相器，鉴相器又称相位比较器，是两个输入信号之间的相位差与其输出电压有确定关系的电路，其本质是一个乘法器。

公共参考信号 $v_c(t)$ 和待测信号 $v_i(t)$，以公共参考信号为基准，两信号分别用式(4.40)和式(4.41)表示，即

$$v_c(t) = V_c \cos(\omega_c t) \tag{4.40}$$

$$v_i(t) = V_i \cos[\omega_i t + \theta_i(t)] \tag{4.41}$$

式中，V_i 和 V_c 分别为待测信号和公共参考信号的幅值；ω_i 和 ω_c 分别为待测信号和公共参考信号的角频率；$\theta_i(t)$ 为待测信号相对公共参考信号的初始相位差值。

经鉴相器后输出信号用式(4.42)表示，即

$$\begin{aligned}&K_m v_i(t) v_c(t) \\ &= K_m V_i \cos[\omega_i t + \theta_i(t)] \cdot V_c \cos(\omega_c t) \\ &= \frac{1}{2} K_m V_i V_c \sin[\omega_i t + \omega_c t + \theta_i(t)] + \frac{1}{2} K_m V_i V_c \sin[\omega_i t - \omega_c t + \theta_i(t)]\end{aligned} \tag{4.42}$$

式中，K_m 为乘法器的系数。式(4.42)中第二个等号右侧的第一项是高频分量，第二项为含有待测信号与公共参考信号相位差的低频分量，为测量对象。

具有相乘特性的器件有很多，如二极管平衡相乘器、二极管双平衡相乘器(环形相乘器)、三极管相乘器等。

滤波器的任务是"除去噪声频率，选择目的信号"。正弦差拍器中滤波器是整个仪器设计的关键，滤波器剔除差拍信号中谐波、杂波和噪声的能力直接决定了差拍信号的频率成分，包含的频率分量越多，待测信号频率的测量误差就越大。

滤波器设计关键是确定滤除对象，滤除对象统称为噪声，噪声也有很多种，如果希望检出的信号与希望除去的噪声频率成分很明确，就很容易确定出最合适的滤波器及其特性，也可以定量地表达它的滤波效果。但是工作环境不同，噪声类型也各不相同，导致噪声对象通常不明确，很难用"具有某种特性的滤波器"来定向清除。最常见的噪声是白噪声，白噪声是一种均匀地包含所有频率的噪声("白"是各种基本颜色的综合表现)，如电阻器产生的热噪声、二极管产生的噪声等都是白噪声。噪声的大小还与器件所处环境有关，如电阻器产生的热噪声与绝对温度、电阻值及带宽的平方根成正比。滤波器对白噪声的滤波效果可以被计算。

假设带宽为 1MHz 的放大器产生了 1Vrms 白噪声(Vrms 为噪声信号的电压均方根，表示噪声电压的有效值)。此时若在其中插入一个 10kHz 的低通滤波器(LPF)，那么输出噪声可用式(4.43)表示，即

$$1\text{Vrms} \times \sqrt{\frac{10\text{kHz}}{1\text{MHz}}} = 0.1\text{Vrms} \tag{4.43}$$

在滤波器设计中，除了对白噪声的考虑，滤波器的通带、过渡带、截止频率、衰减陡度等各项指标与选择的滤波器模型、阶数都有关系。在进行滤波器设计之前，要了解不同类型滤波器的频率响应，根据需求选择合适的滤波阶数。通常滤波器阶数根据希望除去噪声的频率和电平选择，同时兼顾考虑截止频率附近衰减区域的衰减陡度需求。另外，当截止频率附近有大的噪声时，则需要使用高阶滤波器。

滤波器模型常见的分类方法可根据是否需要电源分为有源滤波器和无源滤波器，各有几种典型的模型，下面分别介绍其特点。

无源滤波器的典型结构是由阻抗随着频率变化的元件(电容 C 或是电感 L)组成，如电阻-电容(RC)滤波器，元件数目越多，滤波器阶数越高，则衰减陡度越大。一阶滤波器的衰减陡度不会超过-6dB/oct，在使用一阶无源 RC 滤波器觉得不够满意的场合，可以采用将 RC 滤波器多级连接，形成高阶滤波器。增大截止频率的衰减陡度。但是，因为在前后级阻抗及特性的设定问题上没有选择自由度，所以实现高阶无源滤波器的难度非常大。在 RC 滤波器多级连接时，如果各级都采用相同的电阻值和电容值，由于相互之间存在阻抗的影响，在截止频率附近会形成"溜肩膀"，使滤波器的截止特性恶化。如果按照从低阻抗到高阻抗的顺序排列，形成"端肩膀"，因此能够获得良好的截止特性和衰减特性。

相较 RC 滤波器，有源滤波器和电感-电容(LC)滤波器更容易获得敏锐的截止特性。有源滤波器的典型结构是由 RC 和放大电路网络组成的，其中放大电路通常用运算放大器(OP)实现。RC 滤波器中如果使用了 OP，那么各级滤波器的输出阻抗与截止频率 f_c 无关，输出阻抗就容易做得很低。因此，有源滤波器不仅体积小，而且前、后级之间能独立设计，便于分别确定各级滤波器的截止频率，以及确定决定 Q 值的 RC 参数。

常用的有源滤波器有正反馈型低通滤波器、多重反馈型低通滤波器。正反馈一词可以从电容器的配置来理解，因为通过电容器从输出端反馈到正输入端，电路需要一个 OP，连接缓冲器的增益为 1，所以不需要使用决定增益量的电阻，它能够以较少的元器件数目实现二阶滤波，因此使用得非常多。因为 OP 连接着缓冲器，所以使用 OP 时必须事先确认即使连接缓冲器也不会发生振荡，能够稳定地工作，有时也可以在反馈电路中插入电阻和电容以防止发生振荡。

Q 值大时，频率特性会出现凸峰，OP 的输出容易饱和，因此多阶滤波器级联时，级联电路通常按 Q 值由小到大的顺序接续。同时，因为电阻器都变成了 OP 的负载，所以电阻器的电阻下限值约为 1kΩ。这些电阻因 OP 的偏置电流而产生直流失调电压，因此作为应用参数，在双极输入 OP 的场合其上限应在几十千欧左右。不仅是有源滤波器，而且在 OP 电路中，如果电阻值太大，也容易导致混入感应噪声，电阻自身的热噪声也会导致信噪比恶化，所以在要求必须是低噪声电路时，应当尽量选择小的电阻值。相反，在要求消耗电流低的场合，为了减轻负载应选用较大的电阻值。

有源滤波器中使用 OP，能够在滤波的同时兼有放大功能。可在奇数阶次如三阶或五阶有源滤波器中，使第一级 $Q=0.5$ 的电路(一阶低通滤波器)具有增益放大功能。由所使用元件误差引起特性变化的程度称为元件灵敏度，正反馈型一阶低通滤波器的元件灵敏度高,因此会加重增益误差引起的特性恶化。

多重反馈型低通滤波器是另一种常用的有源滤波器,多重反馈型 LPF 能减小元件灵敏度和失真特性。多重反馈系统中电容器的取值也因 Q 值而不同,所以不利于制作。它的优点是具有良好的高频衰减特性和失真特性,而且也能够降低元件灵敏度。

一般来说,如果 OP 的正负输入端有大的波动,那么由输入工作点的变化导致增益和输入电容发生微小变化,容易产生失真,所以在增益小的场合,运算放大器输入波动大的非反转放大电路的失真特性往往要比反转放大电路差。与由这种电路形式构成的正反馈型低通滤波器相比,多重反馈型低通滤波器有更好失真特性。例如,比较截止频率同为 1kHz 的四阶巴特沃思一阶低通滤波器失真特性测量结果,正反馈型低通滤波器由于 OP 的种类不同而呈现出大的失真变化以及零乱的测量数据,而多重反馈型低通滤波器不论使用任何类型 OP,都只测到接近失真测量极限的小失真。

对于有源滤波器,当频率提高时,OP 的增益减少,导致反馈量减少,因此在高频范围需要提高 OP 的输出阻抗。这也表明虽然是低通滤波器,但是在高频范围未必能够实现低通滤波功能。图 4.8 分别给出正反馈型一阶低通滤波器和多重反馈型一阶低通滤波器对高频信号的频率响应。正反馈型一阶低通滤波器中输入信号通过电容器出现在输出端,所以高频范围的衰减特性显得迟钝。对于多重反馈型一阶低通滤波器,最前面的电容器连接在信号与地之间,只要电容器具有良好的高频特性,那么即使 OP 的衰减量减少,特性的恶化也不明显。同等四阶巴特沃思一阶低通滤波器测量结果显示,多重反馈型一阶低通滤波器在高频范围的衰减大,另外增益-带宽乘积(GBW)低的 OP 在高频范围的衰减量小。

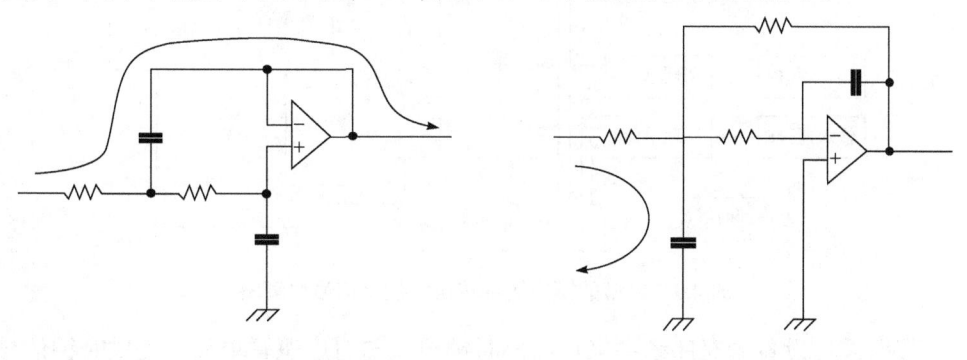

(a) 正反馈型一阶低通滤波器　　　　　　　(b) 多重反馈型一阶低通滤波器

图 4.8　正反馈型一阶低通滤波器和多重反馈型一阶低通滤波器对高频信号的频率响应对比

有源滤波器高频衰减特性恶化不仅因为 OP 反馈量减小,还与印制电路板的配置及电源阻抗有关系，所以在处理几十千赫兹以上的信号时，必须充分注意 OP 的选择和实际安装。如果要求阻止的噪声涉及高频信号，超过 OP 的转换速率或是处理频率时，应在有源滤波器的初级配置一个 LC 滤波器，在高频成分被充分地衰减后再将信号输入有源滤波器。

滤波器的副作用表现在时间响应上。当使用频率滤波器时，输出波形必然产生时间滞后，不能在输入的同时得到输出波形。滤波器的带宽越窄，除去噪声的能力就越强，但信号有急剧变化时滤波器输出达到稳定状态所需要的时间也越长。

综上所述，根据预期目标，正弦差拍器的低通滤波器由无源滤波器和五阶多重反馈型滤波器组合实现。

4) 数据采集模块

数据采集模块的主要功能是将正弦差拍器的输出信号转换为数字信号，并在应用程序控制下将数字信号通过数据线送入数字信号处理器中。

数据采集过程是将模拟的差拍信号经过信号调理、采样、量化、编码和传输等步骤，最后送到数字信号处理器中进行处理、分析、存储和显示的过程。通常，模拟信号转化为数字信号需要经历时间离散化和数字离散化两个过程。时间离散化是对连续的模拟信号，按照一定时间间隔提取相应的瞬时值，得到离散时间信号(即采样信号)，采样信号再经过量化变为量化信号，最后编码转换为时间与数值都离散的数字信号。图 4.9 是典型的模拟信号转换为数字信号经历的调理、采集原理。

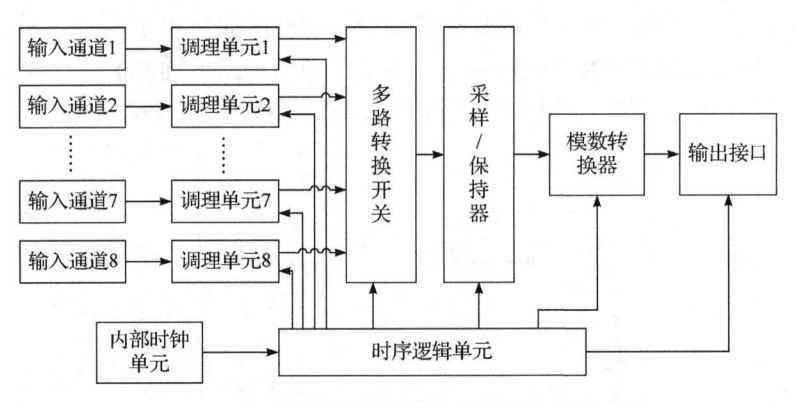

图 4.9 典型的模拟信号转换为数字信号原理图

数据采集设备的时序统一来自内部时钟单元与时序逻辑单元，提供时钟信号给各个单元；调理单元主要功能是对模拟信号放大和滤波等，放大器能将信号放大/衰减至采样环节的量程范围内，以增加数字化信号的精度，通常放大器的增益可调或是具有多种不同的增益倍数，滤波器滤除干扰信号和不满足采样条件的信号；提取反映待测物理量的有效信号按通道输入采样/保持器，采样/保持器在时钟信号的作用下同步采集各路信号；模数转换器将采样/保持器的输出信号转换为数字量输出，并完成信号幅值的量化；最后经过输出接口传送到数据信号处理器。

数据采集设备选型的主要依据包括规格参数、接口形式、外形等。其中，最重要的规格参数是采样率、采样分辨率和同步采样通道数，需确保满足系统设计要求。采样率的需求根据差拍信号的标称频率及系统本底噪声设计目标共同确定，通常要求单通道采样率不低于差拍信号标称频率的 10 倍，在采样率满足条件的情况下，采样分辨率越高越好。对采样通道的要求包括采样通道数和是否能同步采样两方面，根据频率稳定度分析仪的设计目标，需要能支持 8 个信号同步测量的数据采集设备，即要求能同步采样的模拟输入通道数不少于 8 个，且各通道模数转换器受同一采样时钟驱动，确保采样的同步性。

数据采集设备的常见接口形式有网口、PCI、PCI Express、PXI、SCXI、USB和无线等多种可供选择，各有适用场合。频率稳定度分析仪中所使用的数据采集设备的接口形式选择与数据处理器支持的接口形式、接口支持的上限通信速率有关，选择满足数据通信速率要求，且接口与数据处理器兼容的即可。此外，选型时还需兼顾电磁环境、设备外形体积等影响仪器整体性能的因素。

2. 软件设计与实现

频率稳定度分析仪的主要功能通过软件实现，包括基于数字互相关的频率、相位差测量、频率稳定度实时分析、图形化显示、数据存储，以及与硬件通信和用户操作等。软件开发基于可以直接适配数据采集器的 LabWindows/CVI 平台，根据功能将软件划分五个模块：参数配置、数据处理、数据通信、数据管理、人机交互及显示，各模块关系及结构如图 4.10 所示(刘娅等，2009a)。

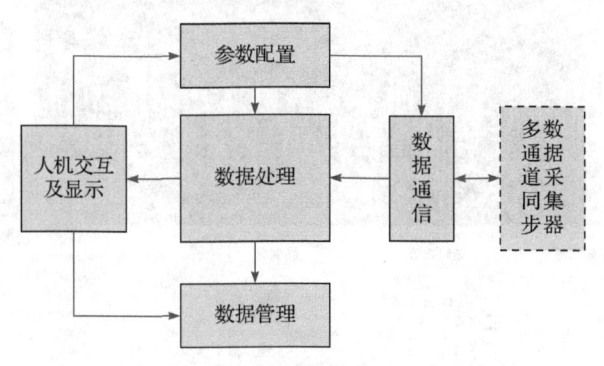

图 4.10 频率稳定度分析仪软件功能模块关系及结构(刘娅等，2009a)

数据通信模块按照用户输入的参数配置，读取来自多通道同步数据采集器输出的数字信号，输出到数据处理模块。

数据处理模块首先对数据按通道进行分类及执行频率粗测，得到待测信号的频率整数值,然后继续执行精测程序,精测有频率测量模式、频率校准测量模式和相位差测量模式三种测量模式,可由用户分别针对不同的应用需求在软件主界面选择。频率测量模式是为了满足普通精度的频率源测试,如秒级频率稳定度 1×10^{-12} 的测量需求,此时仪器内部的高稳晶振满足作为测试参考,因此无需外部输入参考信号。频率校准测量模式是针对高性能频率源测量需求,该种模式下需要标称频率相同、性能优于待测信号的信号源作为测量参考,根据前文所述,参考信号的测量结果反映测量系统附加的测量误差,用于实时校准其他通道的测量结果。当待测源与参考源的性能相当时,可以选择任意通道的信号作为参考信号进行测试,然后采用三角帽法校准结果。相位差测量模式是在多个待测源标称频率相同、频率偏差较小、频率稳定度性能相当时,以某个输入信号为参考信号,测量其他信号与参考信号之间的相位差。

结合粗测与精测的测量结果,根据积累的测试数据数量默认按 1s、10s、100s、1000s、10000s 等典型取样时间计算频率稳定度值,并输出给人机交互及显示模块,以绘图或数值等形式显示在界面上。

数据管理模块用于实时保存测量结果,以及存储对应测量结果的产生时间、通道编号、测量模式、差拍标称频率等信息,便于用户事后查询相关结果或状态。

图 4.11 是运行中的频率稳定度分析仪软件主界面的截图。主图显示当前 8 个通道输入信号在频率测量模式下的实时频率测量值,用不同颜色的曲线区分测量通道,右下角表格中最后一列是各通道输入信号的秒级稳定度。

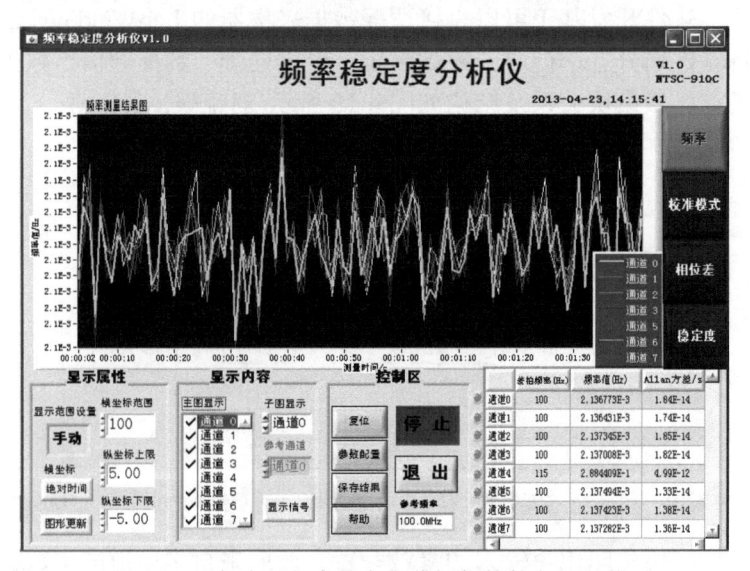

图 4.11 运行中的频率稳定度分析仪软件主界面截图

1) 软件时序设计

软件时序设计是为了合理地设计运行时序，并针对需要并行运行的功能模块给出时序解决方案。

频率稳定度分析仪的软件时序流程如图 4.12 所示，虚线表示可选任务启动时程序执行的时序。

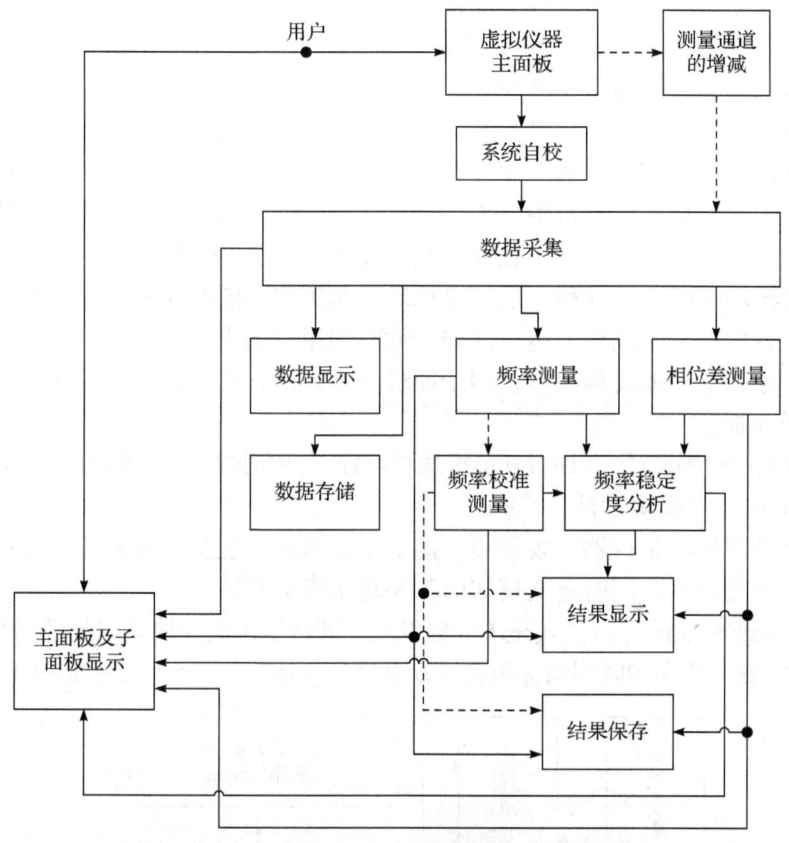

图 4.12 频率稳定度分析仪的软件时序流程图

当仪器加电时自动启动软件，将首先启动虚拟仪器主面板，面板上包括了功能控制按钮和显示区域，与常规测量仪器的面板及实体按键相似。在正式开始测量之前需对仪器进行初始化，主要包括工作参数配置、系统自校等。然后开始测量，数据采集程序执行采集任务，采集正弦差拍信号数字化后的数据，数据采集任务由数据采集模块按预设参数采集足够数据的事件触发。采集到的数据分别送给数据显示、数据存储、频率测量或相位差测量(用户设置的测量模式)三个功能模块；频率测量或相位差测量模块接收到数据后执行测量任务，生成测量结果后自动调用频率稳定度分析任务。最后测量结果及频率稳定度分析结果被分别送到结果显示和结果保存程序，执行显示和存储任务。另外，当用户单击主界面"校准模式"按键时启动频率校准测量，频率测量的结果还将继续被送到频率校准测量处理程序利用参考通道的测量值实时校准系统附加的测量误差，之后的数据处理时序与频率测量程序完全相同，如图 4.12 中的虚线流程所示。

数据采集模块采集的数据、频率测量或频率校准测量模块生成的测量结果、稳定度分析结果都可以在软件主面板及子面板显示，显示内容可由用户设置。另外，图 4.12 中所有功能程序在主面板上均有对应的控制按键，包括测量通道的增减等任务都能实时响应用户的配置。

软件正常工作状态下，根据图 4.10 所示的模块与对应功能程序划分，数据处理模块和数据通信模块在程序中并行运行，即当执行数据采集任务时，频率测量或是相位差测量也正在进行中。为了满足其同步性要求，将两个模块的执行分配到不同线程中并行执行，其中数据采集功能运行在辅助线程，以后台方式工作。数据处理模块运行在主线程，以消息循环机制工作，随时响应用户的各项指令，多线程并行保证了不同任务运行的同步性。当用户请求查看仪器子面板时，主面板通过创建新的辅助线程执行仪器子面板显示，用户可以同时打开多个测量通道的仪器子面板。

通过上述时序设计，程序各功能模块相对独立，同时兼顾系统的实时性和协调性。

2) 数据处理模块设计

数据处理模块是仪器实现测量功能的主要模块，包括频率测量、频率校准测量、相位差测量等，同时还支持实时频率稳定度分析。

数据处理模块的运行模式是事件触发式，即数据采集模块采集到数据并写入安全队列时，安全队列的队列满标识会自动触发模块运行，其操作流程如图 4.13 所示。

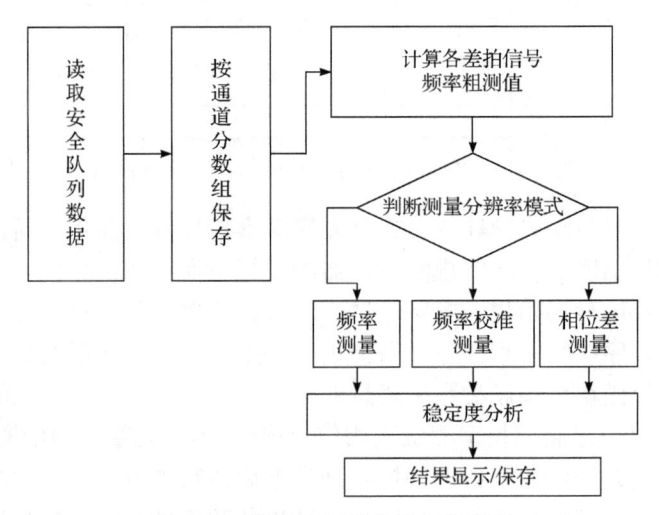

图 4.13 数据处理模块操作流程图

读取安全队列数据后，为了能分别计算各个通道的输入信号，需要将数据块按通道分类保存于不同数组，然后采用粗测算法计算差拍信号的整数频率值。

数据处理功能模块为满足不同精度的频率源测量需求，设计了"频率粗测"、"频率测量"和"校准测量"三种测量分辨率模式，大致对应 1×10^{-5}、1×10^{-12} 和 1×10^{-14} 量级的测量分辨率，软件中对所有通道的信号默认执行"频率粗测"，根据用户在主界面选择的"频率测量"或"校准测量"控制按钮启动对应功能。系统自动运行时默认执行"频率测量"模式，只有在用户单击"校准测量"按钮时，将在"频率测量"生成的结果基础上进一步执行实时校准系统误差，抵消测量系统附加噪声的影响，实现本仪器最高分辨率的测量。

下面分别介绍五种频率测量方法。

(1) 频率粗测。

频率粗测是为了获得单位时间内差拍信号的整周期个数，有多种测量实现方案，常见的有频谱分析法、三点测频法等。通过频谱分析得到功率最大点对应的频率值即为差拍信号频率粗测值。频谱分析法测频的分辨率由采样数与采样率的比率确定，比率越大分辨率越高；三点测频法是通过等间隔采样，利用三角函数变换，导出差拍信号的线性方程，进而拟合出方程的系数，得到差拍信号的频率粗测值。

(2) 频率测量。

根据前述数字互相关法的测量原理，频率测量需要连续的两组采样数据(采样一组数据的周期典型值为 1s，也可以是其他值，如 10ms 或 100ms)，即需要连续采集两组数据，因此软件的频率测量功能模块需保证时间相连的两组采样数据可用，定义两个二维数组静态变量，分别用 A 和 B 表示当前秒和上一秒所采集的数组，当新数据到来时，按照先进先出原则先将当前数组 A 的数据赋值数组 B，然后将新数据赋给数组 A。数组的维数由启用的测量通道个数确定，匹配仪器的硬件输入通道数。频率测量程序流程如图 4.14 所示。

图 4.14 中显示了数组 A 和 B 分别被赋值、处理的过程，另外，"第一次采集数据"标志位将在用户停止频率测量功能后被复位，以保证每次测量使用的是连续、最新采集的数据。

(3) 频率校准模式。

频率校准模式对各通道信号的测量流程与频率测量模式相同，区别在于还需利用参考信号同步测量系统误差，并实时校准各通道待测信号的测试结果。

根据图 4.14 所示流程，通过循环语句依次获得参考源及其他待测源的频率测量值，然后将参考源的频率测量值作为系统误差，实时校准各待测源的频率测量值，得到校准频率测量值，最后还需要使用软件界面输入或者最新一次执行通道

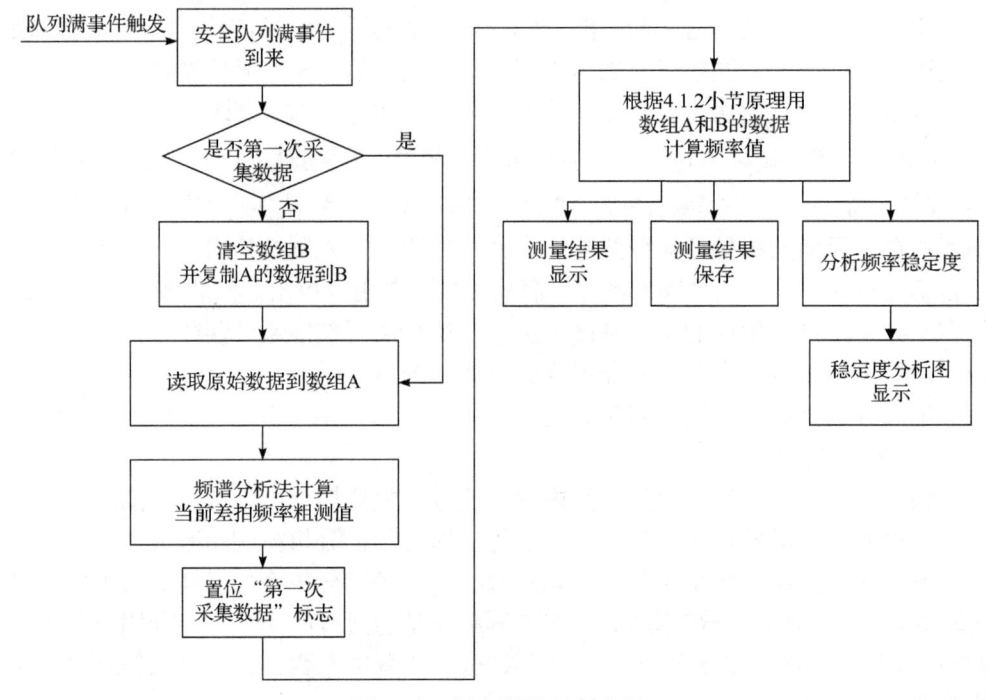

图 4.14 频率测量程序流程

偏差校准获得的通道校准值补偿通道间偏差。

(4) 相位比对。

相位比对是频率稳定度分析仪为了比较、测量任意两通道间，或任意通道与参考通道间相位差而设计的功能，与频率测量模式下数据处理流程不完全相同，比对相位需要两个标称频率相等的信号源，它们分别被接入仪器的任意两个输入端口，并选择主界面的"相位差"按键，软件首先根据工作参数进行初始化并对配置内容进行合理性检测，当确认有符合频率测量范围且不少于两个输入信号有效时启动测量，以比对"通道1"和"通道2"信号的相位差为例，执行以"通道1"为参考相位，减去"通道2"相位，得到"通道2"相对于"通道1"的相位差。

相位比对程序流程如图4.15所示。该种模式下，软件每一次读取原始数据之前先定义一个二维数组，并分配"单通道采样数×输入信号个数×双精度字长"的内存空间，多维数组分别用于存放各通道的采样数据。与频率测量流程相似，需要先测量各通道差拍信号频率粗测值，然后采用相位差测量原理比对各通道信号与参考信号的相位差值，测量结果可以按用户配置显示在主面板、子面板上或存储在文件中。还可以根据相位差值实时分析对应待测源的频率稳定度。

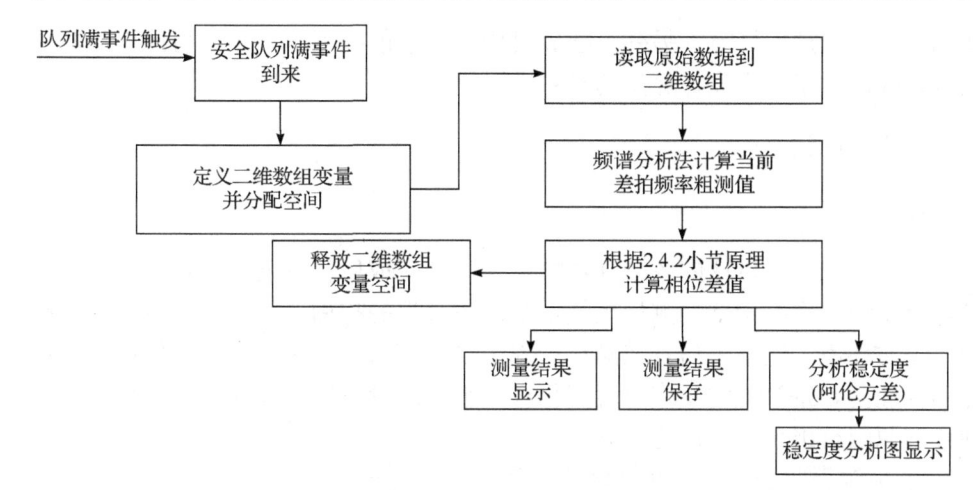

图 4.15 相位比对程序流程图

(5) 频率稳定度实时分析。

频率稳定度是衡量频率源性能的一项重要指标。稳定度的计算方法有很多种，如阿伦方差、修正阿伦方差、阿达马方差等，随着新型原子钟或噪声类型的出现，未来还可能出现新的工具，其中应用较广的是阿伦方差表征的频率稳定度。根据阿伦方差的定义，计算频率稳定度既可以使用频率偏差数据，又可以使用相位差值，分析结果等价。

频率稳定度分析软件通常用于事后分析，如 Stable32 就是一款分析频率稳定度的软件，通过导入文件中的频率偏差数据或相位差值数据分析其信号源在不同取样间隔下的频率稳定度。

频率稳定度实时分析的难点在于计算量随着测量时间的增加而增大，可能超出处理器及存储空间能力，以致运算所需时间长到难以满足实时分析。以阿伦方差计算为例，若有 10000 个频率值需要分析稳定度，需要分别计算取样时间 $\tau=1s,2s,\cdots,1000s$ 时的频率稳定度，则每增加一个频率值，所有数据需要重新参与计算一次。计算量随着数据量增加呈指数级增加，数据处理时延也越来越大，可能影响其他功能的正常执行。

为了在不额外增加处理、存储资源前提下，满足用户对频率稳定度在线分析的需求，同时不破坏软件的正常工作时序，频率稳定度分析仪采用了折中解决方案，主要包括以下两方面。

首先，挑选典型的取样时间，而不是计算所有取样间隔的频率稳定度，如计算 $\tau=1s,10s,100s,1000s,\cdots$ 等典型值，这样既能反映频率的稳定度性能，又大大降低运算量。其次，采用数据迭代的方法处理新加入的数据，取代每加入一个新数据就计算所有历史数据。所谓数据迭代的方法就是充分利用历史计算结果，仅将新加入的数据迭代计算。另外，在满足用户需求前提下，限制参与计算的数据总量也是降低频率稳定度计算量的有效手段。

4.3.3 系统优化

1. 硬件优化

频率稳定度分析仪的各硬件功能模块设计完成后，系统结构、工艺、材料等设计对系统实现高精度的测量至关重要，不合理的布局会使内部走线混乱，影响内部电磁环境，使精密信号在测量过程中受噪声污染的风险增加，如系统的热设计不合理会导致系统的工作温度变化进而影响测量系统的稳定性。本小节针对几种典型原因给出系统的优化方案。

1) 电源引起的电磁干扰及优化方案

系统中电源作为电子设备不可缺少的部分，其性能好坏直接关系系统的性能，需要研究电源导致的电磁干扰及优化对策。电源的电磁干扰可分为辐射型电磁干扰和传导型电磁干扰。辐射型电磁干扰表现为电场或磁场的形式，而传导型电磁干扰通常表现为电压或电流形式。电源中功率器件的切换或电源电压的波动过程，可以在连线上瞬时产生很大的干扰信号 dv/dt 和 di/dt，可能耦合到其他连线上造成电磁干扰。元件的选择对于控制电磁干扰至关重要，而且电路板的布局和连线也同等重要。系统中电源引起电磁干扰的主要原因总结如下：

(1) 元件选择不合理。在电源电路中，高频开关器件、高频变压器、电感等的使用，都可能带来辐射型电磁干扰。

(2) 元件布局不合理。元件布局合理性直接关系到电源电路电磁干扰的好坏水平。电源电路中功率器件的切换可能在连线上产生很大的干扰信号，还可能耦合到其他连线上造成干扰，布局时要特别注意。

(3) 布线不合理。高频电流对于敏感电路会产生不可忽视的影响，电源电路的走线应保证接地区域不向电路的敏感部分耦合噪声。

综合以上电源引起的电磁干扰原因，总结出以下几种有利于提高系统稳定性的方法，并将其应用到频率稳定度分析仪的设计中：

(1) 电源滤波。为提高系统的电源质量，消除低频噪声对系统的影响，一般应在电源进入电路板的位置和靠近各元件的电源引脚处增加滤波器。常用的简单处理方法是在这些位置加上几十到几百微法的电容。同时，在系统中除了要注意低频噪声的影响，还要注意元件工作时产生的高频噪声，可以在元件的电源和地之间加上 $0.1\mu F$ 左右的电容，可以滤除高频噪声的影响。

(2) 电源分配。工程应用实践和理论都证实，电源分配对系统稳定性有很大的影响。在印制电路板上，电源的供给应该采用电源总线的方式，这是因为加宽电

源线路，能减小供电线路的阻抗，从而减小公共阻抗干扰。电源导线的特性阻抗可以用式(4.44)表示，即

$$Z = R + j\omega L \tag{4.44}$$

式中，R 为印制电路板导线的直流电阻，可以通过 $R = \rho l /(bd)$ 求得，ρ 为铜的体积电阻率，l 为印制导线长度，b 为印制导线宽度，d 为印制导线厚度；L 为印制导线的自感，$L = 2l[\ln(2l/b) + 1/2]$。因此，当印制导线长度和厚度一定时，增加导线宽度可以减小导线的特性阻抗，从而减小相应的公共阻抗干扰。此外，还可以在印制板上大面积覆铜接地，从而减小阻抗。

(3) 元件布局。在电路设计中发现，当印制电路板上装有多个集成电路，并且部分元件耗电较高时，地线上会出现较大电位差。原因是集成电路的开关电流 i 与电源线、地线的电阻 R 和电感 L 形成电压降。电压降与电阻、电感的关系可以用式(4.45)描述：

$$E = E_R + E_L = Ri + L(\mathrm{d}i/\mathrm{d}t) \tag{4.45}$$

由式(4.45)可以看出，通过减小 R 和 L 将使电压降显著减小。另外，在布局印制电路板时，还可适当增加功耗较高元器件间的间距。

(4) 合理安装去耦电容。串扰是指当两个或更多导体靠得比较近时，它们之间会耦合，一个导体上的电压大幅度变化时会向其他导体耦合电流。通常耦合电容反比于导体间的距离，正比于导体的面积。因此，减小相邻导体间的面积并增大相邻距离，有利于减小串扰。合理地安装去耦电容也可以使串联阻抗减小 80%左右，有助于抑制电压波动。

2) 系统设计及电磁环境优化方案

在系统整体设计中有助于改善系统本底噪声，且不牺牲功能的优化方案如下：

(1) 屏蔽措施。系统各个电路模块对电磁干扰的屏蔽，特别是对包含敏感元件及信号流经模块的屏蔽非常必要，对于高频信号的辐射干扰还需要进行物理隔离。同时，各个信号接口也应尽量使用具有屏蔽效果的接头。

(2) 模块化设计。模块化设计包括硬件电路模块化和软件设计模块化。设计时除了考虑功能还要注意可扩展性。软件设计还应额外考虑可读性和可移植性，有利于仪器的升级或二次开发。

(3) 易操作性和实用性设计。在功能设计方面，要充分考虑实际的使用场合，方便用户在实际操作中使用，使工作方式更加人性化，也要能达到物尽其用的目的。

(4) 空间布局设计。尽量采用集成度高的方案、器件，使得整个仪器系统的集成度更高、体积更小，顺应微型化、高集成度的现代仪器发展趋势。但是，也要考虑适度开阔的空间对系统散热的好处。本书在仪器内部结构设计时，采用较为

宽敞的机箱，并将机箱通过隔板区隔各功能模块，如对数据采集、数字信号处理模块、模拟信号处理、电源等进行物理区隔，避免交叉干扰。

2. 软件优化

软件是实现仪器功能的核心，软件实现的测量本底噪声抑制性能决定了系统的优劣。软件的设计流程包括需求分析、设计及编码、测试、维护四个阶段，每一环节的疏漏都可能导致软件无法正常工作。

系统软件的设计要遵循以下基本原则：

(1) 合适性原则。根据系统的需求，设计出最适合需求的软件功能，而不是不惜代价设计所谓完善但没有实用价值的功能。对于软件系统，能够满足需求的设计方案可能有很多种，选择稳定性、可靠性最高的一种是其中最重要的原则。

(2) 结构稳定性原则。模块化结构设计是软件设计的第一要素，详细地设计各个模块功能，如仪器界面设计、监控功能模块设计等，都是在软件模块结构确定之后开展的，而编程和测试是最后的工作。如果总体结构经常变动，那么基于该结构之上的各模块也会随着变动，将导致项目发生混乱。可以根据稳定不变的需求，设计总体模块结构；根据可变需求，按"可扩展性"原则设计软件，保证结构的稳定性。

(3) 可扩展性原则。可扩展性是指软件扩展新功能的容易程度。随着需求的快速变化及技术进步，对仪器软件的可扩展性能力提出了更高要求，可扩展性越好表示软件适应"变化"的能力越强。如果软件的扩展性越好，则升级或是扩展仪器功能的代价就会越小，这也符合市场需求规律。

(4) 可复用原则。复用就是指"重复利用已经存在的东西"。复用不是懒惰的表现，而是智慧地继承前人成果，不断加以利用、改进或创新。复用有利于提高软件的质量、提高生产效率和降低成本。这就要求在功能模块的接口设计时注意采用通用的设计标准，便于复用。

根据上述软件设计原则，以及基于虚拟仪器开发平台的仪器面板和功能模块优化设计思想，对频率稳定度分析仪软件进行以下几方面优化：

(1) 仪器面板优化设计。主要是面板程序的管理优化，考虑到虚拟仪器主面板需要显示多项内容，另外还需要放置参数、功能控件等多种控制按钮，若采用多个面板分层、分类显示，有助于优化对面板程序的管理。LabWindows/CVI 支持加载多个面板以及包含多种加载面板形式，主面板可由主函数加载，系统软件的参数子面板加载可执行 InstallPopup(int panelHandle)函数实现，该种面板加载形式占用较少的系统资源，子面板被激活后，显示参数子面板上的对话框等内容，为避免资源冲突，同属一个进程的其他面板不能被激活。如果此时还希望查看其他面板的内容，需要将相应子面板调用函数放入不同的辅助线程中执行，仪器的显示子面板也可以采用此种模式实现，同时还可以赋予各线程不同的响应优先级，利于资源的最优分配。但是，考虑到若每个通道一个子面板，当所有通道全部启用时，显示子面板数量较多，此种模式将导致组织结构复杂，层次不清晰，不易管理。

虚拟仪器开发平台 LabWindows/CVI 支持多个界面程序并列加载到同一工程目录下，各界面程序拥有对应的函数，界面程序代码各自运行在辅助线程中，此种面板组织结构更加清晰，可以按功能、类型等形式进行区分管理，解决了同一程序界面下多个面板重叠不易编辑的问题。与调用 InstallPopup 函数相较，编辑面板更加自由、灵活，且易于管理，响应效率高，更适合频率稳定度分析仪多通道需要多界面同时显示需求。需要特别注意面板执行的时序，以及当面板释放时，需要一并释放对应的辅助线程。

(2) 功能模块的优化设计。数据处理等功能模块是软件的核心，也是对实时性、准确性要求最高的环节，针对这一需求，利用虚拟仪器平台的多线程机制对软件核心功能模块进行优化设计。

线程是指进程内部可独立执行的单元，是操作系统对系统资源的基本调度单位。单线程程序只有一个线程，即主线程；多线程是除了主线程，还创建其他线程，称为辅助线程，每一个辅助线程都有自己的堆栈，并独立于应用程序内的其他线程而运行。

在本章频率稳定度分析仪的软件设计中，有多任务同时进行工作的情况，如数据采集和数据处理需并行。若采用单线程编程方法，需要等到一遍数据采集完之后才能进行数据处理，降低了程序执行效率，系统的实时性也难保证。

LabWindows/CVI 提供了线程池(thread pool)机制，创建多个辅助线程分担各任务，一个线程进行数据采集，其他线程进行数据处理或其他工作，这样就能最大程度地保证数据采集的实时性，又能及时响应用户的其他操作，尤其在采集数据量大、数据处理任务很重时，效率提升更加显著。

4.3.4 系统测试

衡量频率测量系统性能的主要指标是测试系统附加的测量噪声，称为本底噪声，又称背景噪声。一般指电路系统中除有用信号以外的总噪声，频率测量系统本底噪声的测试方法常用同源的两个或多个输入信号输入测量系统，测量结果的离散情况，使用同源信号是为了尽量排除测量系统以外因素的干扰。

为了评估基于差拍数字测频方法的频率稳定度分析仪性能，搭建了产生多路同源信号的测试平台对其进行本底噪声测试。另外，设计了比较测试平台，对具有同类功能的双混频时差测量系统、多通道比相仪和本书研制的频率稳定度分析仪开展相同条件下的并行测试，在相同条件下比较各系统的测量性能。

1. 本底噪声测试

系统本底噪声是指信号经过测量系统后，由测量系统附加在测量结果中的噪声，与信号本身无关，在测量结果中表现为测量误差。测量结果除受测量误差影响外，主要反映待测信号相对于参考的频率偏差、相位噪声。为了评估测量系统附加噪声，需要从测量结果中分离出测量系统的附加噪声。解决方案有两种，一种是使用无噪声的标准频率信号进行测试，测量结果只反映测量系统的本底噪声。无噪声的标准频率源在现实中并不存在，更为常用的另一种测试方案是同源测试法，即使用同源的两个信号分别作为参考信号和待测信号输入系统进行测量。因比较的对象同源，两信号的噪声具有强相关属性，在测量中很容易被抵消，因此测试结果主要反映测量系统的附加噪声。

测试高精度的频率稳定度测量系统的本底噪声，典型测试平台结构如图 4.16 所示。使用一台短期频率稳定度性能较好的原子钟，最好再经过一台信号净化设备，进一步降低其相位噪声，输出的信号经低相位噪声的频率分配放大器分成多个性能相同的信号，分别作为测试对象和参考输入测量系统，利用待测信号与参考信号同源特性，评估测试仪器的本底噪声性能。理想测试系统将得到无限趋近零值的测试结果，实际测试结果反映测试系统的噪声水平。频率测量系统本底噪声最常用的统计工具是阿伦偏差(ADEV)。

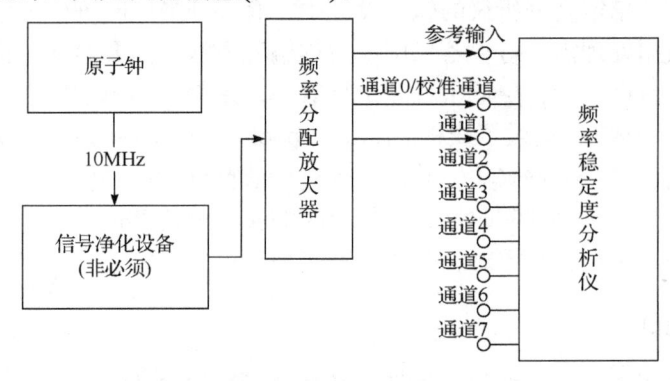

图 4.16 系统本底噪声测试平台结构

根据频率稳定度分析仪的工作原理，最简测量需要两个输入信号，分别是参考信号和待测信号。测试用的信号源是铯原子钟，铯原子钟输出 10MHz 频率信号经频率分配放大器后，输出三个相同的 10MHz 信号，其中一个信号作为系统内部公共参考源的外参考信号，另外两个分别作为待测信号和参考信号，用于评估系统的本底噪声。考虑到频率分配放大器附加的相位噪声低于信号源，可以认为信号源经过频率分配放大器后不会额外附加噪声，因此可以近似认为输入系统的两个信号具有相同的频率、相位、噪声等属性。

设置频率稳定度分析仪测量间隔为 1s，即每秒测量一次待测信号与公共参考信号的频率差和相位差，同时使用参考信号持续测量系统误差量，参考信号的频率测量值用 $\Delta\nu_0$ 表示，待测信号的测量值用 $\Delta\nu_1$ 表示，ν_b 表示公共参考信号的实际频率值，即

$$\Delta\nu_0 = \nu_0 - \nu_b \tag{4.46}$$
$$\Delta\nu_1 = \nu_1 - \nu_b \tag{4.47}$$

根据式(4.46)和式(4.47)计算待测信号与参考信号的频率差 $\Delta\nu_0 - \Delta\nu_1 = \nu_0 - \nu_1$，其中公共参考信号及系统共有噪声的影响被完全抵消。

两个相同信号的频率差应恒等于零，相位差为常数值，即 $\Delta\nu_0 - \Delta\nu_1 = \nu_0 - \nu_1 = 0$ 成立。实际测量结果受测试环境、信号分配链路及测量系统噪声对两信号的影响不完全相同等因素影响，实测两信号的频率差 $\Delta\nu_0 - \Delta\nu_1 \neq 0$，测量结果反映了上述因素对测量的综合影响。因此，在进行本底噪声测试时，为了尽可能反映测量系统自身噪声的影响，需要采取措施，减小两个输入信号间的差异，包括使用低相噪、通道一致性及隔离度足够高的频率分频放大器，采用稳相且等长的测试电缆连接信号，校准通道间的差异等。

搭建图 4.16 所示的本底噪声测试平台，在实验室室温变化±3℃条件下，对频率稳定度分析仪进行本底噪声测试，测试结果用重叠阿伦偏差工具统计，结果如图 4.17 所示。取样时间为 10000s 时，系统具有最小的重叠阿伦偏差为 9.88×10^{-17}，取样时间为 1s 时，重叠阿伦偏差为 8.97×10^{-15}。

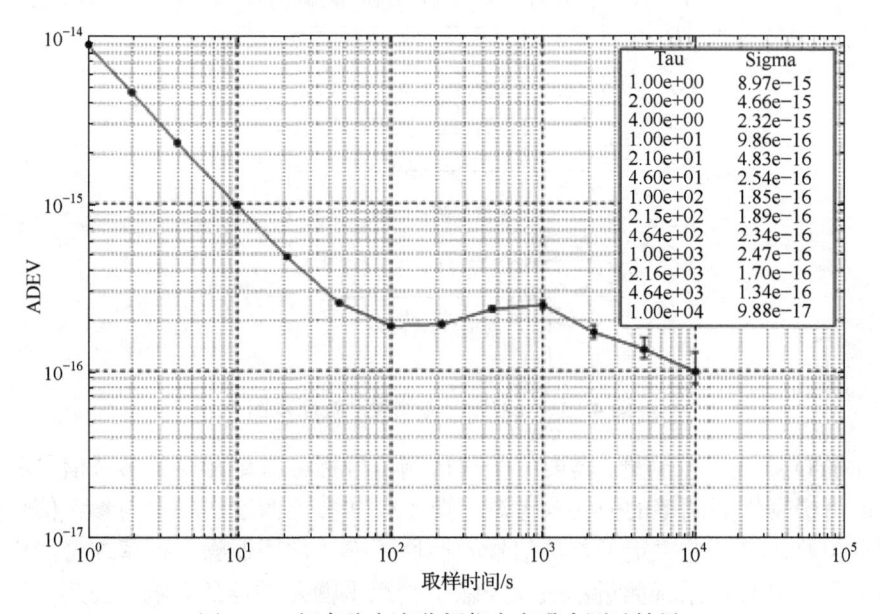

图 4.17 频率稳定度分析仪本底噪声测试结果

2. 比较测试

为了对频率稳定度分析仪的功能和性能进行客观评价，选择了另外两台频率测量分析设备，与频率稳定度分析仪在相同实验环境及条件下，比较测试各系统的本底噪声。两台专业设备分别是国产的双混频时差(DMTD)系统，以及美国的多通道比相仪(MMS)系统。

1) DMTD 系统和 MMS 系统测量原理

DMTD 系统是中国科学院国家授时中心研制的高精度频率测量系统，该系统基于双混频时差法，其工作原理如图 4.18 所示。为了保证两个差拍信号相位的一致性，在用作测量时，还需要使用移相器调整待测信号的相位。测量系统由三部分组成，分别是双平衡差拍器、时间间隔计数器和数据记录设备。其中虚线框所示的双平衡差拍器由混频器、低通滤波器和整形放大器三个功能电路组成；时间间隔计数器为通用测量设备；数据记录设备主要用于收集测量数据，便于后期对测量数据的处理及分析。

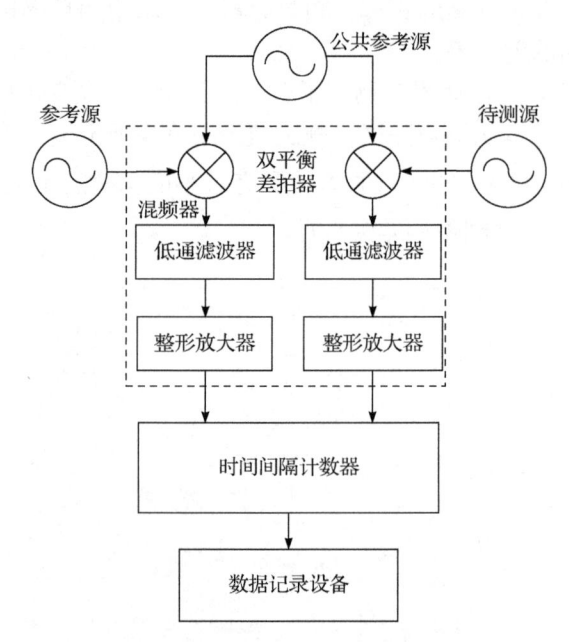

图 4.18 双混频时差测量系统原理图

DMTD 系统进行测量，需要一个与待测信号标称频率相同的参考信号和一个频率值可根据需要调整的公共参考源，要求公共参考源输出频率与参考信号标称频率有频差，该频差决定了差拍信号的标称频率，常用低噪声频率综合器作为公共参考源。DMTD 系统测量本底噪声除了受双平衡差拍器的影响，公共参考源的短期稳定度性能、时间间隔计数器的测量分辨率等都会产生影响。

MMS 系统的基本原理与双混频时差法类似，详细工作原理见本书 6.5.1 小节，每秒输出一组各输入信号与系统内部公共参考源信号的相位差数据，通过数据转换可以得到相对频率偏差值。

MMS 相位数据的处理过程为，MMS 的输入通道 A 和 B 分别输入频率为 ν_A 的参考信号和频率为 ν_B 的待测信号，通道 A 和通道 B 信号的相位分别表示为

$$\Phi_A(t) = 2\pi\nu_A t \tag{4.48}$$

$$\Phi_B(t) = 2\pi\nu_B t + \phi_B(t) \tag{4.49}$$

若选择通道 A 的信号作为参考信号，则通道 B 的信号为待测信号，两个信号的相位差可根据式(4.48)与式(4.49)计算得到。用 $\Phi_S(t)$ 表示系统内部公共参考信号的相位：

$$\Phi_S(t) = 2\pi\nu_{S_0} t + \phi_S(t) \tag{4.50}$$

式中，ν_{S_0} 是公共参考信号的频率。MMS 系统每秒输出通道 A 和 B 的信号与公共参考信号的相位差分别表示为

$$\Phi_{M_A} = \Phi_A - \Phi_S = 2\pi(\nu_A - \nu_{S_0})t - \phi_S(t) \tag{4.51}$$

$$\Phi_{M_B} = \Phi_B - \Phi_S = 2\pi(\nu_B - \nu_{S_0})t + \phi_B(t) - \phi_S(t) \tag{4.52}$$

式(4.51)和式(4.52)作差，抵消系统内部公共参考源的影响得到待测信号相对于参考信号的相位差：

$$\Phi_{M_A} - \Phi_{M_B} = \Phi_A + \Phi_S - (\Phi_B + \Phi_S) = \Phi_A - \Phi_B \tag{4.53}$$

通过以上处理，频率变换过程中引入的公共参考信号噪声影响已经在式(4.53)中被抵消，另外式(4.53)所得的相位差还需乘以作为参考的信号标称周期，才能转换为对应两个输入信号以时间为单位的相位差。例如，当参考信号标称频率为 10MHz 时，对应标称周期为 100ns，则差拍信号的相位差乘以 100ns 后才是待测信号相对于参考信号的相位差实际测量值。

根据测得的相位差结果，可以采用专业的频率稳定度分析软件分析待测信号相对于参考信号的频率稳定度，MMS 系统的规格说明书介绍，该系统测量 10MHz 频率信号，1s 取样间隔的 ADEV 为 2.5×10^{-13}。

2) 对低噪声频率合成器的比对测试

为了验证各系统的基本测量能力，搭建了验证实验系统平台，测试对象为一个低噪声频率合成器，验证实验系统平台结构如图 4.19 所示。用一台输出 10MHz

频率信号、取样时间为 1s、时频率稳定度优于 5×10^{-13} 的恒温高稳晶体振荡器作为参考源,使低噪声频率综合器的输出锁定到参考源上,已知晶体振荡器的短期频率稳定度优于频率综合器,满足用于测试频率综合器短期频率稳定度性能的测试要求。

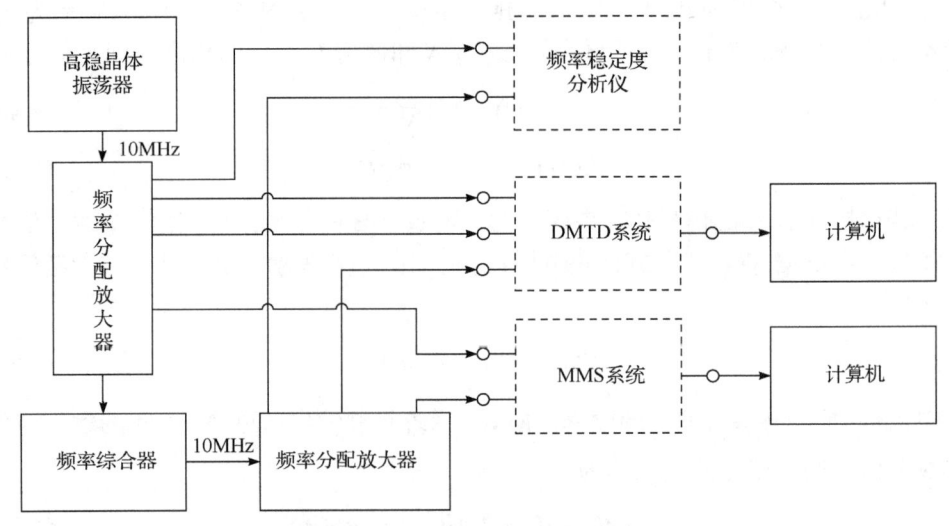

图 4.19 验证实验系统平台结构

实验方案:用高稳晶体振荡器输出 10MHz,经频率分配放大器分配为 8 个相同的信号,其中一个作为频率综合器的外部参考,以保证频率综合器输出信号的频率与高稳晶体振荡器输出参考信号的频率差远小于其输出信号的标称频率。

设置频率综合器的输出信号频率为 10MHz,功率为 7dBm,将频率综合器的输出信号经高性能频率分配放大器分为三个相同的信号,分别输入三个系统的待测信号输入端口,参考信号端口均来自高稳晶体振荡器经频率分配放大器的输出。其中,DMTD 系统还输入了一个来自高稳晶体振荡器的 10MHz 频率信号,作为 DMTD 内部公共参考源的参考。

图 4.19 中,从频率源到各测量系统连接所使用的电缆是等长且相同生产批次,同一供电电源为各系统供电,测量系统放置在相同测量环境下,尽可能保证各系统的测量条件一致情况下同时进行测试,测试持续时间约 15h。

在图 4.19 所示实验系统平台上,分别得到 DMTD 系统、MMS 系统和频率稳定度分析仪测量频率综合器输出 10MHz 信号相对于高稳晶体振荡器输出的 10MHz 信号的相位差变化趋势和频率稳定度分析结果,如图 4.20~图 4.25 所示。

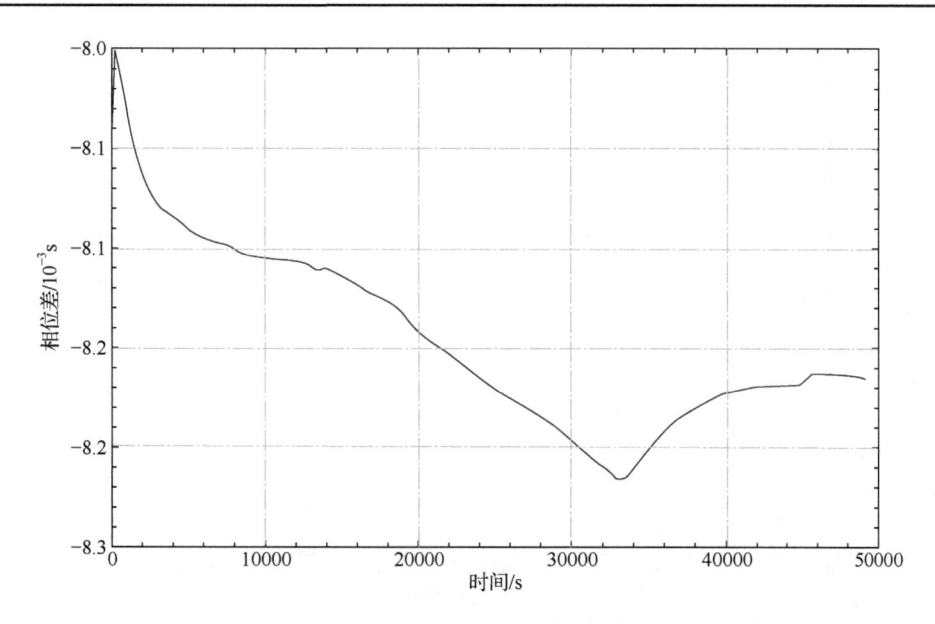

图 4.20　DMTD 系统测得的相位差

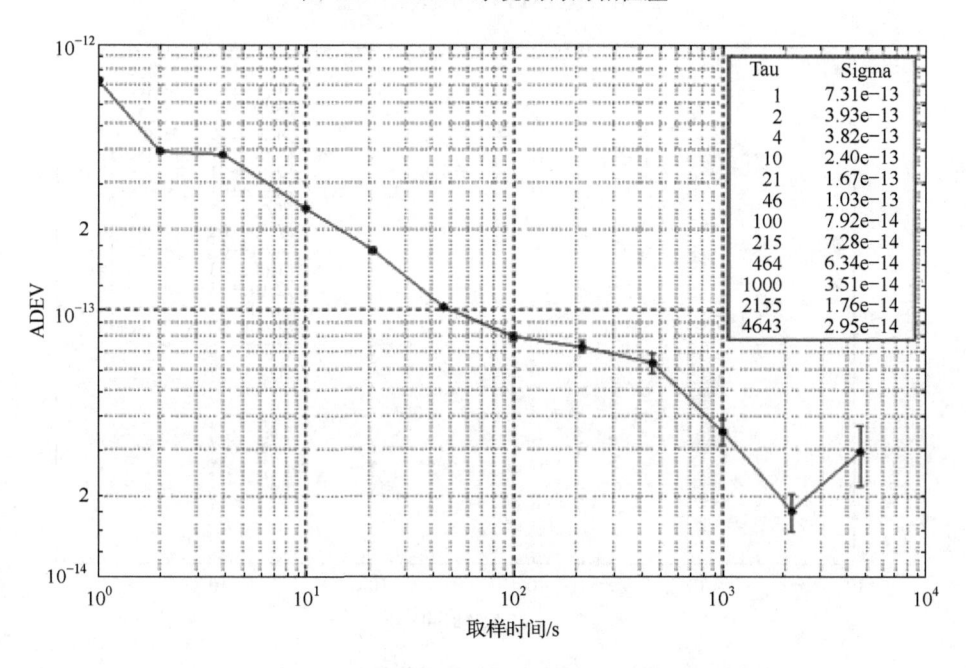

图 4.21　DMTD 系统测得的待测信号的频率稳定度

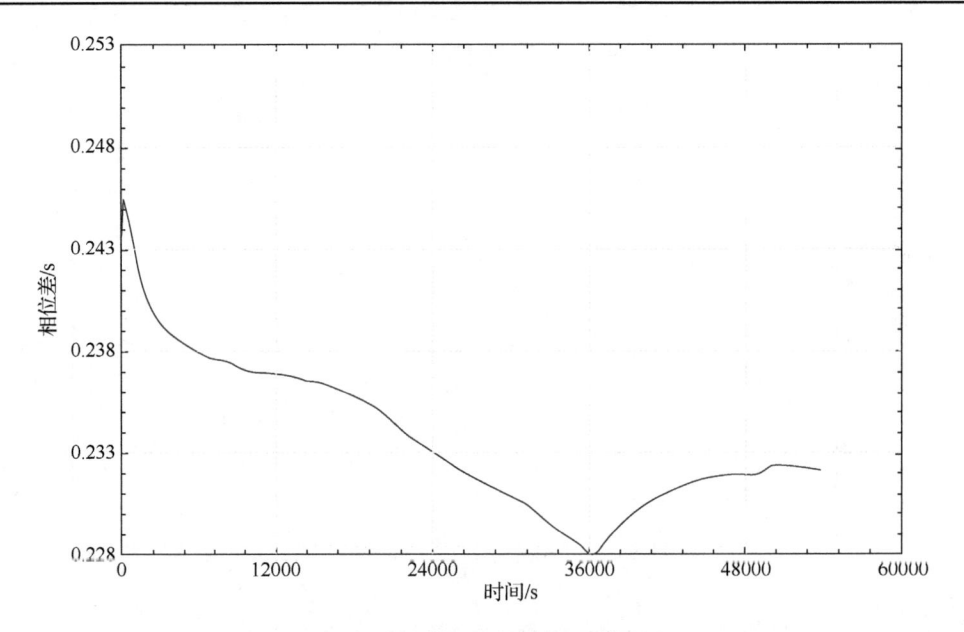

图 4.22 MMS 系统测得的相位差

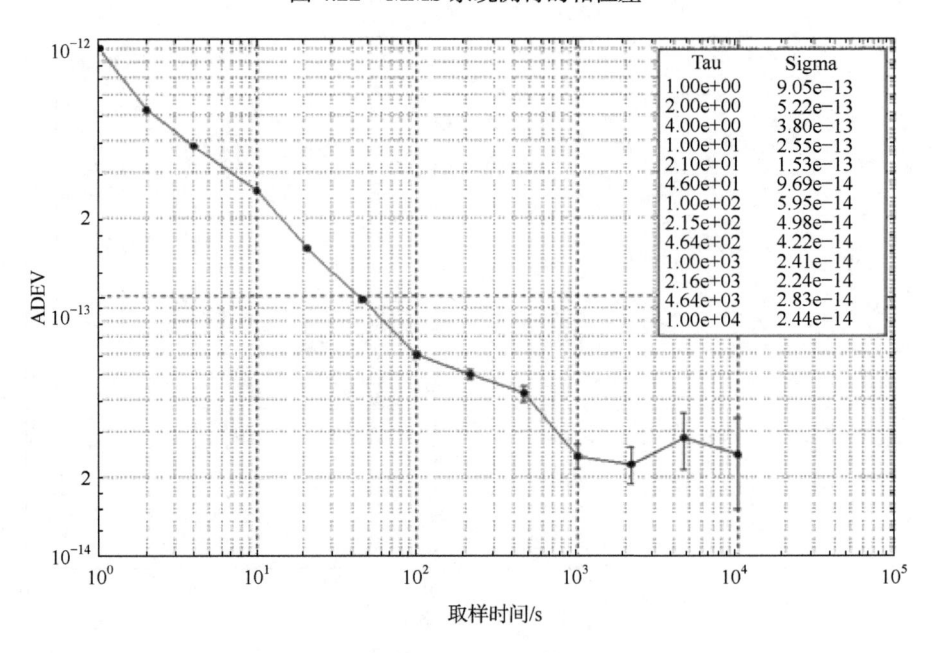

图 4.23 MMS 系统测得的待测信号的频率稳定度

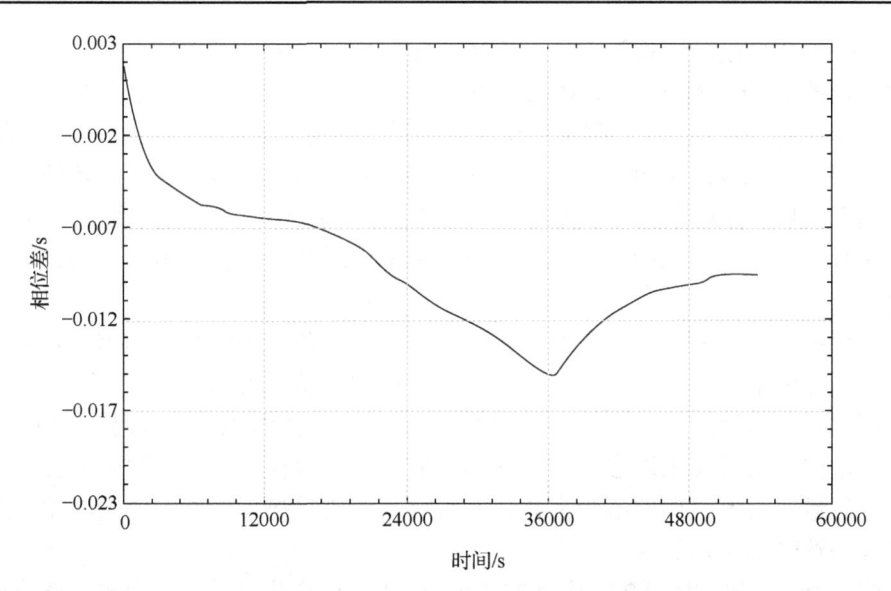

图 4.24 频率稳定度分析仪测得的相位差

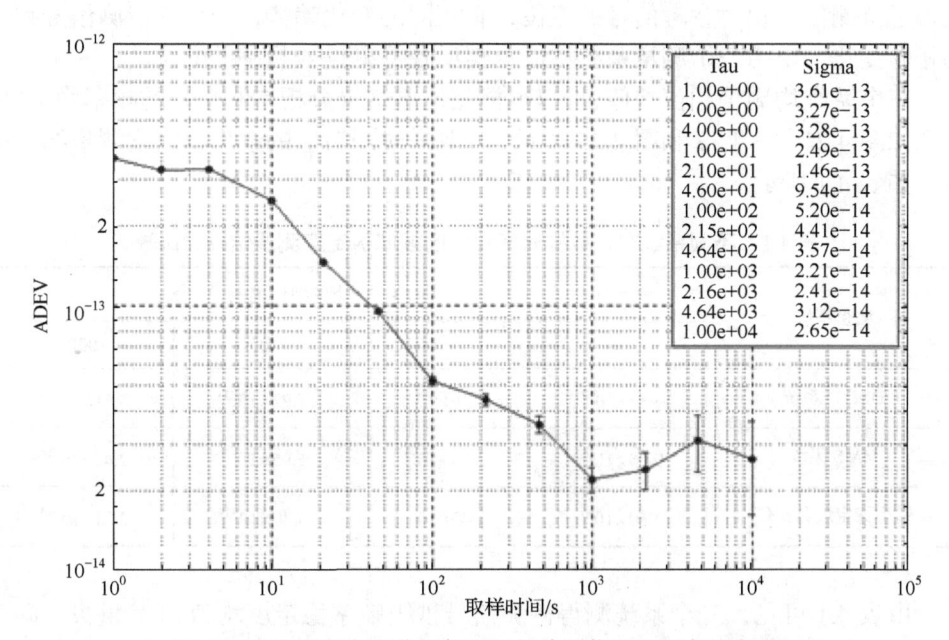

图 4.25 频率稳定度分析仪测得的待测信号的频率稳定度

各系统均为每秒测量一次,根据测试总时长计算,试验应该能得到约 54000 个测量数据。比较图 4.20、图 4.22 和图 4.24 发现,其中 DMTD 系统测得的相位差数据量明显少于其他两个系统,分析原因是 DMTD 的时间间隔计数器输出测量数据缺失了一部分,与数据采集软件设置的取样时间设置不合理有关,分析数据时对缺失数据进行了拟合内插，不影响频率稳定度分析结果。

比较图 4.20、图 4.22 和图 4.24 所示各测量系统测得待测信号与参考信号相位差的变化趋势发现，三个测量系统独立测试，得到了变化趋势几乎一致的结果。典型值如 12000s 和 36000s 附近，图 4.22 和图 4.24 表现出了完全一致的变化趋势，尽管图 4.20 存在数据总长度不一致的原因，不能在对应点上找到相同的变化，但也能看出相似的变化趋势，说明各系统测得待测信号相对参考信号的频率变化一致。

比较图 4.20、图 4.22 和图 4.24 还可以看出，各个系统测得的相位差并不相同，原因有两个，一是与各测量系统开始测量的起始时刻未完全同步有关，同一信号不同时刻测得的初始相位差异较大；二是根据 MMS 的工作原理，MMS 系统输出的相位差还需要乘以参考信号的周期值，才能换算为与其他两个系统测量结果对应的量，由于该周期值为常数，不影响其变化趋势，根据图形判断相位差变化趋势一致的结论仍然成立。

综上所述，根据图 4.20、图 4.22 和图 4.24 可以得出结论，三个测量系统独立测得了待测信号相对参考信号的相位，有相同的变化趋势，即反映待测信号频率的相同变化，说明三个测量系统均能真实反映待测信号频率的变化。

三个系统均测得相位差值，可以根据相位差结果分析待测信号的频率稳定度，结果如图 4.21、图 4.23 和图 4.25 所示。各取样时间对应的频率稳定度测量结果的对比如表 4.1 所示。

表 4.1 不同系统在各取样时间对应的频率稳定度测量结果的比较

测量系统	不同取样时间下的阿伦偏差			
	1s	10s	100s	1000s
DMTD 系统	7.31×10^{-13}	2.40×10^{-13}	7.92×10^{-14}	3.51×10^{-14}
MMS 系统	9.05×10^{-13}	2.55×10^{-13}	5.95×10^{-14}	2.41×10^{-14}
频率稳定度分析仪	3.60×10^{-13}	2.49×10^{-13}	5.20×10^{-14}	2.21×10^{-14}

由表 4.1 可见，三个系统测得待测信号秒级频率稳定度均为 10^{-13} 量级，即三个系统测量待测信号得到相同量级的测量结果，并且与待测源设备说明书的标称值相当。但是，三个测量结果之间仍存在明显差异，鉴于各系统工作在相同的环境条件下，差异产生的主要原因应该是不同测量系统的本底噪声存在差异。进一步分析本底噪声存在差异的主要原因应该与各测量系统公共参考源性能有关，DMTD 系统和 MMS 系统均是使用时间间隔计数器测量差拍信号间的时差，由于

两差拍信号不完全同步，则两信号受公共参考信号短期相位噪声影响不能被完全抵消，而频率稳定度分析仪同步测量的处理模式能完全抵消公共参考源影响，DMTD 系统和 MMS 系统的测量噪声水平不及频率稳定度分析仪。另外，DMTD 系统内部的公共参考源锁定到了测量用参考源上，使其输出信号的噪声与参考信号有一定相关性，而 MMS 系统使用的是系统内部独立的频率合成器的信号，因此 DMTD 系统受公共参考源的噪声影响小于 MMS 系统，DMTD 系统能测得更低的本底噪声结果。

如表 4.1 所示，三个系统在取样时间分别为 10s、100s 和 1000s 时，频率稳定度结果比取样时间 1s 时更接近，进一步证明取样时间 1s 时，DMTD 和 MMS 系统中受公共参考信号短期不稳定性影响，噪声不能被完全抵消，导致该测量系统的噪声性能不及通过同步测量完全抵消公共参考信号噪声影响的频率稳定度分析仪，而更长取样时间能平滑影响信号短期频率稳定度的噪声，因此三个测量系统的频率稳定度测试结果更为接近。在取样时间 1000s 附近，三个系统都得到了最优的频率稳定度测量结果，即该取样时间下各测量系统附加测量噪声最小，同时待测信号的噪声也最小。

综合比较三个测量系统测量稳定度为 10^{-13} 量级的待测信号时，均能得到相近的测试结果。

3) 对 UTC(NTSC)主钟 10MHz 的比对测试

量化系统性能的主要指标是系统的测试本底噪声，为了评价各系统的测试性能，构建了图 4.26 所示的本底噪声测试平台，所有测试信号、参考信号均来自中国科学院国家授时中心(NTSC)标准时间产生系统 UTC(NTSC)主钟输出的 10MHz 频率信号。该信号进入实验室后，用频率分配放大器分配为多个相同的信号输出，提供给各测量系统。各系统安装在一个实验室，由独立的电源模块为各系统供电，三个系统在相同环境、条件进行比较测试。

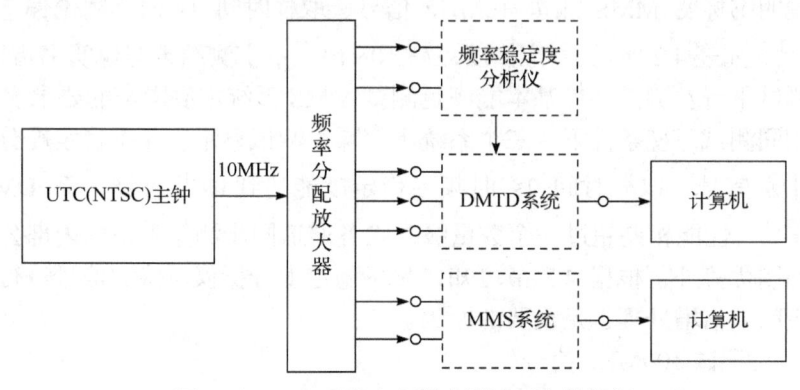

图 4.26　三个系统本底噪声测试平台结构框

图 4.26 中，频率分配放大器可以将 UTC(NTSC)主钟输出的 10MHz 频标信号分配为 15 个相同的输出，提供给三个测量系统各两个信号，1 个作为测量参考，另 1 个作为待测信号，另外 DMTD 系统还需要 1 个信号作为系统内部公共参考源的参考，所以频率分频放大器总共提供 7 个相同 10MHz 频率信号的输出。为了使测量结果具有可比性，从频率源到不同测量系统连接所使用的电缆是等长且为同批次制作，各测量系统同时进行测试，测试持续时间约 24h。

同源测试法检验系统的本底噪声在国际上是较为通用的做法，为了尽可能排除测量以外噪声的干扰，要求频率分配放大器对各输出信号附加的相位噪声低于被检系统的噪底指标，实验采用的频率分配放大器能满足测试的需求。理论上，因为输入测量系统的信号相同，测量各输入信号间的偏差值应为零，所以实际测得结果主要反映测量系统附加噪声的影响。

参与测试的三个系统本底噪声测试结果比较如表 4.2 所示。

表 4.2 三个系统本底噪声测试结果比较

测量系统	不同取样时间下的阿伦偏差			
	1s	10s	100s	1000s
DMTD 系统	4.64×10^{-13}	5.63×10^{-14}	8.02×10^{-15}	1.30×10^{-15}
MMS 系统	3.10×10^{-13}	3.07×10^{-14}	3.01×10^{-15}	2.70×10^{-16}
频率稳定度分析仪	8.97×10^{-15}	9.90×10^{-16}	1.98×10^{-16}	2.77×10^{-16}

比较表 4.1 所示频率稳定度测试结果和表 4.2 所示的本底噪声结果，发现各系统测量本底噪声时各取样时间的频率稳定度结果均优于测量频率综合器时，说明各系统的本底噪声均低于频率综合器输出信号的频率稳定度。表 4.2 的结果还可以进一步证明三个系统均足以评估该频率综合器的频率稳定度指标。MMS 产品规格说明书标明 MMS 测量 10MHz 信号，取样时间 1s 时，阿伦偏差结果为 2.5×10^{-13}，如表 4.2 所示，实测结果为 3.10×10^{-13}，实测结果与说明书指标相当，说明该测试平台及测试环境基本能满足测试 MMS 系统本底噪声的要求。

在相同测试环境条件下，三个系统本底噪声测试显示，频率稳定度分析仪测量 10MHz 信号，取样时间 1s 时频率稳定度能达到 10^{-15} 量级，而 DMTD 为 4.64×10^{-13}，性能相差超过一个数量级，除各通道同步测量带来的内部公共参考源噪声抑制优势外，根据 4.3 节可知，频率稳定度分析仪对待测信号进行倍频、混频两级频差倍增处理也是重要的原因。

4) 比对测试 100MHz 信号

因为 MMS 系统的最大工作频率是 20MHz，不能用于测试 100MHz 频率信号,所以对 100MHz 信号的比测是在频率稳定度分析仪和相位噪声测量系统 5125A 之间进行的。相位噪声测量系统 5125A(简称"5125A")是美国生产的,这是一种全数字的测量系统,也是目前商业产品中具有最低本底噪声指标的频率测量设备,产品规格书表明该设备频率测量范围为 1~400MHz,取样时间 1s 的阿伦方差能达到 3×10^{-15},5125A 工作原理的详细介绍见 6.5 节。

与测试 10MHz 频率信号相同的测试环境相同,将 10MHz 信号经 10 倍频后的 100MHz 信号输入 5125A 参考信号和待测信号,考虑到频率稳定度分析仪内部有倍频模块,因此频率稳定度分析仪直接输入频率为 10MHz 信号作为参考信号和待测信号。两个系统的 10MHz 信号均来源于 UTC(NTSC)主钟信号经频率分配放大器的输出。频率稳定度分析仪和 5125A 测试频率为 100MHz 信号时,测量系统的本底噪声结果比较如表 4.3 所示,测试持续时间约 15h。

表 4.3 两个系统测量本底噪声结果比较

测量系统	不同取样时间下的阿伦偏差				
	1s	10s	100s	1000s	10000s
频率稳定度分析仪	8.97×10^{-15}	9.86×10^{-16}	1.85×10^{-16}	2.47×10^{-16}	9.88×10^{-17}
5125A	9.72×10^{-15}	2.97×10^{-15}	3.11×10^{-16}	5.04×10^{-17}	7.30×10^{-17}

如表 4.3 所示,5125A 测量 100MHz 频率信号取样时间 1s 的阿伦偏差结果为 9.72×10^{-15},与其设备规格说明书 3×10^{-15} 的指标还有一定差距,未能达到其标称水平。频率稳定度分析仪在取样时间 1s 时阿伦偏差结果为 8.97×10^{-15},同样难以评估该值是否为该系统所能达到的最优结果,其反映的是在该测试平台、条件下两系统所能达到的测试性能。

通过该项测试,可以推断参与测试的两个系统本底噪声均达到 10^{-15} 量级,如表 4.3 所示。取样时间 1000s 时,5125A 测量系统的测量噪声最低,阿伦偏差为 5.04×10^{-17},频率稳定度分析仪在取样时间 10000s 时,获得了最低测量噪声,阿伦偏差为 9.88×10^{-17},这也反映出不同测量系统的最低噪声与测量时间间隔有密切关系。

3. 参试系统综合比较

根据前面的比较测试,对各测量系统在本实验室环境内所能获得的能力有如下评估结果,如表 4.4 所示。

表 4.4　各系统综合比较

比较内容	系统名称			
	频率稳定度分析仪	DMTD 系统	MMSD 系统	5125A
测量 10MHz 的本底噪声 ADEV(1s)	8.97×10^{-15}	4.64×10^{-13}	3.10×10^{-13}	3×10^{-15}
测频范围	10MHz、100MHz	与公共参考源频率范围有关	1~20MHz	1~400MHz
测量功能	频率、频率差、相位差、频率稳定度分析	相位差	相位差	频率、相位差、频率稳定度分析、相位噪声测量
显示功能	实测数据图形显示、实测数值显示、图形显示稳定度	实测数值实时显示	无	图形、图表显示测试结果
测量通道数/个	8	2	可扩展至 28	2
质量/kg	20	10	31.8	9.1
外形尺寸/(cm×cm×cm)	43 × 17 × 45	43 × 13 × 40	43 × 17 × 65	34 × 17 × 44

实验表明，基于传统双混频时差测量原理实现的测量系统 DMTD 和 MMS，实测本底噪声均不高于 3×10^{-13}。相位噪声测量系统 5125A 作为当前较为广泛使用的频率稳定度测量设备之一，尽管受测试环境影响实测实验未能达到标称结果，但其测试性能和测量范围都表现优异。

频率稳定度分析仪作为一种新方法的实验仪器，在与同类仪器的比测中表现出了较好抑制测量系统自身噪声的能力，在对标准频率信号的测试中，测试系统的噪声水平与目前最优秀的商业产品相当，可用于多个具有相同频率的频率源之间比对，最多可以同时监测 8 个信号。但是，该版本仅能满足 10MHz、100MHz 等典型频率的测试需求，后期已经升级为可以满足 1~100MHz 任意频率的测量，未来频率还将拓宽至 1GHz 以内，使其具有更好的适用性。

参 考 文 献

边玉敬, 1991. 双混频时差测量系统设计中的理论和技术问题[J]. 时间频率学报, 14(2): 156-163.
金涛, 2005. 虚拟仪器系统的误差分析方法的研究[D]. 重庆: 重庆大学.
刘娅, 2010. 多通道数字化频率测量方法研究与实现[D]. 北京: 中国科学院大学.
刘娅, 李孝辉, 2009. 基于 LabWindows/CVI 的虚拟仪器软件性能优化设计[J]. 仪器仪表学报, 30(10): 134-137.

刘娅, 李孝辉, 王玉兰, 2009. 一种基于数字技术的多通道频率测量系统[J]. 仪器仪表学报, 30(9): 1963-1968.

王国永, 2012. 高精度偏差频率产生方法研究[D]. 北京: 中国科学院大学.

张毅刚, 付平, 王丽, 2000. 采用数字相关法测量相位差[J]. 计量学报, 21(3): 216-221.

Greenhall C A, 2000. Common-source phase noise of a dual-mixer stability analyzer[R]. TMO Progress Report 42-143: 1-13.

Low S M, 1986. Influence of noise of common oscillator in dual-mixer time-difference measurement system[J]. IEEE Transactions on Instrumentation and Measurement, IM-35(4): 648-651.

Morgan D R, Cassarly W J, 1986. Effect of word-length truncation on quantized Gaussian random variables[J]. IEEE Transactions on Acoustics, Speech, and Signal Processing, 34(4): 1004-1006.

第 5 章　欠采样数字测频

与差拍数字测频采用模拟和数字技术结合的方法不同，欠采样数字测频是一种全数字化的频率测量方法，它直接通过模数转换器将模拟待测信号转换为数字信号，然后采用数字测频技术测量待测信号的频率。

本章将介绍一种在采样频率不满足奈奎斯特采样定理条件下，对模拟待测信号数字化，并实现高精度频率测量的方法，以及根据欠采样数字测频方法研制频率测量仪器的实现技术。

5.1　欠采样数字测频方法

基于数字技术的频率估计越来越受重视，其分辨率和估计精度不断提高，是目前研究最为广泛的方法之一。数字技术估计频率首先需要将模拟信号转换为数字信号，以不低于奈奎斯特采样定理的采样率对信号采样，这在信号频率较低或频带较窄的情况下很容易实现，但在处理频率较高或宽频带信号时，在模数转换器采样率、数字信号处理速率等限制下很难实现。

鉴于上述原因，提出了一种欠采样的频率测量方法，核心思想是通过设计采样时刻，以远低于采样定理的频率对信号采样，实质是降低待测信号中心频率，并实现对待测信号频率或相位值高精度估计的一种方法。

5.1.1　采样技术概述

采样定理是研究模拟信号数字化的重要理论基础，从采样频率角度，可以把采样分为过采样、奈奎斯特采样和欠采样。

过采样是使用远大于奈奎斯特采样频率的频率 f_s 对输入信号采样。过采样的数字信号中，由于量化比特数没有变化，总的量化噪声功率不变，但此时量化噪声的频谱分布发生了变化，将原来均匀分布在 $0\sim f_s/2$ 频带的量化噪声分散到了 $0\sim Rf_s/2$ 的频带上，其中 R 表示过采样比例。若 R 远大于1，则 $Rf_s/2$ 远大于原模拟信号的最高频率 ν_H。这使得量化噪声主要分布在原信号所处频带之外的高频区域，对应分布在频带内的量化噪声减少，通过低通滤波器滤除高频噪声分量，就可以提高系统的信噪比。理论分析证明，过采样时，采样频率每提高1倍，则系统的信噪比提高 3dB。换言之，相当于量化比特数增加了 0.5bit。由此可见，提高采样率有助于改善模数转换的分辨率。

奈奎斯特采样是指在频带宽度有限条件下,要从采样信号中无失真地恢复原信号,采样频率应大于 2 倍信号最高频率。采样频率小于 2 倍最高频率时,信号的频谱会有混叠。

欠采样就是用低于奈奎斯特采样频率的频率对信号进行数字化,优点是降低了对处理器等器件性能的要求,但欠采样使得信号频谱混叠,必须增加额外的信息解模糊才能得到信号频率的无模糊估计。

欠采样技术在雷达信号测频、通信等领域有着广泛应用,主要是因为这些领域使用信号的频率高,目前模数转换水平难以满足信号奈奎斯特采样的要求。若对频率为几吉赫兹的信号奈奎斯特采样,需要上吉赫兹的采样频率。尽管目前已经有单通道采样速率可达吉赫兹量级的模数转换芯片,但是对于多通道采样系统,高速采样及匹配的后端数据实时处理在工程实现上会需要较大的硬件代价,功耗、成本等问题也会限制其应用范围。

5.1.2 欠采样理论

采样定理是任何模拟信号数字化的理论基础。数字化测量首先面临的问题就是如何对一定带宽内的信号进行数字化,也就是对所感兴趣的模拟信号进行采样。采样技术包括均匀采样技术和非均匀采样技术,这里主要讨论均匀采样技术。根据采样频率分为奈奎斯特采样和欠采样,较多研究是关注欠采样方法,主要是对带通信号的欠采样方法(林相波,2006)。

奈奎斯特采样定理:设有一个频率带限信号 $V(t)$,其频带限制在 $(0, v_k)$,如果以采样频率 $f_s > 2v_k$ 的采样速率对其进行等间隔采样,得到时间离散的采样信号 $V'(n)$,则原信号 $V(t)$ 能根据所得到的采样信号 $V'(n)$ 完全确定。

假设采样脉冲序列是一个周期性冲激函数 $\delta_T(t)$,则采样后信号为

$$V'(n) = V(t)\delta_T(\omega) \tag{5.1}$$

根据频域卷积定理得到采样后信号为

$$\begin{aligned} V_s(\omega) &= \frac{1}{2\pi}[V(\omega) * \delta_T(\omega)] \\ &= \frac{1}{T_s}[V(\omega) * \sum_{n=-\infty}^{\infty} \delta(\omega - n\omega_s)] \\ &= \frac{1}{T_s} \sum_{n=-\infty}^{\infty} V(\omega - n\omega_s) \end{aligned} \tag{5.2}$$

式中，ω 为采样频率；T_s 为采样周期，$T_s = 1/f_s$，$T_s = \dfrac{2\pi}{\omega_s}$。

由式(5.2)可知，采样后的频谱以 $1/f_s$ 为周期，原频谱周期性地无限重复，在满足 $\omega_s \geqslant 2\omega_H$ 条件时，周期性频谱无混叠现象，经低通滤波后可无失真地恢复原信号。频率高精度测量中，直接对信号采样数字化，若用奈奎斯特采样定理则会使采样频率 f_s 很高，这将引入如下所述的问题：

(1) 高速模数转换器难以实现，采用半导体技术的模数转换器采样速率 10Gs/s 级别可能是电子技术水平的极限，并且采样率和量化位数两者之间的提升是相互制约的(张天航等，2016)。未来更高的采样率可能朝着光模数转换和超导技术方向发展。

(2) 由采样孔径抖动造成的信噪比恶化严重。

(3) 采样速率过高会使后续的信号处理变得非常困难，甚至无法承受。

由于存在上述问题，在许多领域难以实现对信号的奈奎斯特采样，于是欠采样技术成为一个发展方向。欠采样又称为带通采样，带通采样定理是一个有限带宽的信号，其通带为 (ν_L, ν_H)，如果采样频率 f_s 满足式(5.3)，则信号能根据所采样值完全确定：

$$f_s = 2B\left(1 + \dfrac{M}{N}\right) \tag{5.3}$$

式中，$B = \nu_H - \nu_L$，为信号带宽；N 为不超过 $\dfrac{\nu_H}{B}$ 的最大正整数；$M = \dfrac{\nu_H}{B} - N$。

可以看出，对于带通信号，其最低无失真采样率不必是信号最高频率的 2 倍，而只与信号的带宽有关，而且在 $2B \sim 3B$ 变化。要注意采样频率的选取，并不是所有满足大于 2 倍信号带宽的 f_s 都符合要求，f_s 的选取要满足式(5.4)规定的区间，即

$$\dfrac{2\nu_H}{N} \leqslant f_s \leqslant \dfrac{2\nu_L}{N-1} \tag{5.4}$$

式中，N 为整数，且满足 $2 \leqslant N \leqslant \dfrac{\nu_H}{B}$。

可以看出，在欠采样的范围内，并不是采样频率越高越好，采样频率的取值可以分 N 段区间，当 N 取最大值时无失真采样率最低。虽然 N 的取值有很多(N 为 1 时即低通采样)，但在实际选取的时候要尽量满足以下条件：

(1) 使采样频率尽量低，以减轻后续数字信号处理部分的压力。

(2) 采样后信号频谱的保护带宽足够大，便于滤波器的实现。

(3) 采样频率的容许误差足够大，尽量不要选取每段间的边缘频率，以便采样时钟的实现。

采样后信号的频谱是以采样频率为周期的原频谱周期性地无限重复,如图5.1所示。但要注意,要使采样后不产生频谱混叠,必须保证待采样频段外无其他频段信号,如图5.1(b)频段1为原信号频谱,频段2为采样后周期性重复的其中一段,若采样前在这些重复性频段(如频段2处)有其他信号,就会发生频谱混叠。为避免这种情况发生,可以在采样前加一个抗混叠滤波器,先滤出感兴趣的信号,然后再进行采样。

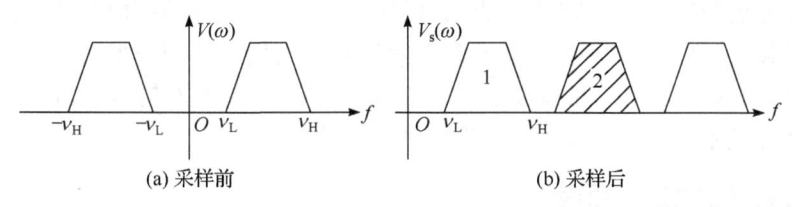

图5.1 带通信号采样前后的频谱

信号带宽和采样频率对采样误差都有一定影响,带宽越大,采样误差越大。对某一带宽的信号,在保证不发生频谱混叠的情况下,采样频率越大,采样误差越小,但同时数据量会增大,因此在工程中应根据实际情况对采样误差和数据量进行考虑(李义红等,2006)。

欠采样降低信号的采样速率,相当于对信号进行了下变频。但是,根据采样理论,对复杂信号(由几种不同频率的分量信号组成)进行采样时,如果采样频率小于信号中最大频率的2倍,则会出现一种称为"混叠"的现象。在大多数应用中,不希望出现混叠,因此一般在模数转换器的前端有一个低通滤波器,用于滤除高频噪声分量,并使期望的信号能通过。

5.1.3 频率信号的欠采样需求

欠采样是在测试设备带宽能力不足的情况下,采取的一种特殊手段,是达到采样更高频率信号的能力。通常,高精度频率测量的对象是原子频标、晶振、频率综合器输出的标准频率信号,典型的标准信号频率如1MHz、5MHz、10MHz和100MHz等,其特点是频谱较纯。

对标准频率信号的采样频率满足奈奎斯特定理,为满足复原原信号的基本波形要求,对信号每个周期采样不少于两个点,与通常通信或是雷达信号等测频需求不同,对频率信号的高精度测量需要通过鉴别信号细微相位变化,反映待测信号的频率稳定性能。因此,一个周期采样两个点的采样率可能错过了瞬时相位变化信息,甚至不能准确测量相位值。另外,为准确表示当前信号的量值,对模数转换器的分辨率也有较高要求。实验证明,高精度频率测量可能需要采样率高于待测信号最高频率的10倍,即若待测对象的标称频率为100MHz,直接模数转换并能恢复原信号需要的最小采样频率为 200MHz，而实现对信号的相位变化信息高分辨率捕捉可能需要 1GHz 甚至更高的采样频率。尽管已经有能满足该采样频率的模数转换器，但代价较高，并且对实时数据处理的处理器也提出了很高的要求，不容易实现，相较于传统的降频测量方案没有优势。

鉴于上述原因，以及数字测量仪器灵活易维护、显示度高、处理能力强、通信功能丰富等诸多优势，为了促进高精度频率信号的数字化测量技术的发展，有以下两种发展思路：一是降低待测信号的频率，如采用混频等模拟变频方法降低待测信号频率，然后经模数转换为数字信号并采用数字处理技术进行测量，详细原理见第 4 章相关内容；二是通过数字变频思想，降低模数转换所需的采样频率，如欠采样等技术被发展应用在精密频率测量领域。

5.1.4 欠采样精密测频原理

频率源输出的标准频率信号通常可用 $V(t) = V\sin[2\pi\nu_0 t + \varphi(t)]$ 表示。其中幅值 $V = V_0 + \varepsilon(t)$，相位 $\varphi(t) = \phi + \phi(t)$，由初始相位 ϕ 和随时间变化的相位变化量 $\phi(t)$ 之和构成。以采样频率 f_s 对信号进行采样，得到数字信号表达式为

$$V'(n) = V\sin\left[2\pi\frac{\nu_0}{f_s}n + \varphi(n)\right]$$

式中，n 为采样数，$n = 0,1,2,3,\cdots$；$\varphi(n)$ 为当前相位。根据相位与频率的对应关系，相位变化量也可用频率差 $\Delta\nu$ 的函数表示，则数字信号表达式可以转换为

$$V'(n) = V\sin\left(2\pi\frac{\nu_0 + \Delta\nu}{f_s}n + \phi\right) \tag{5.5}$$

式中，ϕ 为初始相位；ν_0 为待测信号的标称频率；$\nu_0 + \Delta\nu = \nu_x$，$\nu_x$ 为待测信号频率，且满足 ν_0 远大于 ν_x。

如果采样频率满足奈奎斯特定理，$f_s \geq 2\nu_0$，则对信号的每个周期采样至少两个点，才可以复原原始信号，不会出现频谱混叠，但如果采样频率不满足奈奎斯特定理，可能很多周期才采样一个点，需要在采样时进行特殊处理，以满足测量需求。通常，标准频率源输出信号的标称频率 ν_0 为已知量，或者即使 ν_0 未知也可采用频谱分析等方法先行获得，欠采样测频主要测量对象是待测信号频率的非整数分量 $\Delta\nu$，称为频偏。由于 ν_0 远大于 ν_x 始终成立，针对这一特点，通过设置采样频率，使采样频率满足式(5.6)，即

$$f_s = \frac{\nu_0 - N}{N} \tag{5.6}$$

式中，N 为整数，N 的取值使 $f_s \ll \nu_0$ 成立，N 的典型取值范围为 1~10000。

根据式(5.6)，得到 $\nu_0 = Nf_s + N$，代入式(5.5)，则待测信号经欠采样后的离散表达式为

$$V'(n) = V\sin\left(2\pi\frac{\nu_0+\Delta\nu}{f_s}n+\phi\right) = V\sin\left(2\pi\frac{N+\Delta\nu}{f_s}n+\phi\right) \tag{5.7}$$

根据式(5.7)，待测信号经欠采样后，等价于以 f_s 的采样频率对频率为 $N+\Delta\nu$ 的信号采样。根据定义 $N+\Delta\nu$ 远小于 ν_0，采样的数据中保留了待测信号的频偏、相位波动等信息，忽略了载频分量，可用于测量待测信号的非整数频偏量。

根据上述欠采样处理方法，假设待测信号标称频率为 10MHz，当取 $N=1000$，则等价于对频率为 1kHz 的信号用 9999Hz 的采样频率采样，即每周期有 10 个采样点，远高于奈奎斯特采样要求的每周期 2 个采样点。

根据欠采样的频率数字化方法将待测信号离散后，待测信号转换为式(5.7)所示的数字信号。采样得到的离散数据是一组信号幅度值，而最终需要的测量结果是待测信号的频率值或相位值，因此需要根据离散幅度值计算频偏或相位差。

基于欠采样的频率测量方法是利用数字互相关测量相连两组采样数据的相位变化量，从而推导出待测信号的频偏，以及分析待测信号的频率稳定度。下面简述频偏的测量原理。

采样数据按每秒一组进行分类存储，第 i 秒的数据表示为

$$V'_i(n) = V_i\sin\left(2\pi\frac{N+\Delta\nu_i}{f_s}n+\phi_i\right), \quad n=M,\cdots,2,1,0 \tag{5.8}$$

式中，ϕ_i 为第 i 秒信号的初始相位；M 取值等于 $1/f_s$。

与式(5.8)类似，第 $i+1$ 秒的数据表示为式(5.9)，即

$$V'_{i+1}(n) = V_{i+1}\sin\left(2\pi\frac{N+\Delta\nu_{i+1}}{f_s}n+\phi_{i+1}\right) \tag{5.9}$$

相连两组数据在时间上连续，因此式(5.9)又可以表示为

$$\begin{aligned}V'_{i+1}(n) &= V_{i+1}\sin\left[2\pi\left(N+\frac{N+\Delta\nu_{i+1}}{f_s}\right)(n+f_s)+\phi_i\right] \\ &= V_{i+1}\sin\left[2\pi\frac{N+\Delta\nu_{i+1}}{f_s}(n+f_s)+\phi_i\right]\end{aligned} \tag{5.10}$$

式中，ϕ_{i+1} 为该组采样数据对应信号的初始相位。根据相位与频率的转换关系，ϕ_{i+1} 与前一秒信号的初始相位 ϕ_i 满足 $\phi_{i+1}=\phi_i+2\pi\Delta\nu_i$，假设信号在 2s 内的频率不变，则相连采样数据的初始相位变化是由信号频率的小数分量引起的，则式(5.10)中可用 ϕ_{i+1} 替换 ϕ_i。

计算式(5.8)和式(5.10)的互相关函数，可得

$$R_{V_iV_{i+1}}(0) = \frac{1}{f_s}\sum_{n=0}^{f_s-1} V_i'(n)V_{i+1}'(n)$$

$$= -\frac{V_iV_{i+1}}{2f_s}\sum_{n=0}^{f_s-1}\left\{\begin{array}{l}\cos\left[2\pi(N+\Delta v_{i+1})+\dfrac{2N+\Delta v_i+\Delta v_{i+1}}{f_s}n+2\phi_i\right]\\ -\cos\left[2\pi\left((N+\Delta v_{i+1})+\dfrac{\Delta v_{i+1}-\Delta v_i}{f_s}n\right)\right]\end{array}\right\} \quad (5.11)$$

若 $\Delta v_i = \Delta v_{i+1}$ 的假设成立，则式(5.11)可表示为

$$R_{V_iV_{i+1}}(0) = -\frac{V_iV_{i+1}}{2f_s}\sum_{n=0}^{f_s-1}\left\{\begin{array}{l}\cos\left[2\pi(N+\Delta v_{i+1})+\dfrac{2N+2\Delta v_{i+1}}{f_s}n+2\phi_i\right]\\ -\cos[2\pi(N+\Delta v_{i+1})]\end{array}\right\}$$

$$\approx \frac{V_iV_{i+1}}{2}\cos(2\pi\Delta v_{i+1}) \quad (5.12)$$

为了计算 V_i 和 V_{i+1} 的值，分别计算相连两组数据的自相关函数 $R_{V_iV_i}(0)$ 和 $R_{V_{i+1}V_{i+1}}(0)$：

$$R_{V_iV_i}(0) = \frac{1}{f_s}\sum_{n=0}^{f_s-1} V_i'(n)\cdot V_i'(n) = \frac{V_i^2}{2}-\frac{V_i^2}{2f_s}\sum_{n=0}^{f_s-1}\cos\left[4\pi\left(\frac{N+\Delta v_i}{f_s}\right)n+2\phi_i\right]$$

$$\approx \frac{V_i^2}{2} \quad (5.13)$$

$$R_{V_{i+1}V_{i+1}}(0) = \frac{1}{f_s}\sum_{n=0}^{f_s-1} V_{i+1}'(n)\cdot V_{i+1}'(n)$$

$$= \frac{V_{i+1}^2}{2}-\frac{V_{i+1}^2}{2f_s}\sum_{n=0}^{f_s-1}\cos\left[4\pi\left(N+\Delta v_{i+1}+\left(\frac{N+\Delta v_{i+1}}{f_s}\right)n+2\phi_i\right)\right]$$

$$\approx \frac{V_{i+1}^2}{2} \quad (5.14)$$

根据式(5.13)和式(5.14)可以计算 V_i 和 V_{i+1}，将结果代入式(5.12)可得

$$\cos(2\pi\Delta v_i) = \cos(2\pi\Delta v_{i+1}) = \frac{2R_{V_iV_{i+1}}(0)}{\sqrt{R_{V_iV_i}(0)R_{V_{i+1}V_{i+1}}(0)}} \quad (5.15)$$

根据式(5.15)得到待测信号频率值的小数分量，加上已知的标称频率，即可获得待测信号在测量间隔内的频率均值。

5.1.5 系统误差校准

欠采样频率测量实际上是利用待测信号标称频率已知的特点，通过设置特殊的采样频率，实现对待测信号频率的数字变频，将待测信号的中心频率降低后实施过采样，最后根据采样数据测量原待测信号频率值的小数分量。与差拍数字测频方法的误差类似，信号采样过程中存在量化误差、孔径抖动等，此处不再赘述。

欠采样方法实施高精度频率测量前提是对信号模数转换的采样时钟足够准确，因此采样时钟误差将会导致测量结果出现偏差。为了减小测量过程中附加噪声的影响，与差拍数字测频方法的误差校准方法类似，可以在测量中引入一个与待测信号有相同标称频率，但比待测信号更稳定、更准确的信号作为测量系统附加误差的测量参考。鉴于其性能优于待测信号，可以假定参考信号为无频率偏差、无噪声的信号，测试参考信号得到的频率偏差可近似认为主要由测量系统附加噪声引起，即代表测量的系统误差，与待测信号并行测量的结果可用于校准待测信号的测试结果。

5.2 欠采样数字测频实现技术

欠采样数字测频方法是一种全数字化的频率测量方法，针对标准频率信号的测量需求，通过设置特殊采样频率将模拟待测信号数字化，大大降低高精度频率测量对采样速率及数字信号处理设备的需求。本节介绍基于欠采样数字测频方法的具体实现技术，以及对该仪器系统性能的测试结果。

5.2.1 系统设计与实现

欠采样数字测频系统结构如图 5.2 所示。系统主要由两部分组成，一是负责将模拟信号数字化并采集的硬件系统，二是仪器的软件(王玉兰，2010)。

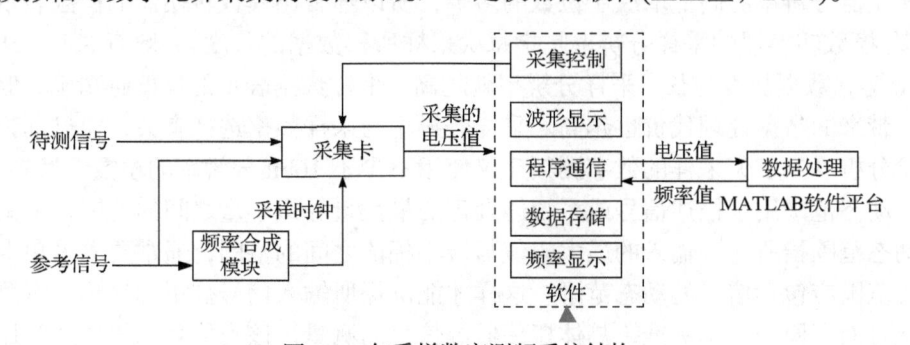

图 5.2 欠采样数字测频系统结构

测频系统的硬件由频率合成模块、采集卡和软件的主控制器组成。通常采集卡自身含有驱动采样时钟的晶体振荡器，但考虑到欠采样数字测频系统对采样时钟准确性和稳定性要求较高，因此选择外部时钟驱动模式，使其锁定到频率合成模块，生成采样所需的时钟信号。

通过采集卡获得的数字信号，进入主控制器，由软件进行进一步处理。软件负责实现典型的仪器应该具有的控制、显示、存储等通用功能，以及频率测量、相位差测量和实时分析频率稳定度等专用功能。为简化开发流程，使用与采集卡属于同一公司的 LabWindows/CVI 软件开发平台作为本系统软件的开发平台，其中核心的频率或相位差等测量分析过程由于涉及大量数组运算，使用 MATLAB 编写相关函数并嵌入 LabWindows/CVI 平台运行。

1. 硬件设计与实现

本系统的硬件结构相对简单，主要功能是完成对模拟信号的数字转换及支撑软件运行，由主控制器、采集卡和频率合成模块组成。采集卡主要完成模拟信号向数字信号的转换，并将数据通过接口传递到主控制器中，同时采集卡工作参数可通过软件控制；频率合成模块主要是为采集卡提供模数转换过程所需的采样时钟。

采集卡主要包括放大器电路、采样/保持电路、模数转换器电路及相关接口电路等，其性能参数与具体应用目的、应用环境密切相关。本系统主要关心其采样速率、采样分辨率、动态范围。

采样速率是指在满足系统精度指标的前提下，对输入模拟信号在单位时间内所完成的采样次数，或者每个通道、每秒钟可采样的数据量，根据欠采样数字测频技术，频率测量所需的采样频率根据待测信号标称频率确定。

采样分辨率是指数据采集系统可以分辨的输入信号最小变化量。通常用最低有效位(LSB)占满度信号的百分比表示，或用可分辨的实际电压值来表示。因为模数转换器分辨率的高低取决于位数的多少，所以通常用模数转换器的位数表示分辨率。模数转换器的采样分辨率是指每次采样所得数据的长度，一般有 8bit、16bit、24bit 等，数据长度越长，采样分辨率就越高，采样数据表示的量值越精确，但越多，带来的数据处理代价也越高。采样分辨率与采样频率选择有关，通过理论和实验分析，基于欠采样的数字测频建议使用不少于 16bit 分辨率的模数转换器。

动态范围用于描述信号或系统能处理的最大量和最小量之间的范围，采集卡的动态范围指所允许输入的最大幅值与最小幅值之间的范围，通常要求采集卡的动态范围应包含信号的动态范围，这样才能确保所输入信号被正确量化。本测量系统是面向原子频率标准、晶体振荡器等信号的测量，该类信号的幅值通常比较稳定，因此输入信号对采集卡的动态范围参数要求相对较低。

根据上述内容，针对输出 5MHz、10MHz 等典型标称频率的频率源测频需求，本系统对所使用的采集卡的主要参数要求如下：采样频率可由软件设置，且最高采样频率不小于 1MHz，采样分辨率不少于 16bit，采样时钟可由外部时钟驱动。

为保证频率合成模块输出频率的准确性，通常还希望频率合成模块具备锁定到具有更高准确度的频率标准上，生成任意指定频点的信号，输出符合采集卡参考时钟要求的采样时钟。本系统的频率合成模块使用直接数字频率合成方案实现，根据频率测量范围需求，频率合成模块输出信号的频率范围为 1～20MHz，信号的频率、幅值、相位、波形均可由软件设置(贺振中，2012)。

2. 软件设计与实现

欠采样数字测频系统的软件基于 LabWindows/CVI 开发平台实现，主要包括采集卡和频率合成模块的参数配置及初始化、数据采集、显示、存储以及信号处理分析等基本功能。

软件分为用户界面模块、数据采集模块、控制模块、数据处理模块和测量结果显示与数据保存五个功能模块，其组成如图 5.3 所示。

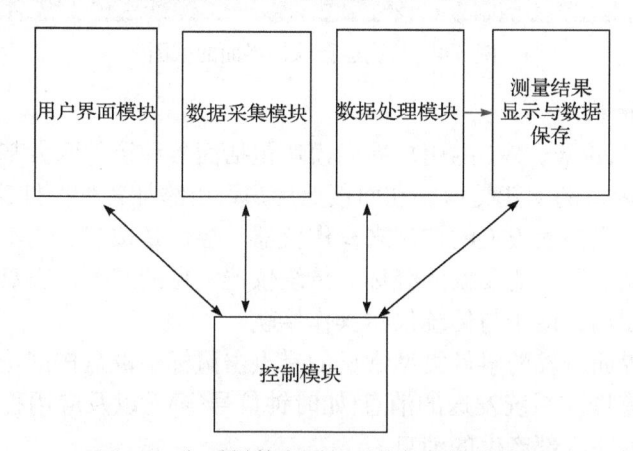

图 5.3 欠采样数字测频系统软件模块划分

用户界面模块利用各种控件完成用户界面的设计，通过回调函数和事件机制实现面板与程序之间的交互，以及数据显示及存储等功能；数据采集模块可以对采集卡设置采样相关参数，并将采样数据传回主控器缓存；控制模块完成软件间接口通信，以及资源协调与分配；数据处理模块完成包括信号的时域及频域分析、频偏量计算等功能。

系统运行软件界面的截图如图 5.4 所示。

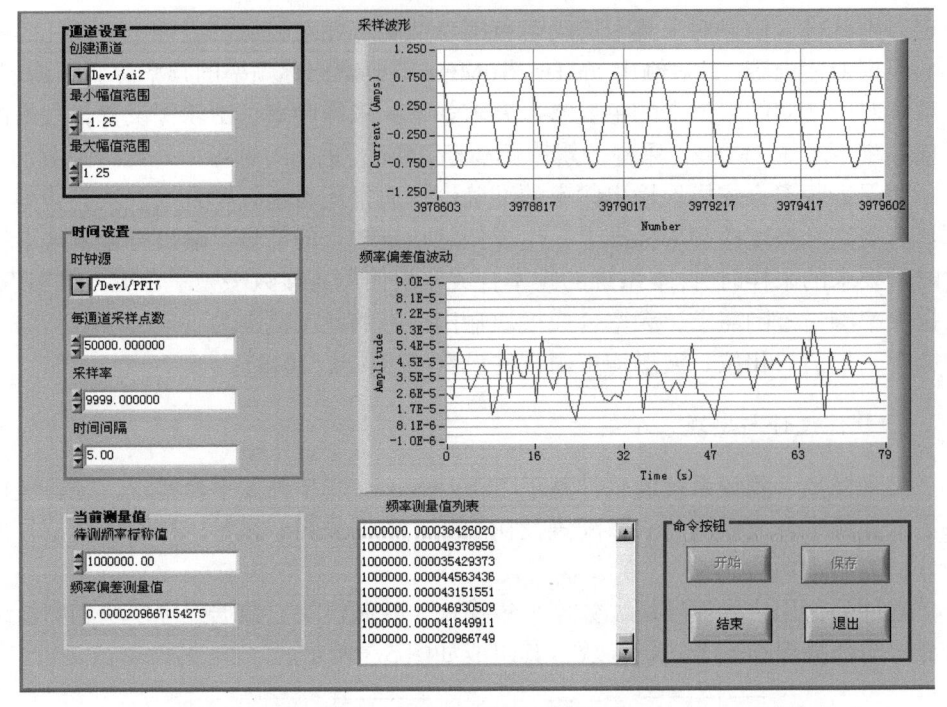

图 5.4　系统运行软件界面的截图

1) 用户界面模块

通常 LabWindows/CVI 的用户界面模块包括面板和控件两大基本要素。面板与 Windows 中窗口的功能类似。在面板上用户可以添加各种控件建立用户界面,通过鼠标点击和拖拽面板上的控件来操作仪器。控件是按钮、文本框、列表框等构成仪器控制及显示功能要素的统称。传统仪器常见的开关、表盘、旋钮、刻度计等控件均可使用,便于与传统仪器操作接轨。

用户操作界面触发的事件类型常见的有点击鼠标、键盘按键输入等,常见的事件驱动方式有操作系统发送的消息(如时钟信号等),以及应用程序之间相互发送的消息或者程序内部产生的消息。

在 LabWindows/CVI 中,面板的移动、缩放、关闭,控件的单击、双击等都是事件。本系统涉及的几种常用事件如表 5.1 所示。

表 5.1　本系统涉及的几种常用事件

事件名称	含义说明
EVENT_CLOSE	面板关闭
EVENT_COMMIT	控件被点击,包括鼠标左键单击和控件获得焦点后键盘回车输入

续表

事件名称	含义说明
EVENT_TIMER_TICK	定时触发(定时器适用)
EVENT_VAL_CHANGED	控件的值或状态被改变(具有值属性的控件适用)

本系统通过时钟信号和数据队列满两种主要事件类型，触发对应回调函数执行测量、存储等操作，用户与应用程序交互如图 5.5 所示。

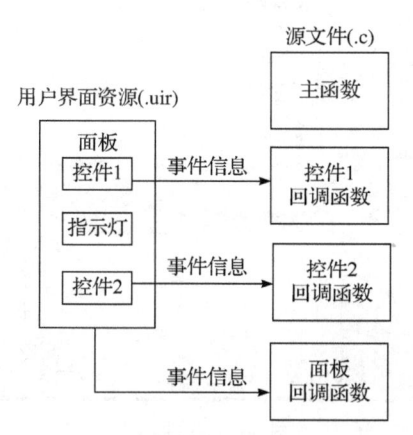

图 5.5　用户与应用程序交互

本系统主窗口中的主要控件功能及说明见表 5.2。

表 5.2　主窗口中的主要控件功能及说明

控件标号	控件类型	功能及说明
通道创建、时钟源选择等	Text→String	创建输入模拟信号通道；创建采样时钟信号通道
幅值范围、采样率、频率值显示等	Numeric	可由用户输入相应参数值
采样波形显示	Graph→Strip Chart	显示采集波形
频率偏差值波动	Graph→Strip Chart	显示测量频率值与其标称值之间的偏差波动情况
频率测量值列表	Text→Text Box	显示当前各测量频率值
开始、结束、保存、退出	Command Button	开始测量；结束测量；保存测量数据；退出应用程序

软件界面如图 5.6 所示。整个界面分为通道设置区、时间设置区、当前测量值显示区、采样波形显示区、命令按钮区等功能区域，便于用户查看和管理。

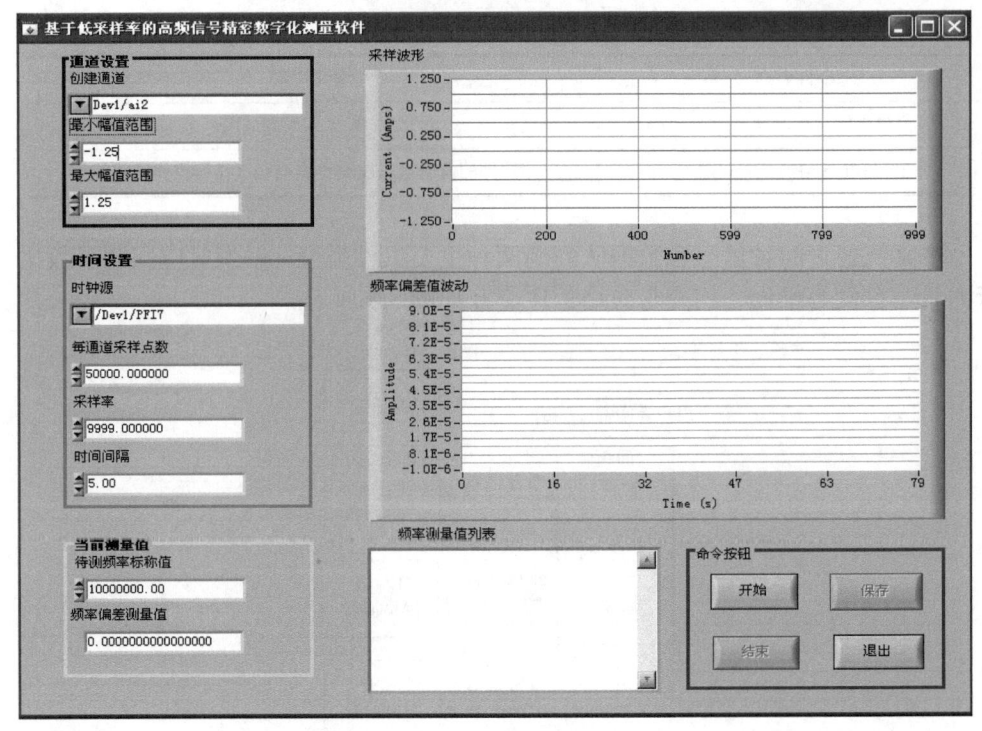

图 5.6 软件界面

2) 数据采集模块

数据采集模块的主要功能包括初始化参数、数据采集和数字滤波，滤波后输出的数据通过总线传送到共享内存中，供数据分析子模块读取、使用。

(1) 初始化参数。初始化参数的主要功能包括创建输入信号通道和采样时钟通道，以及设定采样模式和电平范围、采样频率、触发方式等参数。如果初始化失败，包括与设备通信失败或是参数配置不在合理范围，将提示出错信息，引导做出正确的配置。

(2) 数据采集。数据采集任务由外部触发，即需用户启动"开始"按钮，运行相应的函数，按设定的采样率、采样数、赋值范围等参数采集数据，在没有外部中断事件和异常情况(信号缺失或设备故障等)出现的前提下，将数据存放在内存空间中，并在图形显示控件中绘制信号图形。同时，利用 Labwindows/CVI 可以嵌入其他软件的属性，调用在 MATLAB 软件下开发的频率测量算法程序进行数据处理，与 MATLAB 软件数据交互的详细情况参见下文中程序通信模块的内容。数据采集任务的结束也是由用户操作"结束"按钮触发，执行关闭数据采集端口、停止计算等程序，等待下一次采集指令。数据采集模块流程如图 5.7 所示。

第 5 章 欠采样数字测频

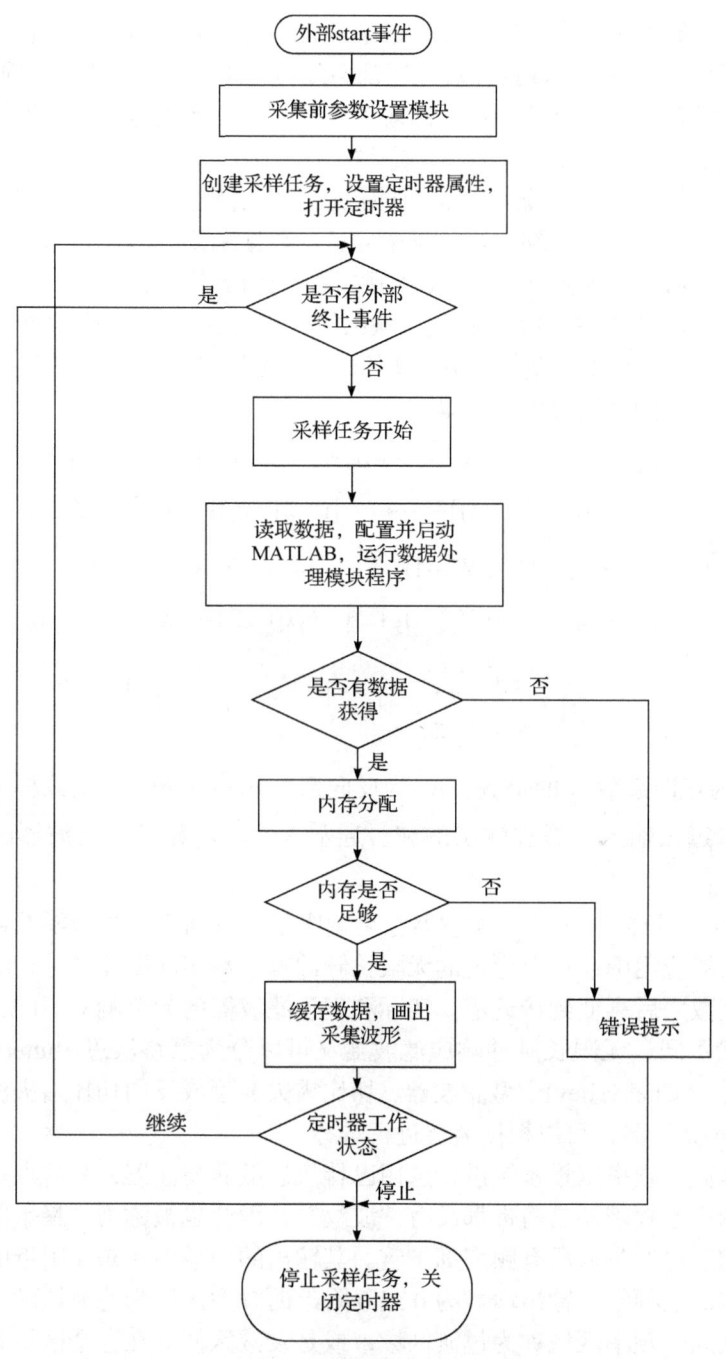

图 5.7 数据采集模块流程图

在启动数据采集之前需要先根据每次采样数、开启的通道总数，分配数据缓存空间临时存储采集数据。实时数据采集过程中将不间断地返回数据，因此需要循环使用缓存，即每一组数据在缓存区都会经历写入、读出、清空的周期性过程，缓存区大小设置一定要合适，不足的缓存空间可能引起先进入的数据被后进入的数据覆盖，导致数据溢出。

(3) 数字滤波。因为采集的数据可能包括干扰信号，所以需要使用数字滤波器对干扰信号进行滤除，得到想要的频率分量。数据采集模块通过采集信号电压离散模拟信号，需结合无限冲激响应(IIR)数字滤波器滤除干扰信号。

IIR 数字滤波器的输出等于将过去输出加权和过去以及当前输入的加权和。若输入用 $x[i]$ 表示，输出用 $y[i]$ 表示，IIR 数字滤波器输入和输出的关系可以用式(5.16)~式(5.18)三种不同的表达式表示，即

$$a_{N_y-1}y[i-(N_y-1)]+\cdots+a_2y[i-2]+a_1y[i-1]+a_0y[i]$$
$$=b_{N_x-1}x[i-(N_x-1)]+\cdots+b_2x[i-2]+b_1x[i-1]+b_0x[i] \quad (5.16)$$

$$a_0y[i]=-a_{N_y-1}y[i-(N_y-1)]-\cdots-a_2y[i-2]-a_1y[i-1]$$
$$+b_{N_x-1}x[i-(N_x-1)]+\cdots+b_2x[i-2]+b_1x[i-1]+b_0x[i] \quad (5.17)$$

$$y[i]=\frac{1}{a_0}\left(-\sum_{j=1}^{N_y-1}a_jy[i-j]+\sum_{k=0}^{N_x-1}b_kx[i-k]\right) \quad (5.18)$$

式中，N_x 为正向系数 b_k 的个数；N_y 为反向系数 a_j 的个数。当前采样点的输出是当前输入、过去输入及过去输出的和。通常 N_x 和 N_y 相等，滤波器的阶数等于 N_x-1。

式(5.16)~式(5.18)描述的滤波器脉冲响应是一系列无限长非零系数，然而在实际的滤波器应用中，一个稳定的无限长脉冲响应数字滤波器的脉冲响应会在有限的采样点数之后衰变到接近零。实际和理想滤波器的频率响应不同，依据频率响应的形状不同，无限长脉冲响应滤波器又可以分为巴特沃思(Butterworth)滤波器、切比雪夫(Chebyshev)Ⅰ型滤波器、切比雪夫Ⅱ型或反向切比雪夫滤波器、椭圆形(elliptic)滤波器，可以根据需要进行选择。

欠采样数字频率测量系统设计选用巴特沃思低通滤波器，其特点是巴特沃思滤波器无论在通频带还是阻带都没有"波纹"，因此也被称为"最平"滤波器。它的频率响应对通带内所有频率都平整。其输出的增益为 1 或 1 附近的频率区域就是滤波器的通频带，输出增益为 0 或 0 附近的频率区域为滤波器的阻带。通频带和阻带之间的频率区域称为过渡区域，或是衰减区域，在这个区域其增益从 1 逐渐减到 0。巴特沃思滤波器的优点是在过渡区域内，其频率响应曲线平滑单调递减。

滤波器的阶数越高，过渡区域越陡峭，同时运行滤波器所需计算量也越大。这是因为滤波器阶数越高，意味着滤波器系数越大，需要的处理时间也就更长；反之滤波阶数越少，衰减陡度越小，计算量就越小。常用的滤波器阶数区间为1~20，一般不会超过30。

3) 控制模块

LabWindows/CVI 提供数据采集、分析及存储等函数库，是一个开放型的开发环境，拥有大量与其他应用程序通信的接口函数库。例如，可使用 ActiveX、DDE 和 SQL，与其他 Windows 应用程序集成；支持 GPIB、VXI、PXI、RS-232/485、PCI 等接口类型，可以与支持上述接口的硬件设备通信，擅长与各种设备交互信息。在数据运算方面，特别是矩阵运算方面，LabWindows/CVI 的效率并不高。相较而言，在数据运算方面，MATLAB 比 LabWindows/CVI 更为擅长，但 MATLAB 对硬件接口的兼容性及对仪器的测控等能力相对较弱。综上原因，本系统结合 LabWindows/CVI 和 MATLAB 各自的优势混合编程，取长补短(胡晓冬等，2010)。

不同编程环境的混合编程，实质是理清不同编程环境下各数据类型的定义，并按照定义进行转换，搭建 LabWindows/CVI 和 MATLAB 之间数据和命令交换通道。例如，在 LabWindows/CVI 下建立一个数据交换 ActiveX 服务控件，ActiveX 服务控件的建立方法主要有两种：

(1) 在 LabWindows/CVI 窗口中，用户自行创建 ActiveX 服务函数，这种方法要求在主控制器中事先必须预装 MATLAB 和 LabWindows/CVI 软件。

(2) 利用 LabWindows/CVI 自带的 ActiveX 服务函数进行接口通信。LabWindows/CVI 中直接提供和 MATLAB 接口通信的 ActiveX 服务函数，如 Matlabsrvr.c、Matlabsrvr.h、Matlabsrvr.obj、Matlabsrvr.fp、Matlabsrvr.sub 等。但是由于各个用户所装的 MATLAB 版本不同，在实现混合编程时，并不能直接应用 CVI\samples\activex\Matlab 下的 ActiveX 服务函数。这是因为不同版本 MATLAB 软件的 Matlab Application 的注册码不同，这就需要修改 MATLAB 的注册码，具体操作步骤可以查阅相关文献。

ActiveX 服务函数创建完毕后，就可以在 LabWindows/CVI 下直接调用运行 MATLAB 的相关函数，执行完成后输出数据处理结果反馈到主程序，对结果进行存储或显示。

LabWindows/CVI 中调用混合编程接口函数完成指令和数据传递程序通信模块的流程如图 5.8 所示。

4) 数据处理模块

数据处理模块主要是对采集到的数据进行实时处理分析，是实现频率精密测量的关键步骤。

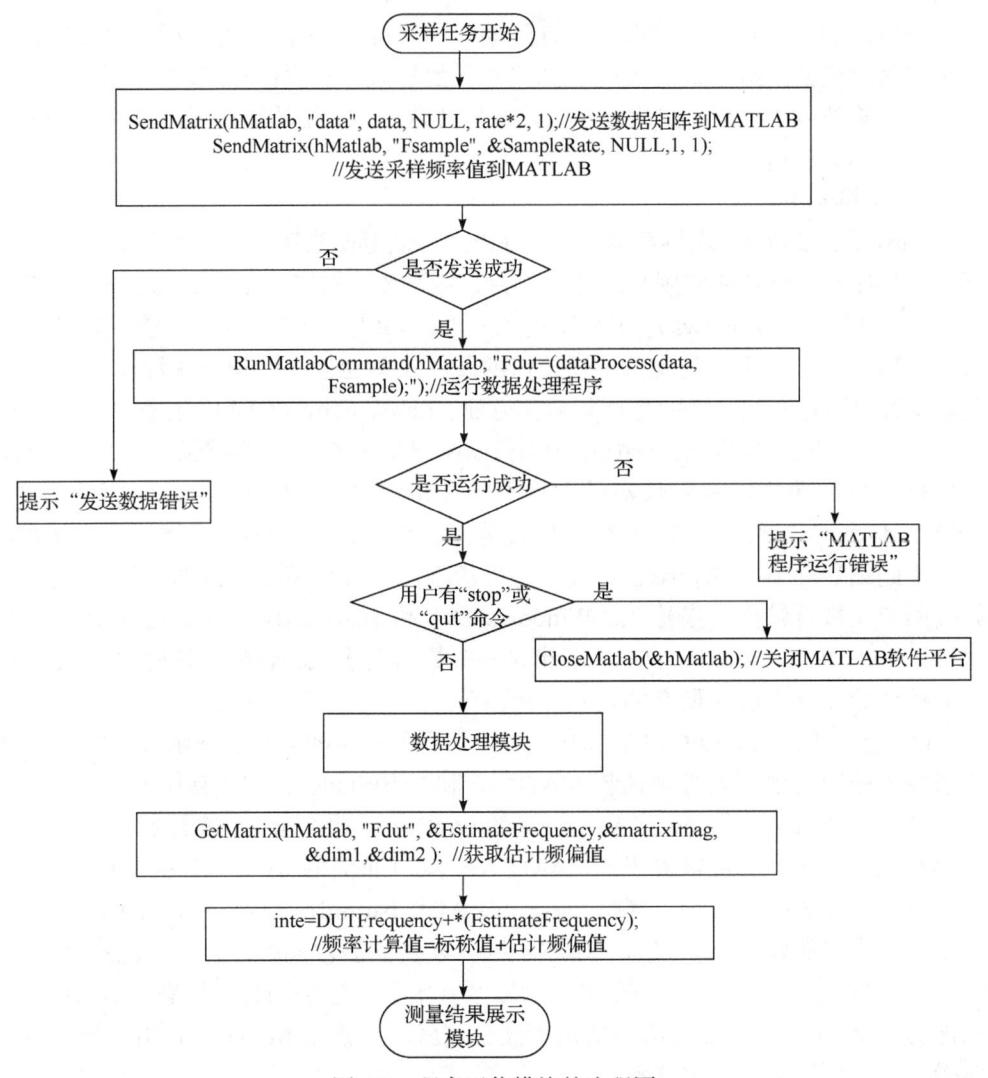

图 5.8 程序通信模块的流程图

本系统采用互相关频率算法，将相连的两组采样数据进行相关运算，计算信号在测量间隔内的相位变化量，进而转换为待测信号的频偏量。因为噪声通常与信号不相关，所以互相关方法有益抑制噪声。

根据 5.1.4 小节欠采样精密测频原理所述的测频原理，待测信号的频偏 $\Delta\nu$ 可以根据式(5.19)计算，即

$$\Delta\nu = \frac{1}{2\pi}\arccos\frac{2R_{V_iV_{i+1}}(0)}{\sqrt{R_{V_iV_i}(0)R_{V_{i+1}V_{i+1}}(0)}} \tag{5.19}$$

频偏的计算首先需要将测量间隔内的数据分组存储，常用的测量间隔为 1s，即将数据按秒的间隔分组存储，然后将各通道内相连两组测量数据进行互相关处理，该过程如图 5.9 所示。

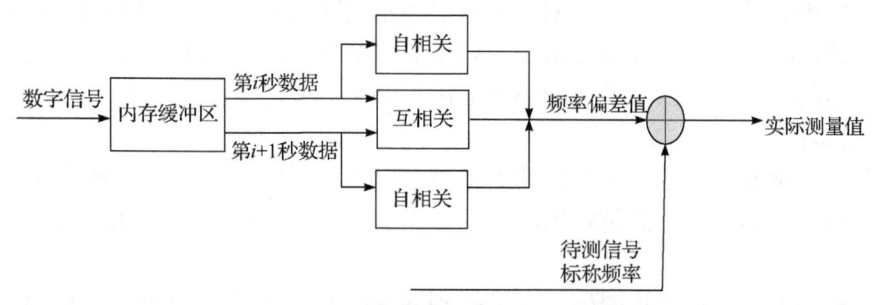

图 5.9　数据互相关处理过程

以 1s 的测量间隔为例，频率计算模块的具体设计流程如图 5.10 所示。

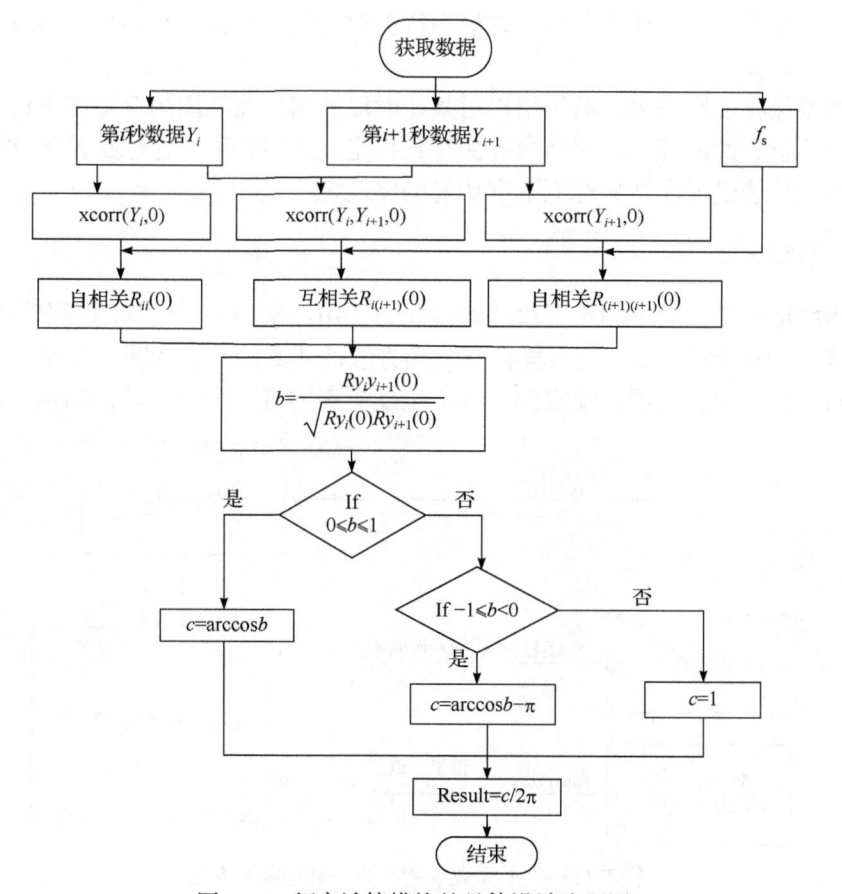

图 5.10　频率计算模块的具体设计流程图

5) 测量结果显示与数据保存模块

测量结果的显示分为当前测量值显示区、频率测量值列表和频率偏差值变化趋势图三个区域。当前测量值显示区展示最新的测量值情况，包括当前待测标称频率和频率偏差测量值。频率偏差测量值表示实际频率测量值与标称频率的偏差情况，其值有正有负，分别表示实际频率测量值比其标称频率大或是小。频率偏差绝对值越小，说明该信号的频率越准确；频率偏差的变化量越小，说明该信号频率越稳定。

频率测量值列表是以文本框的形式显示出本次测量得到的所有测量结果随着测量时间的积累，新的测量结果出现，可以通过操作侧边框的滚动条查阅历史测量值。

频率偏差值变化趋势图根据测量得到的频率偏差值自动实时绘制频率偏差值变化曲线，并按设置的显示时段始终显示最新一批频率偏差值。频率偏差值曲线展示频率测量值的波动情况，曲线越平滑表明变化量越小，信号的频率越稳定。频率偏差值曲线的设计要点为可以根据待测信号的频率特征和用户关注点，按需配置显示区间。

数据保存模块是为了满足用户对某些时段数据、曲线图的存储需求设置，便于事后分析、回放等，将存储内容保存到指定文件路径下。这也是基于软件实现的仪器较传统模拟仪器具有更丰富功能的体现之一。

5.2.2 系统测试

为验证欠采样数字测频方法的测量能力，用频率稳定度已知的频率源输入测量系统进行符合性测试。欠采样数字测频方法性能测试系统如图 5.11 所示，待测源来自一台频率合成器，锁定到一台稳定度更高的氢原子钟，其输出信号的标称

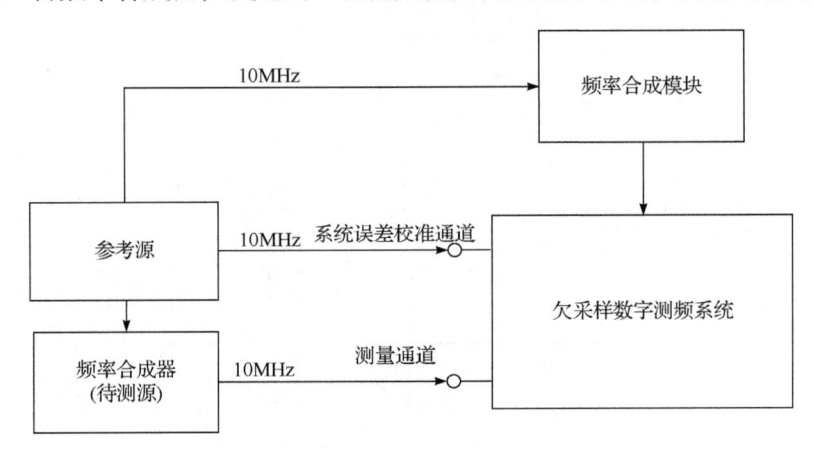

图 5.11 欠采样数字测频方法性能测试系统

频率为 10MHz，频率秒级稳定度经其他同类仪器测试为5×10^{-12}，氢原子钟同时作为测试的参考源，输出信号的标称频率为 10MHz，频率秒级稳定度优于5×10^{-13}，参考信号用于实时校准测量系统的系统误差。鉴于参考源频率秒级稳定度优于频率合成模块一个量级，满足作为测试参考的要求，可以忽略参考源不稳定性对测量结果的影响。

待测信号的标称频率为 10MHz，根据欠采样率计算式，欠采样频率可为999Hz、9999Hz、99999Hz。需要特别说明的是，在采样频率为 999Hz 时，根据式(5.8)可知，该采样率采样后相当于将待测信号变频到 10kHz 附近，理论上仍不满足奈奎斯特最低采样率的需求。但是，待测信号具有频率准确度高、频谱纯的特点，因此实际待测对象是待测信号相对于标称频率的频偏量，通常远小于100Hz，999Hz 的采样率能满足对频偏小于 100Hz 信号的采样需求，能以较低的采样频率提取待测信号频偏信息，这也是欠采样方法的主要优势。

测试在实验室环境下进行，分别对比了 N 取 10000、1000 和 100，即对应采样频率为 999Hz、9999Hz 和 99999Hz 下的测试情况，在参考源、待测源及测量系统均稳定工作后开始测试，每组测试的时长约为 0.5h，测试结果比较如表 5.3 所示，其中频率稳定度是用重叠偏差计算。

表 5.3 不同采样频率测试结果比较

待测信号标称频率/MHz	采样频率/Hz	频偏/10^{-5} Hz 最大值	频偏/10^{-5} Hz 最小值	频偏均值/10^{-5} Hz	重叠偏差/10^{-12}
10	999	6.024208	1.91831	2.769	8.07
10	9999	5.145931	1.20997	2.101	6.75
10	99999	5.724506	1.84701	3.176	8.21

根据搭建的测试平台，频率合成器与测试用参考信号同源，理想情况下两者之间的频率差无限接近零值，实际测试结果主要反映测量噪声的影响。

测量结果显示，在三种不同采样频率条件下，采样频率约为 10kHz 时，欠采样频率测量系统测得待测信号的频偏均值最小，波动范围最小，此组测量结果相对于其他采频率最接近理想测量结果，秒级阿伦偏差为 6.75×10^{-12}，是三种采样间隔中最优的结果，与待测信号的实际频率稳定度结果也最为接近。因此，根据测试结果可以得出结论，在上述测试环境及条件下，测量 10MHz 频率信号，采用欠采样频率测量方法，采样频率为 10kHz 时测量系统的测量噪声影响最小，更小的采样频率将增加测量噪声，符合采样频率越高测量噪声越小的原则。但是，当采样频率增加到 100kHz 时，测量噪声反而恶化，可能与模数转换器采样时钟频率稳定度有关，尽管使用了外参考信号，但是内部时钟到外参考信号的质量也会影响结果。

参 考 文 献

贺振中, 2012. 基于欠采样的数字化计数器研制[D]. 北京: 中国科学院大学.
胡晓冬, 董辰辉, 2010. MATLAB 从入门到精通[M]. 北京: 人民邮电出版社.
李义红, 王新宏, 管文良, 2006. 宽带信号延迟采样方法误差分析仿真研究[J]. 计算机仿真, 23(6): 116-119.
林相波, 2006. 宽带中频欠采样技术的研究及实现[D]. 绵阳: 西南科技大学.
王玉兰, 2010. 基于低采样率的高频信号精密数字化测量方法研究[D]. 北京: 中国科学院大学.
张天航, 邱琪, 苏君, 等, 2016. 光模数转换技术及其研究进展[J]. 激光与光电子学进展, 53(12): 22-29.

第 6 章 现代测频系统及方法

鉴于时间频率设备对航空航天、国防及民用电力系统、通信系统等领域的重要作用，多国有精密频率测量设备及其相关产品的研发团队，目前已有多种型号的商业产品或实验室设备可供选择。美国国家航空航天局(NASA)的喷气推进实验室(JPL)、中国科学院国家授时中心(NTSC)、英国国家物理实验室(NPL)，以及法国、捷克、波兰、俄罗斯等国的研究机构都在开展相关工作。另外，以美国Microsemi(原 Symmetricom)公司、俄罗斯 VREMYA-CH 公司、英国 Quartzlock 公司、德国 TimeTech 公司、日本 Anritsu 公司等为代表的多家企业也都在进行频率信号高精度测量、分析设备的研发工作，并推出了一系列的高精度时频测量产品。本章将介绍代表当前最高水平的几种精密频率测量设备或测量方法的工作原理。

6.1 多通道频标稳定度分析仪

多通道频标稳定度分析仪(FSSA)是 NASA 喷气推进实验室为同时监测多个频标设备、满足深空探测需求而研发的一套实验室专用系统，有 8 个输入通道，能同时监测 6 台输出标称频率为 100MHz 频标源的频率稳定度，以及 1 台输出任意频率(典型频率值为 X 和 Ka 频段)的频率源设备。该设备测量 100MHz 的频率信号，取样时间为 1s 时，用阿伦偏差表示的测量系统本底噪声优于 2×10^{-15} (Greenhall et al., 2006, 2001; Greenhall, 2000)。

FSSA 的基本工作原理是双混频时差和数据内插平均，如图 6.1 所示。

待测信号、参考信号均通过输入端口接入 FSSA，分别与频率偏差产生器输出的信号通过混频器进行混频，然后经低通滤波后得到低频差拍信号，多通道事件计数器监测每路差拍信号的过零点时刻，并打上精确时标，计算机获取带有各通道识别信息的时间标签数据进行后处理。为保证频率偏差产生器输出信号的频率准确性，将其输出频率锁定到参考频标信号。FSSA 的通道 7 被设计为测量 X 或 Ka 频段任意频率的信号，可以用于测试特殊频率的信号。

FSSA 系统是基于双混频时差法测量原理，但在对差拍信号的处理方法上与双混频时差法又有明显区别。先将标称频率均为 v_0 的待测信号和参考信号分别与频率偏差产生器输出信号混频，频率偏差产生器输出频率为 v_0-F，混频后的差拍信号频率为 F。双混频时差法一般使用时间间隔计数器测量差拍信号间的时差

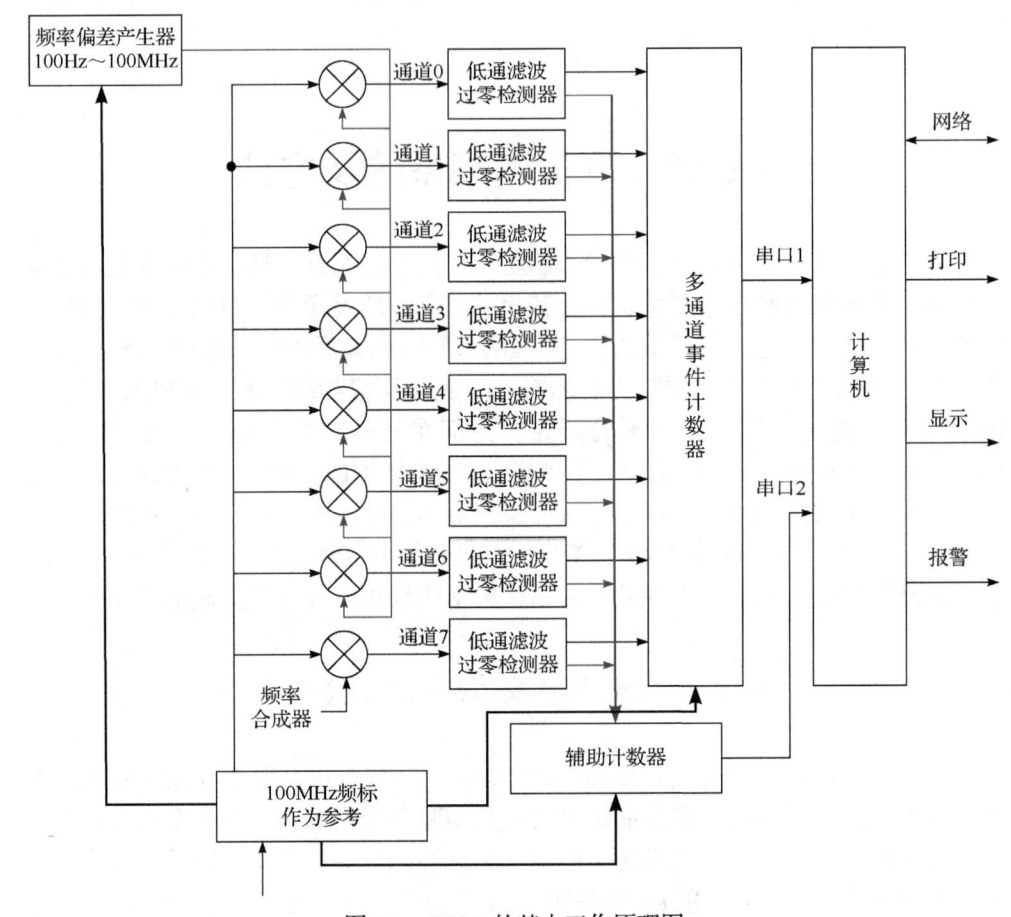

图 6.1 FSSA 的基本工作原理图

$x_b(t)$，对应待测信号与参考信号的时差为$(F/v_0)x_b(t)$，为便于测量及减少频率偏差产生器噪声的影响。双混频时差法一般还会使用移相器调整其中一路差拍信号的相位。FSSA 不需要差拍信号之间严格同相，也不直接测量差拍信号间偏差，而是使用多通道事件计数器精确标记差拍信号各过零点发生时刻，然后通过软件对每个通道标记的过零点时刻数据采用内插、平均等方法处理，最后计算各差拍信号的相位差。FSSA 系统的差拍频率一般不小于 100Hz，默认为 123Hz。

FSSA 软件负责处理数据以及信息显示等，下面介绍结合了内插和平均的数据处理算法基本原理。

假设差拍信号第 n 次过零点的发生时刻是 t_n，那么差拍信号在 t_n 时实际的相位周期相对于标称差拍相位值 Ft_n 的相位残差可以用式(6.1)表示，即

$$\xi(t_n) = n - Ft_n \tag{6.1}$$

式中，n 是在 t_n 时刻实测的相位值；$\xi(t_n)$ 是某通道输入信号与频率偏差产生器输出信号混频所得的相位残差值；F 是差拍标称频率；Ft_n 是理想频率信号在 t_n 时刻的相位值。各通道 t_n 时刻的相位残差 $\xi(t_n)$ 是通过平均拟合时间间隔 τ_s 内多个过零点与差拍相位值 Ft_n 的差值得到，如图 6.2 所示，其中 $F\tau_s$ 远大于 1。图 6.2 显示了通过线性内插和 τ_s 时间单元平均拟合得到 $\xi(t_n)$，通常拟合时间间隔 $\tau_s = 0.5s$。

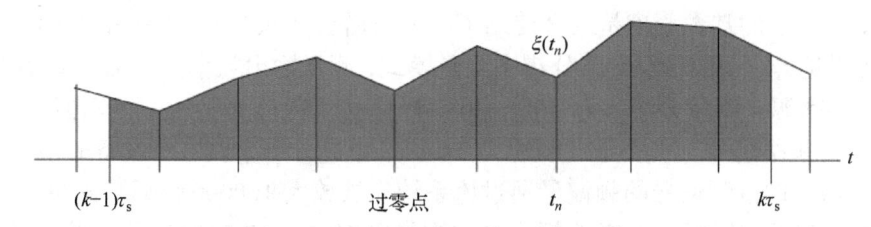

图 6.2 在时间间隔 τ_s 内通过线性内插、时间单元平均拟合相位残差 $\xi(t_n)$

每个通道的相位残差拟合值反映的是待测信号相对于公共参考源的偏差量，存储该值，然后将各通道的相位残差数据与参考通道的残差数据相减，相当于双混频时差测量中对待测信号与参考信号做时差测量。公共参考源所引入的噪声能通过两通道相减抵消。

FSSA 的基本工作思路与双混频时差测量法类似，但又不完全相同，它结合了数字信号处理技术降低噪声影响，优点包括：多通道设计可以同时进行多个标准频率源与参考源的比对，另外还设计了一个可测量任意频点的通道，扩展了系统的频率测量范围；数据处理中采用线性内插、时间单元平均拟合相位残差的方法，降低了经典双混频时差测量法对两个差拍信号相位一致性的要求，还有助于改善公共参考源短期不稳定性导致的测量误差，这也是 FSSA 能够实现高精度测量的主要原因。FSSA 是世界上公开资料显示稳定度最高的测量系统，该系统专为 NASA 服务，还没有其他机构使用该系统的公开报道。

6.2 信号稳定度分析仪

A7 系列的频率、相位比对设备是英国 Quartzlock 公司研制的专业高精度时频产品之一，A7 系列的最新型号 A7000 称为频率/相位分析仪(frequency/phase analyzer)(Quartzlock，2020)。该仪器由硬件和软件两部分组成，软件可安装在笔记本电脑中，通过串口、网口或 USB 接口与硬件部分通信。该系列仪器主要特点包括针对不同测量需求，有单通道粗测和高精度差分测量两种模式可供选择；支持频率测量范围为 3~919MHz；单点测量分辨率为 100fs，兼容稳定度分析软件

Stable 32。

A7-MXU 是 A7000 的早期版,其测量性能与 A7000 相同,取样时间 1s 的系统附加的测量不稳定度用阿伦偏差统计,最低可以优于 3×10^{-14},10000s 取样时间的阿伦偏差为 1×10^{-16}。主要区别在于频率测量范围,A7000 频率测量范围为 3~919MHz,A7-MXU 频率测量范围为 1~65MHz。

本节以 A7-MXU 为主要对象介绍该系列仪器的测量基本原理。

A7-MXU 的基本原理是结合使用了频差倍增法和双混频时差法,有两种测量模式可供选择,一种是窄带高分辨率测量模式,测量输出频率为 5MHz 或 10MHz 的标准频率源,测量分辨率为 50fs;另一种是宽频模式,可测量频率范围为 1~65MHz 的频率信号,测量分辨率是 12.5ps。窄带高分辨率模式下设备的倍频数为 100000 倍,即待测信号的频偏量通过该系统先被放大 100000 倍后再测量。

混合使用双混频、多级倍频及时差测量等方法,A7-MXU 系统测量原理如图 6.3 所示。

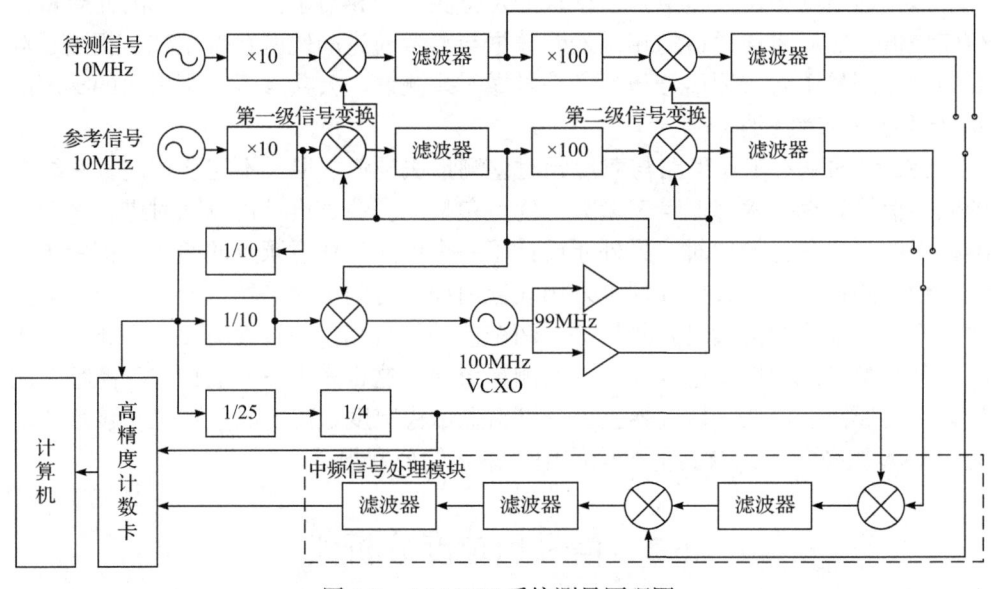

图 6.3 A7-MXU 系统测量原理图

A7-MXU 在窄带高分辨率模式下待测信号标称频率可以是 10MHz 或 5MHz,测量时要求参考信号与待测信号标称频率相同。以测试标称频率为 10MHz 的待测信号为例,图 6.3 中第一级信号变换对待测信号进行 10 倍频(5MHz 对应 20 倍频)处理,使第一级倍频器输出信号的标称频率为 100MHz。倍频后信号经过两级 10 分频后输出频率为 1MHz(当测试对象的标称频率为 5MHz 时,分频器切换为 20 分频)。系统的公共参考信号由带锁相环的恒温压控振荡器产生,通过锁相环控制 A7-MXU 系统内部工作频率为 100MHz 的恒温压控振荡器(VCXO)，使 VCXO 的输出锁定到外部输入的 10MHz 参考频率信号，VCXO 输出频率为 99MHz 的信号。经过频率分配放大器分成相同的四路，其中两路分别与第一级倍频后的参考信号、待测信号混频并滤波，输出频率为 1MHz 的中频信号。待测信号与参考信号经过第一级的倍频、混频后，两者之间的频差按比例增大。

在窄带高分辨率测量模式下，为了获得更高的测量分辨率，A7-MXU 还设计了第二级信号变换链路，VCXO 输出的 99MHz 信号经频率分配放大器后得到其中两路，分别用作第二级信号变换时的公共参考信号。第一级信号变换后输出的 1MHz 中频信号直接送入系统的第二级信号变换再次进行信号频率变换。系统第二级的信号频率变换结构与第一级相似，如图 6.3 所示，由 100 倍倍频器、鉴相器和滤波器组成，两级信号频率变换分别输出两组中频信号，各自对应的倍频因子是 1000 和 100000。

一种方案是直接使用时间间隔计数器测量参考与待测信号变频为 1MHz 后中频信号间的差值，优点是可以抵消测量中的漂移，适用于相位测量需求。若直接测中频信号间的频差则不太方便，这是因为参考信号和待测信号经频率变换后输出差拍信号的标称频率相等，直接测量可能得到接近零值的频差。此外，1MHz 中频信号的带通滤波器可能引入一些难以解决的噪声。因此，A7-MXU 不直接测量中频信号，而是将两中频差拍信号送入中频处理模块。中频处理模块将 10MHz 的参考信号先后经 10 倍频、10 分频、25 分频和 4 分频后得到的频率为 100kHz 的信号作为公共参考信号，将待测信号经两级频率变换后得到的 1MHz 中频信号与频率为 100kHz 的公共参考信号混频，输出标称频率为 900kHz 的两个差拍信号，然后再与参考信号经两级频率变换后输出的 1MHz 中频信号混频，最终得到标称频率 100kHz 的信号。中频信号处理模块还包括两级滤波电路对混频信号进行滤波处理，滤波后用高精度计数卡测量标称值均为 100kHz 的参考信号和待测信号的时差，如图 6.3 所示。其中，参考信号经过了 10 倍频、10 分频、25 分频和 4 分频变换，与待测信号的频率变换过程不同。时差结果在软件做进一步分析、显示等操作。系统中高精度计数卡测量两信号差值，能抵消系统中公共噪声的影响，包括 VCXO 的短期不稳定性、器件噪声等。

在对待测信号和参考信号倍频、混频等处理过程中，为减少测量误差，采用以下减噪措施，包括但不限于：使用相位受温度影响小的双平衡混频器，选用时延较小的 ECL 型分频器，在电路设计上尽量使待测和参考信号经过的频率变换电路完全对称，使用热传导效应好的厚金属作为电路板基底减小温度变化对测量的影响等。

下面介绍测量中信号频率变换及运算过程。

经过第一级和第二级变频后得到的两个中频差拍信号分别携带了参考信号和

待测信号的频偏信息，该频偏量经过两级倍增放大，输入到中频信号处理模块。

待测信号、参考信号和 VCXO 的频率值分别用 $F_1+\Delta F_1$、$F_2+\Delta F_2$ 和 $F_3+\Delta F_3$ 表示，F_1、F_2 和 F_3 分别为各信号的标称频率，ΔF_1、ΔF_2 和 ΔF_3 分别为各信号实际频率与标称频率的频差，经过第一级和第二级信号变换得到的频偏分别用式(6.2)和式(6.3)表示。

第一级信号变换输出：

$$[(F_1+\Delta F_1)\times 10-(F_3+\Delta F_3)]$$
$$-\left\{[(F_2+\Delta F_2)\times 10-(F_3+\Delta F_3)]-\frac{(F_2+\Delta F_2)\times 10}{10\times 25\times 4}\right\}$$
$$=(F_1-F_2)\times 10+(\Delta F_1-\Delta F_2)\times 10+\frac{F_2+\Delta F_2}{100} \qquad (6.2)$$

第二级信号变换输出：

$$[(F_1+\Delta F_1)\times 10-(F_3+\Delta F_3)]\times 100-(F_3+\Delta F_3)$$
$$-\left\{[(F_2+\Delta F_2)\times 10-(F_3+\Delta F_3)]\times 100-(F_3+\Delta F_3)-\frac{(F_2+\Delta F_2)\times 10}{10\times 25\times 4}\right\}$$
$$=(F_1-F_2)\times 1000+(\Delta F_1-\Delta F_2)\times 1000+\frac{F_2+\Delta F_2}{100} \qquad (6.3)$$

已知待测信号、参考信号标称频率相等($F_1=F_2$)，式(6.2)和式(6.3)的第一项可以消除。一般情况下，选作参考的频率信号精度至少应该比待测信号高 3 倍，因此相较待测信号，参考信号的频率偏差可以忽略不计，即可以近似认为 $\Delta F_2=0$，则式(6.2)和式(6.3)的第二项可以用 ΔF_1 表示(ΔF_1 表示待测信号相对参考信号的频差)，化简后式(6.2)和式(6.3)分别表示如下。

第一级信号变换输出：

$$\Delta F_1\times 10+\frac{F_2}{100}$$

第二级信号变换输出：

$$\Delta F_1\times 1000+\frac{F_2}{100}$$

当参考信号的标称频率是 10MHz，假设待测信号的频偏为 10mHz，即 $\Delta F_1=10\text{mHz}$，输入高精度计数卡信号的频率用式(6.4)表示，即

$$\Delta F_1\times 1000+\frac{F_2}{100}=10\text{Hz}+100\text{kHz}=100.01\text{kHz} \qquad (6.4)$$

高精度计数卡测量待测信号和参考信号分别经频率变换后的频率差值，两信号的中心频率均为 100kHz。

相较于单纯的倍频、混频测量系统，A7-MXU 是一种混合型结构，集合多级倍频、混频提高测量分辨率，具有双混频时差测量结构能抵消共有噪声的优点，结构相对复杂。相较于 A7-MXU 系统，A7000 作为其升级版，具有与 A7-MXU 相同的测量分辨率，相对简洁紧凑的结构、更宽的频率测量范围，以及更深度地与数字技术融合。其中，更宽的频率测量范围是通过在内部配置了多个频率合成模块，分别支持 3～200MHz 和 10～919MHz 测量，以及两组事件计时器，用于测量各通道变频后的信号，支持 100ks/s 的采样速率，可以支持最短取样时间 1ms 的频率稳定度分析。

6.3 比 相 仪

相位比对仪(PCO)简称比相仪，是德国 TimeTech 公司地面时频测试系统的代表产品，也是国家级时频实验室常用的时频监测系统之一。该设备的输入端口数可根据需求配置，本节以 6 个输入端口的比相仪系统为例进行介绍，能同时比对 6 路频率信号，测量 10MHz 信号时，取样时间 1s 的阿伦偏差优于 2.5×10^{-14} (TimeTech, 2003)。

比相仪由硬件、监控软件和显示软件三部分组成。其中，监控软件和显示软件都运行在个人计算机(PC)上，监控软件功能与硬件前面板设备控制功能相同。PCO 的基本原理是经典的双混频时差测量，结合后端数据处理软件扩展仪器分析功能，其工作原理如图 6.4 所示。

比相仪包含 6 个输入通道，其中 5 个可用于测量待测信号，1 个输入参考信号。各通道结构完全相同，现以任一测量通道和参考通道对信号的处理为例，介绍信号在系统内的变换过程。参考信号频率为 v_0，待测信号频率为 v_x，分别输入参考通道和测量通道。两输入信号首先通过双平衡混频器分别与辅助振荡器输出频率为 v_a 的信号混频，其中 $v_a = v_0 - F$，F 表示混频后差拍信号的频率。F 的取值决定了测量系统可分析频率稳定度的最小取样时间。若待测信号是秒级频率稳定度，则 F 的频率取值应为几赫兹；若待测信号是毫秒级频率稳定度，则 F 需取数千赫兹。PCO 采用两级双混频结构，辅助振荡器输出信号的频率 $v_a = 98.99995\text{MHz}$，频率为 100MHz 的参考信号与辅助振荡器输出信号经第一级混频后输出的差拍信号频率 $F_1 = 1\text{MHz}+50\text{Hz}$，此差拍信号经过滤波后送入第二级混频器。第二级混频器为数字混频器，第二级混频器的另一个输入端接入 100 分频后的参考信号，输出差拍信号频率 $F_2 = 50\text{Hz}$，然后用计数器测量两差拍信号的时差，此处采用粗测计数器和精测计数器结合使用的方案，得到的时差值送入计算机中，运行软件，对数据作后期分析、显示处理。

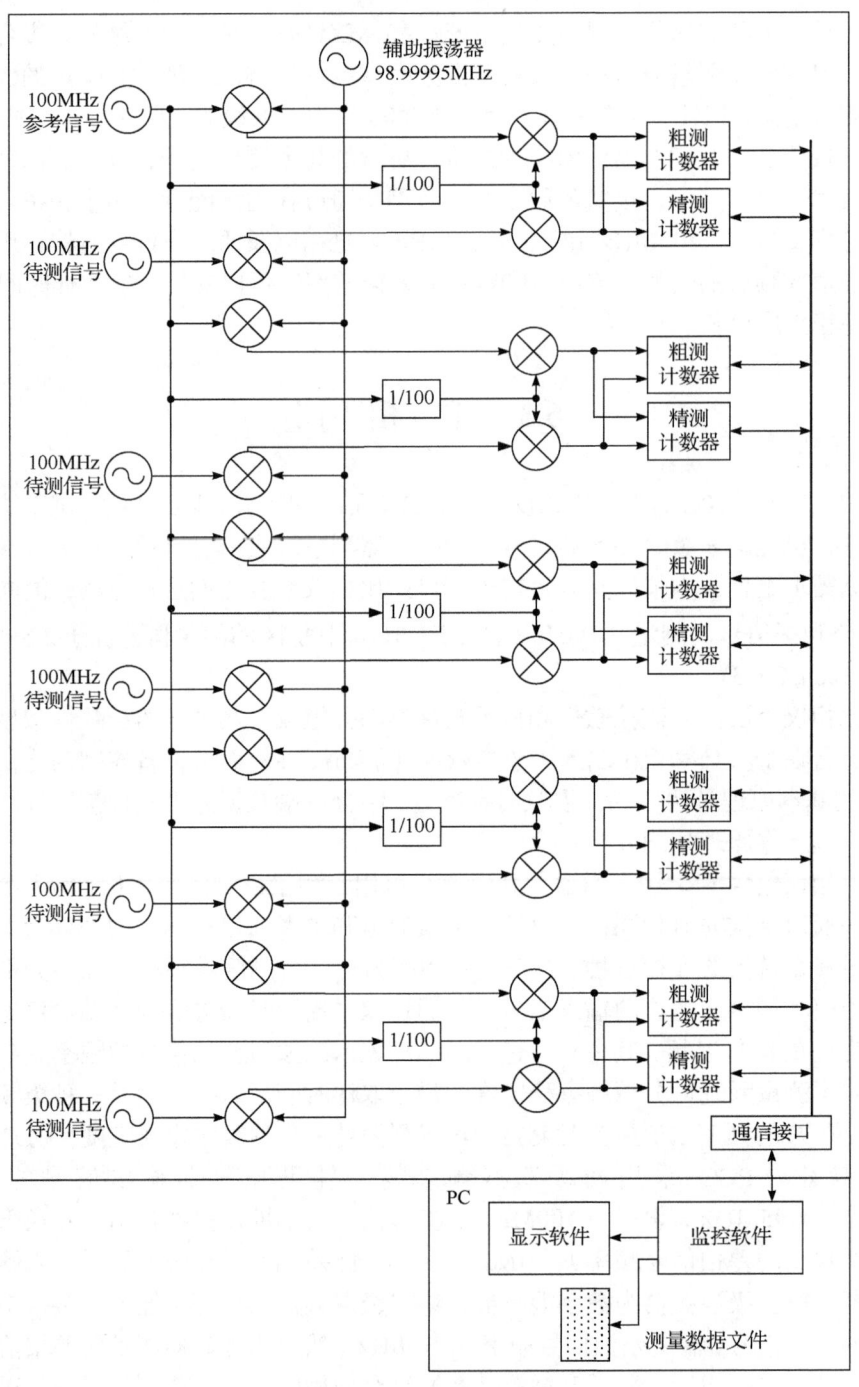

图 6.4 PCO 工作原理图

为提高测量能力，比相仪的特色设计包括两方面：一是结合倍频和两级混频对信号进行频率变换，其中两级混频还分别采用了模拟混频和数字混频两种不同的混频技术，提高测量分辨率；二是采用平行的两组计数器，分别实现粗测和精测功能，时差测量功能的精细划分有利于提高时差测量分辨率的同时兼顾测量范围。

6.4 频率比对仪

俄罗斯 VREMYA-CH 公司的高精度频率比对仪系列设备包括 VCH-314、VCH-315M、VCH-323 和 VCH-325。其中，高精度频率比对仪 VCH-314 是针对 5MHz、10MHz 和 100MHz 三种输入频率的专用测量仪器，测量 10MHz 信号在单通道模式下取样时间 1s 的阿伦偏差为 8×10^{-14}，双通道模式下为 2×10^{-14}，常用于原子频标的性能监测和检测；多通道频率比对仪 VCH-315M 工作原理与 VCH-314 相似，区别是将支持的测量通道数扩展到 8 个，两者测量性能相当，测量 10MHz 信号在单通道模式下取样时间 1s 的阿伦偏差为 6×10^{-14}，双通道模式下为 2×10^{-14}，多用于守时系统的原子频标性能监测；VCH-323 是 VCH-314 的改进版，取样时间 1s 的阿伦偏差能达到 1×10^{-14}；与前两种针对特殊频点的专用测量仪器相比，相位比对分析仪 VCH-325 的功能和工作原理有了较大的变化，支持测量 1~100MHz 频率范围信号的频率、频率稳定度和相位噪声测试，在最低测量噪声模式下取样时间 1s 的阿伦偏差为 1×10^{-14}，典型值能达到 1×10^{-15} (VREMYA-CH，2022，2006)。

鉴于 VCH-314 和 VCH-323 的基本工作原理既有相似之处，也有所区别，因此本节以 VCH-314 频率比对仪为主，结合介绍 VCH-323、VCH-325 的工作原理特点。

VCH-314 与大多数高精度频率测量设备类似，采用软硬件结合的实现模式，设备主要功能通过操作软件实现，其工作原理是频差倍增法，如图 6.5 所示。两个频率比对模块通过同源自相关算法实现测量，可以降低比对器的本底噪声。测量仪器有单通道和双通道两种工作模式，其中双通道模式测量噪声更低，因此主要介绍 VCH-314 的双通道模式工作原理。

VCH-314 有三个输入端口，可同时比对三个频率信号，分别用 v_x、v_{y_1} 和 v_{y_2} 表示，当仪器工作在双通道模式时，要求 v_{y_1} 和 v_{y_2} 的标称频率相同。系统由信号源、功分器、频率比对模块、双通道瞬时时间测量仪和软件组成，其中频率比对模块有完全相同的两个，分别用编号 1 和 2 表示，标称频率相同的两个待测信号

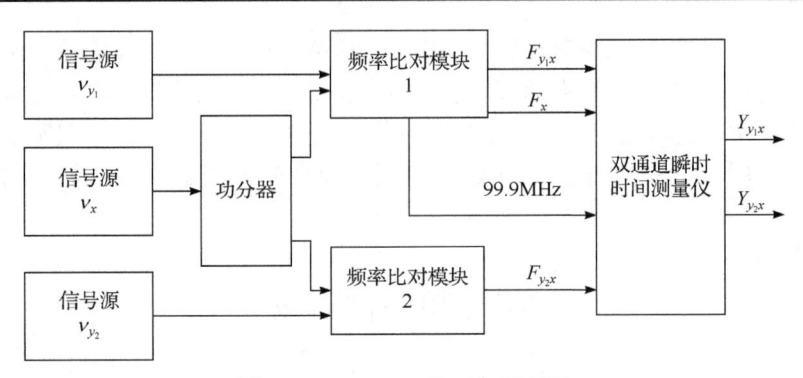

图 6.5 VCH-314 的工作原理图

分别输入两频率比对模块中,同时频率为 ν_x 的信号经功分器分成两个相同的信号,然后分别输入两频率比对模块的另一个输入端口,如图 6.5 所示。两频率比对模块输出标称频率为 1Hz 的脉冲信号,用 F 表示,F 的频率值是由输入频率比对模块两信号 ν_x 和 ν_{y_1}(或 ν_x 和 ν_{y_2})的频差确定。两频率比对模块对信号进行了倍频、混频等处理后,输出信号频率分别用 $F_{y_1 x}$ 和 $F_{y_2 x}$ 表示:

$$F_{y_1 x} = 1 + K \cdot (\nu_{y_1} - \nu_x) / \nu_x \tag{6.5}$$

$$F_{y_2 x} = 1 + K \cdot (\nu_{y_2} - \nu_x) / \nu_x \tag{6.6}$$

式中,K 为倍频因子。该系统有 10^3 和 10^6 两种倍频因子供用户选择,可根据需求设置,频率比对模块的带宽 B 由倍频因子确定,$K = 10^6$ 时对应带宽为 10Hz,$K = 10^3$ 时对应带宽为 10kHz,带宽主要影响测量噪声。

两频率比对模块输出的脉冲信号输入双通道瞬时时间测量仪(TIM)。另外,频率比对模块 1 还为 TIM 输出频率分别为 99.9MHz 和 1Hz 的脉冲信号。作为 TIM 的时钟参考,TIM 对脉冲信号 $F_{y_1 x}$ 和 $F_{y_2 x}$ 进行采样,图 6.6 描述了采样相位差信号 $Y_{y_1 x}$ 的产生过程。

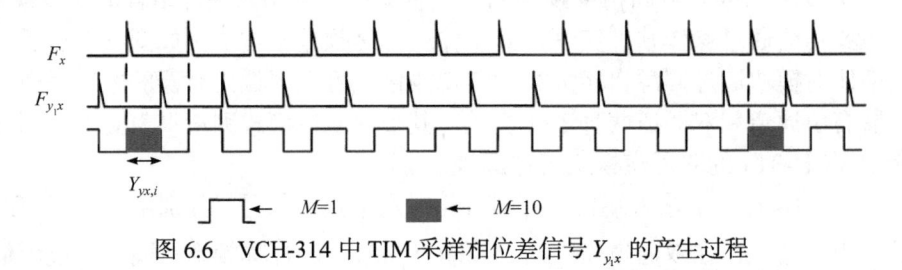

图 6.6 VCH-314 中 TIM 采样相位差信号 $Y_{y_1 x}$ 的产生过程

首先对脉冲信号 $F_{y_1 x}$ 进行移相处理,使 $F_{y_1 x}$ 与 F_x 的相位差约半个周期,即时差接近 0.5s。图 6.6 中 M 表示单次相位差测量时间间隔,可由用户设置确定。当脉冲周期为 1s 时，若设 $M=1$，则每秒测量一次脉冲信号 F_{y_1x} 与 F_x 之间的时差；当 $M=10$ 时，则每 10s 测量一次时差。

采样后信号分别用 Y_{y_1x} 和 Y_{y_2x} 表示，其中含有待测信号 ν_{y_1} 和 ν_x（或 ν_{y_2} 和 ν_x）的相位差信息，然后利用软件根据采样值测量待测信号间的相对频率、相位关系。

TIM 测量并输出相位差信号 Y_{y_1x} 和 Y_{y_2x}，式(6.7)~式(6.9)为根据相位差值计算任意两信号间相位差的表达式，即

$$\Delta_{y_1x,i} = \frac{1}{K} Y_{y_1x,i} \tag{6.7}$$

$$\Delta_{y_2x,i} = \frac{1}{K} Y_{y_2x,i} \tag{6.8}$$

$$\Delta_{y_2y_1,i} = \Delta_{y_2,i} - \Delta_{y_1,i} \tag{6.9}$$

式中，i 为 TIM 测量值读数。

根据信号间的相位差值可以计算两信号间的频差，计算式如式(6.10)~式(6.12)所示。根据频差可以进一步分析输入信号的频率稳定度性能：

$$y_{y_1x,i}^M = \frac{1}{\tau}(\Delta_{y_1x,M(i+1)} - \Delta_{y_1,Mi}) \tag{6.10}$$

$$y_{y_2x,i}^M = \frac{1}{\tau}(\Delta_{y_2x,M(i+1)} - \Delta_{y_2,Mi}) \tag{6.11}$$

$$y_{y_2y_1,i}^M = \frac{1}{\tau}(\Delta_{y_2y_1,M(i+1)} - \Delta_{y_2y_1,Mi}) \tag{6.12}$$

式中，$M=\tau$。

频率比对仪 VCH-314 通过频差倍增法提高测量分辨率，结合互相关技术，测量带宽可调、移相、对称结构等处理方法降低测量系统的噪声。

VCH-323 在继承了 VCH-314 的基本测量原理基础上进行了优化，仪器设计了两个独立的测量通道，支持双输入和三输入两种测量模式，其信号处理原理如图 6.7 所示。VCH-323 由滤波器组、频率计、模数转换器、混频器、振荡器、数控振荡器，以及实现滤波和正交运算的可编程门阵列(FPGA)、完成通道间互相关运算的数字信号处理(DSP)技术组成。单通道模式下可以测量两输入信号间的相位差，在更低测量噪声需求下，还可以给两个通道输入同源的信号，通过互相关运算降低测量仪器附加噪声的影响。互相关处理降噪的基本原理是两个通道的模数转换器分属不同芯片，可以认为其产生的噪声很大程度上不相关，互相关处理可以抑制其引入的测量噪声。

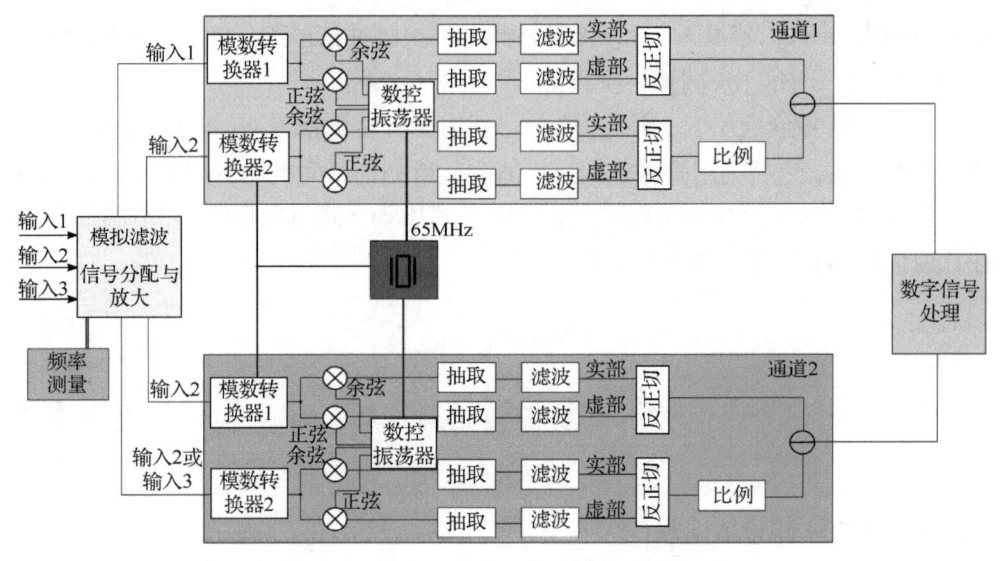

图 6.7　VCH-323 的信号处理原理图

目前尚无 VCH-325 测量原理的详细资料，作者在进行调研后，发现和 VCH-323 测量性能、测量功能、频率测量范围和核心测量方法基本相同，区别主要是可选的噪声带宽参数不同。VCH-325 支持 0.5Hz、5Hz、50Hz、500Hz 四种带宽，VCH-323 支持 1Hz、10Hz、100Hz、1000Hz 四种带宽，在仪器组成方面有较大变化。VCH-325 从输入信号开始均使用数字技术实现，通过使用梳状滤波器，在极窄的带宽(带宽最低为 0.5Hz)对信号进行滤波，以及通道间互相关抑制测量附加的非相干噪声等措施降低测量系统噪声。

6.5　相位噪声测量系统

多通道测量系统、时间间隔分析仪(5110A)，以及相位噪声测量系统系列产品(5115A、5120A、5125A、53100A)所属公司先后易名，分别是 Timing Solutions Corporation、Symmetricom、Microsemi 公司，各类型仪器随着不同时期的技术水平发展，设计各有特色。产品所属公司的官网显示，5125A 于 2018 年停产，最新一代产品是相位噪声分析仪 53100A。本节将分别介绍该公司的几款具有代表性的频率测量系统。

6.5.1　多通道测量系统

多通道测量系统(MMS)是该公司早期的一款产品，可扩展测量通道，频率测量范围为 1~20MHz(Symmetricom, 2007)，基本原理是双混频时差测量，测量对象是输入信号的相位,要求各通道输入信号具有相同的标称频率。MMS 用户手册显示,以输入同源的 10MHz 信号评估仪器的测量噪声,取样时间 1s 的阿伦偏差优于 2.5×10^{-13}。

MMS组成结构如图6.8所示,其中模块TSC 2011的主要功能是混频、过零检测和测量;模块TSC 2049是系统内部的时钟,输出频率为32MHz;模块TSC 2048B是一个数字频率合成器,能以TSC 2049的输出信号为参考生成满足频率测量范围的公共参考信号,将公共参考信号与待测信号混频,模块TSC 2048B能根据用户设置的待测信号标称值生成信号,使输出的差拍信号标称频率为10Hz。如图6.8所示,标称频率相等的待测信号和参考信号输入模块TSC 2011的两个通道,分别与公共参考信号混频,输出标称频率为10Hz的两个差拍信号,然后经过零检测器和计数器后,测得各差拍信号以时间为单位的相位值;相位值随时间增加不断累加,各通道的相位通过通信接口输出,然后通过通信接口输出,用于进一步处理、分析。

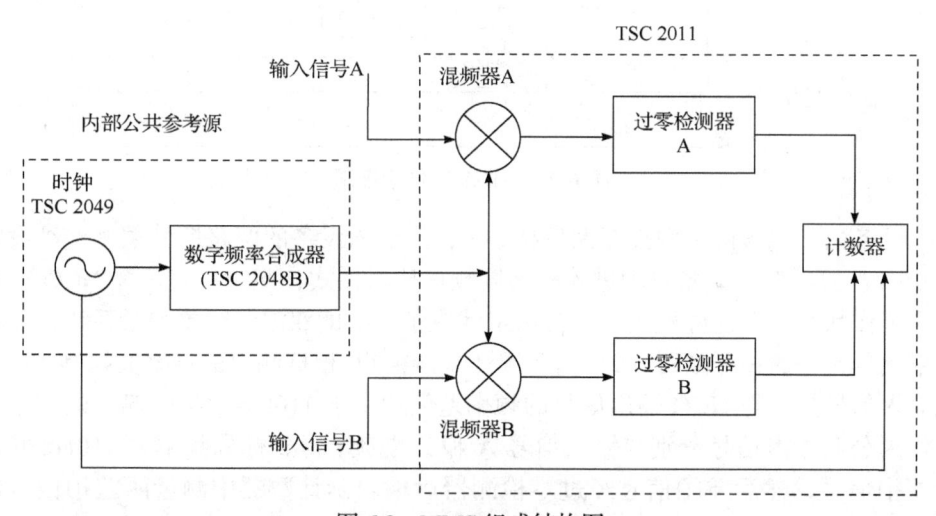

图 6.8 MMS 组成结构图

MMS使用数字频率合成器产生公共参考信号,可生成约定带宽内任意频点信号,满足范围内频率信号测量需求,相对于其他针对标准频率的测量仪器有更宽的测量范围。其不足之处与双混频时差法相似,信号之间测量不完全同步,导致数字频率合成器的部分噪声不能被完全抵消,特别是对短期频率稳定度的影响,可能是限制测量系统噪声降低的关键因素。

6.5.2 时间间隔分析仪

时间间隔分析仪 5110A,又称频率比对器(Symmetricom, 2006),有两种测量模式，分别是宽频率范围测量模式和高精度频标比对模式。宽频率范围测量模式下能测量频率范围 1～20MHz 的信号，参考信号和待测信号两路输入信号的标称频率可以不同，若相同，则进入高精度频标比对模式。高精度频标比对模式下时间间隔分析仪的本底噪声最低，以 10MHz 频率信号作为仪器本底噪声测试信号，取样时间 1s 的阿伦偏差优于 2.5×10^{-14}。

5110A 的高精度频标比对模式的基本工作原理与 MMS 相同，同样是采用双混频时差测量法，如图 6.9 所示。将标称频率相同的参考信号、待测信号分别与设备内部数控振荡器生成的频率信号混频，然后用计数器测量混频所得两个差拍信号的时差，根据时差值转换得到待测信号频率。

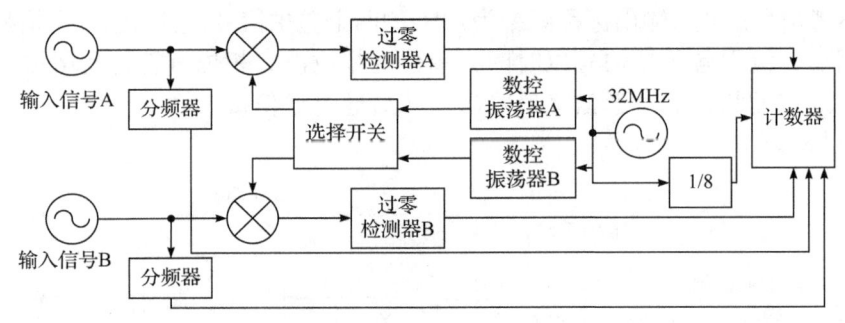

图 6.9　5110A 工作原理图

设备内部包含两个数控振荡器(NCO)，当输入设备的两路信号频率差经设备判断小于 2Hz 时，设备自动进入高精度频标比对模式，此时只有一个 NCO 被启动到工作状态。在这种模式下，5110A 就成了标准的双混频时差测量系统，输入频率信号首先通过分频器分频，然后用计数器粗测，根据测得的频率值控制 NCO，使输入信号频率与 NCO 输出信号的频率差值约小于 110Hz。NCO 输出的频率信号作为公共参考信号分别与输入信号 A 和 B 混频，得到标称频率为 110Hz 的两路差拍信号，然后差拍信号经过零检测器后输出到计数器中测量两差拍信号的时差。

高精度频标比对模式时 5110A 的工作原理是典型的双混频时差测量，具备双混频时差测量的优点，能抵消大部分系统噪声和公共参考源引入的噪声，具有最小的测量本底噪声。

当输入信号 A 和 B 的频率为 1～20MHz 且它们之间的差值大于 2Hz 时，系统进入宽频率范围测量模式，此时系统工作原理是差拍法，与高精度频标比对模式最大的区别是此时两个 NCO 都被启用。计数器粗测得到两通道的频率值用来分别控制各自 NCO 的输出频率，保证与输入信号的频率差在 110Hz 内，输入通道信号与 NCO 的输出混频，得到差拍频率信号经过零检测器、计数器测量差拍信号，结合粗测的频率结果，得到输入通道信号的频率测量结果。

5110A 中使用了低相噪的混频器、数字频率合成器和高分辨率过零检测器等模块来跟踪信号的相位变化，降低测量系统噪声。与 MMS 相比，5110A 有更低的测量噪声，但仅能同时比对两个信号，远不及 MMS 最多可扩展至 28 个；与其他高精度的频率测量设备相比，5110A 的频率测量范围较宽，可测量频率范围为 1~20MHz，能够满足更多频率信号的测量需求。

Symmetricom 公司在该系列产品升级时声明：鉴于 5110A 已经实现的本底噪声性能可能是该方法可实现的最高水平，难以进一步提升，因此停止了基于双混频时差法的高精度频率测量仪器研制，转而开发数字化的测量系统，后续推出了型号为 5210A 和 5215A 的相位噪声测量系统。

6.5.3 相位噪声测量系统

相位噪声测量系统 5125A 是该公司停产时间间隔分析仪 5110A 后推出的一款全数字化的测量系统，频率测量范围为 1~400MHz，并且测量时不要求待测信号与参考信号同频，可以同步进行阿伦偏差和相位噪声测量，对系统本底噪声测试取样时间 1s 的阿伦偏差达到了 3×10^{-15}，这也是公开资料显示测量噪声最小的商业产品(Symmetricom, 2010)。

2020 年前后，Microsemi(原 Symmetricom)公司推出了替代 5125A 的后续产品——53100A 相位噪声分析仪，频率测量范围为 1~200MHz，取样时间 1s 的阿伦偏差为 7×10^{-15}(典型值为 5×10^{-15})，相对于 5125A 缩小了频率测量范围，测量噪声略微增大，简化了仪器组成，不独立提供显示屏幕，改为通过上位机软件显示，体积减小至约为 5125A 的四分之一。

53100A 没有公开测量原理等相关资料，鉴于功能和性能与 5125A 有继承性，且 5125A 部分指标更优，因此本节仍以 5125A 为对象进行介绍。5125A 相位噪声测量系统主要由滤波器组、模数转换器、数字频率合成器和软件组成，其中软件实现数字混频、数字滤波、相位差测量、相位噪声分析以及频率稳定度分析等功能。

相位噪声测量系统的两个通道具有对称的物理结构，输入信号经过的处理过程相同，因此对信号数字化后可以采用数字混频、互相关运算等有助于降低测量噪声影响的处理方法，这一点与双混频时差测量原理类似，通过对称通道抵消测量系统共有噪声的影响。

相位噪声测量系统结构如图 6.10 所示。其中，模数转换器的分辨率为 16bit 最大采样率为 128.5MHz，系统设计的频率测量范围是 1~400MHz，根据奈奎斯特采样定理，采样频率远不能满足对输入信号直接数字化要求。因此，为实现以较低的采样频率对输入信号数字化，数字化之前输入信号需先经过一组带切换功能的抗混叠滤波器，选通输入信号。滤波器组中每个滤波器的工作频率范围是 $Nf_s/2 \sim (N+1)f_s/2$，其中 N 的取值为 0 或任意正整数，f_s 表示采样频率。滤波器主要用于挑选输入信号所含的各个频率分量，然后进行模数转换。通过可切换抗混叠滤波器组，改善采样频率不足导致的频谱混叠现象，如频率变化、功率谱变形等。

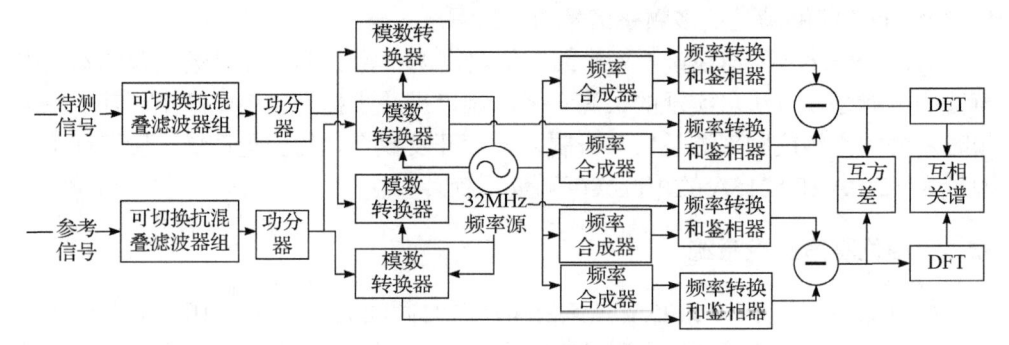

图 6.10　相位噪声测量系统结构图

DFT-离散傅里叶变换(discrete Fourier transform)

滤波器组输出信号经模数转换器实现数字化，然后由功分器分为两路信号，分别与系统内部数字频率合成器输出的两个正交信号混频，实现频率下变换。混频后输出的信号还需经低通滤波器滤除高频分量，得到低频的差拍信号。其中，数字频率合成器输出信号的频率与被测信号频率接近，差拍信号包括同相和正交两路，将根据反正切函数计算输入信号与数字频率合成器输出信号的相位差，并进一步换算为两输入信号间的相位差。

当待测信号与参考信号标称频率相等时，可以直接利用待测信号与数字频率合成器的相位差结果减去参考信号与数字频率合成器信号相位差，从而得到待测信号相对于参考信号的相位差。当待测信号与参考信号标称频率不相等时，需要对其中一个信号进行换算，使待测信号和参考信号转换到相同的标称频率后才能计算相位差。例如，计算 5MHz 信号与 10MHz 信号的相位差，需要将 5MHz 信号与数字频率合成器的相位差乘以二，然后减去 10MHz 信号与数字频率合成器的相位差，从而得到两输入信号的相位差。与双混频时差测量法类似，两信号的作差有助于消除数字频率合成器等公共噪声的影响。

直接数字化测量的核心，也是不同于基于模拟技术的双混频时差测量的点在于不必要求下变频器输出差拍信号的频率为零。较小的差拍频率引起的相位累积近似线性，尽管可能导致相位翻转，但可以通过线性函数修正并恢复。模拟技术的双平衡混频器输出包含相位差信息的失真正弦函数，当输入信号接近同相时，混频器的输出对输入信号间的相位差不敏感，即使是使用正交混频器也很难准确计算失真信号的相位差。因此，模拟法测量要求内部本振必须输出与输入接近正交的信号，即差拍信号的正弦波形接近线性。模拟法的本振常使用有较长时间常数的锁相环产生与输入正交的信号，但该控制环路会抑制载频附近的相位噪声，使模拟法不能用于测量载频附近的相位噪声。与此相反，数字化测量方法保留了载频附近的相位信息，可根据带宽需要计算载频附近的相位噪声。因此，5125A可以根据同一组相位测量值既计算 ADEV，又计算单边带相位噪声。

除上述特性外，相位噪声测量系统所用的数字化方法与基于模拟技术的双混频时差法相比，具有以下优势：通道间非相关噪声可以通过互相关法抑制，通道间测量的同步性更容易保障，数字信号处理较模拟方法更容易抑制噪声影响。

以 5125A 为代表的纯数字化相位噪声测量仪的特点包括：采用抗混叠滤波器组能有效抑制测量中的谐波、毛刺、混叠噪声；使用多个频率合成器适应输入信号不同频的测量需求；采用全数字化架构，抑制测量噪声的同时还有利于扩展系统的测量分析功能。

6.6 数字测频方法

日本安立公司的研究人员提出了一种对正交信号数字鉴相的测量方法，包括低速采样和高速采样两种实现方式，两版共同点是对采样后数字信号的处理都是先对正交信号数字鉴相，然后测量(Mochizuki et al., 2007; Uchino et al., 2004)。不同之处在于对输入信号的处理，低速采样使用双混频器、公共参考源和低通滤波器，而高速采样则是直接数字化输入信号，然后使用数字信号处理技术测量输入信号的频率稳定度。根据低速采样研制的频率稳定度测量样机以 100MHz 信号输入样机测量其本底噪声，取样时间 1000s 时系统测量噪声最低，阿伦偏差为 5×10^{-17}，而根据高速采样研制的频率稳定度测量样机测量 5MHz 频率信号，同样在取样时间 1000s 时获得最低的系统测量噪声，阿伦偏差为 6.8×10^{-17}。

图 6.11(a)和(b)分别为基于低速采样和基于高速采样的频率稳定度测量系统结构图。低速采样系统通过将输入信号分别与公共参考信号混频，降低频率，然后通过低速模数转换器采样各差拍信号，由数字信号处理器测量两输入信号的时差，并分析信号的频率稳定度。与低速采样系统相比，高速采样系统的组成是一对同步采样的高速模数转换器和用于处理数据的可编程门阵列(FPGA)，不需要公共参考信号和混频器，系统结构更为简单和紧凑。考虑到两种系统的主要差异在于对待测信号是直接高速采样还是间接低速采样，对数字化后的测频方法基本相同，而本节侧重介绍其独特的数字测频方法，因此以高速数字采样的系统为主进行介绍。

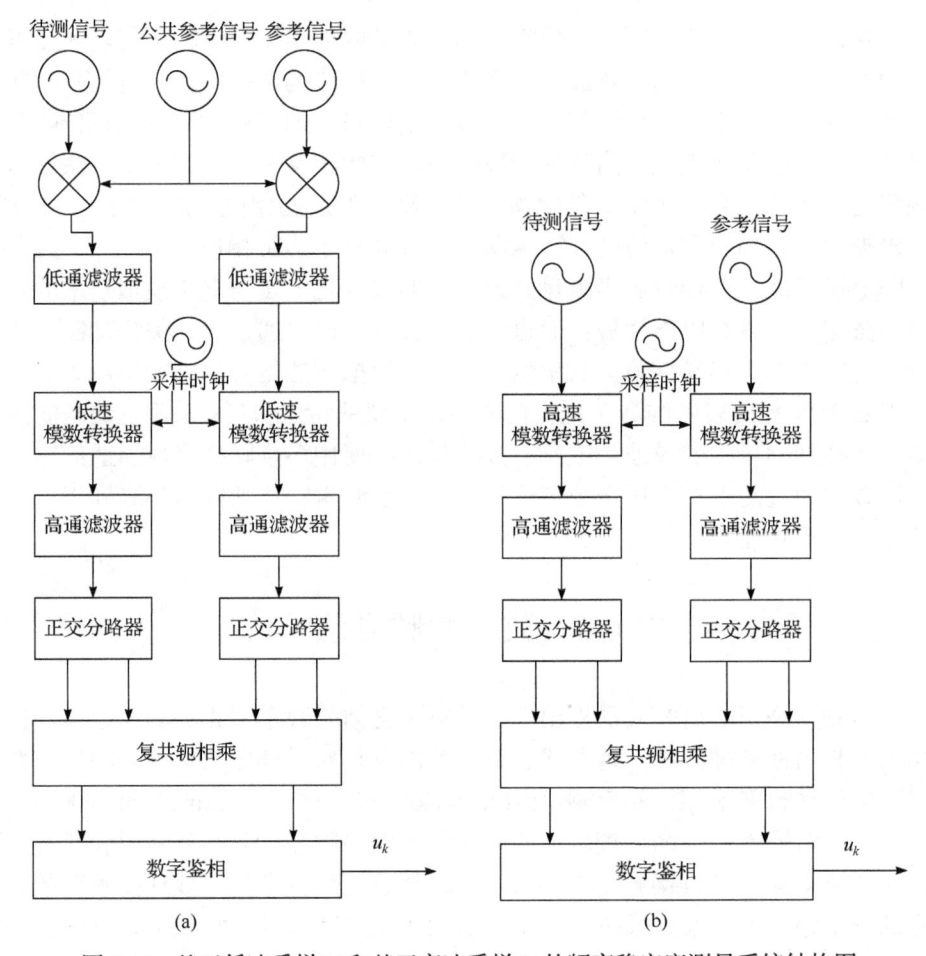

图 6.11 基于低速采样(a)和基于高速采样(b)的频率稳定度测量系统结构图

系统用一对高速模数转换器直接数字化待测信号 $V_1(t)$ 和参考信号 $V_2(t)$，高速模数转换器采样频率 $f_S' = 64\text{MHz}$，分辨率为 12bit，可接受最大输入信号频率为 350MHz 的器件，系统可测量频率为 5MHz、10MHz 和 100MHz 的信号。采样后信号数据序列用 $V_1(nT_S')$ 和 $V_2(nT_S')$（$n = 0,1,2,\cdots$）表示，其中 $T_S' = 1/f_S'$ 表示采样间隔，数据处理软件根据 $V_1(nT_S')$ 和 $V_2(nT_S')$ 数据序列，计算两信号时差 $x(nT_S')$。

时差测量基本原理是信号 $V_1(kT_S')$ 和 $V_2(kT_S')$ 分别经过正交分路器进行希尔伯特变换，式(6.13)和式(6.14)分别是 $V_1(kT_S')$ 变换后输出的两个正交信号，分别用 a 和 b 表示，即

$$a = \frac{2}{N_0}\sum_{n=0}^{N_0-1}V_1(nT_S')\cos\left(\frac{2\pi n}{N}\right) = \frac{2}{N_0}\sum_{n=0}^{N_0-1}V_1\sin\left(\frac{2\pi n}{N}-\phi_1\right)\cos\left(\frac{2\pi n}{N}\right)$$

$$= \frac{2V_1}{N_0}\left[\sum_{n=0}^{N_0-1}\sin\left(\frac{4\pi n}{N}-\phi_1\right)+\sum_{n=0}^{N_0-1}(-\sin\phi_1)\right] \tag{6.13}$$

$$b = \frac{2}{N_0}\sum_{n=0}^{N_0-1}V_1(nT_S')\sin\left(\frac{2\pi n}{N}\right) = \frac{2}{N_0}\sum_{n=0}^{N_0-1}V_1\sin\left(\frac{2\pi n}{N}-\phi_1\right)\sin\left(\frac{2\pi n}{N}\right)$$

$$= \frac{2V_1}{N_0}\left\{\sum_{n=0}^{N_0-1}\left[-\cos\left(\frac{4\pi n}{N}-\phi_1\right)\right]+\sum_{n=0}^{N_0-1}\cos\phi_1\right\} \tag{6.14}$$

式(6.15)和式(6.16)分别表示 $V_2(kT_S')$ 输出的两个正交信号，用符号 a' 和 b' 表示：

$$a' = \frac{2}{N_0}\sum_{n=0}^{N_0-1}V_2(nT_S')\cos\left(\frac{2\pi n}{N}\right) = \frac{2}{N_0}\sum_{n=0}^{N_0-1}V_2\sin\left(\frac{2\pi n}{N}-\phi_2\right)\cos\left(\frac{2\pi n}{N}\right)$$

$$= \frac{2V_2}{N_0}\left[\sum_{n=0}^{N_0-1}\left(\sin\frac{4\pi n}{N}-\phi_2\right)+\sum_{n=0}^{N_0-1}(-\sin\phi_2)\right] \tag{6.15}$$

$$b' = \frac{2}{N_0}\sum_{n=0}^{N_0-1}V_2(nT_S')\sin\left(\frac{2\pi n}{N}\right) = \frac{2}{N_0}\sum_{n=0}^{N_0-1}V_2\sin\left(\frac{2\pi n}{N}-\phi_2\right)\sin\left(\frac{2\pi n}{N}\right)$$

$$= \frac{2V_2}{N_0}\left\{\sum_{n=0}^{N_0-1}\left[-\cos\left(\frac{4\pi n}{N}-\phi_2\right)\right]+\sum_{n=0}^{N_0-1}\cos\phi_2\right\} \tag{6.16}$$

式中，参考信号与待测信号同频，标称频率均为 ν_0；N_0 为取样数，$N_0 = p \cdot N$，N 为待测信号一个周期内的采样点数，p 为待测信号取样的周期数；ϕ_1 为 $V_1(nT_S')$ 信号的初始相位。

$\dfrac{2V_1}{N_0}\left[\sum_{n=0}^{N_0-1}\sin\left(\dfrac{4\pi n}{N}-\phi_1\right)\right]$ 在 $N_0 = p \cdot N$ 情况下，满足有限项和为零的假设，因此有 $a = -V_1\sin\phi_1$，同样 $b = V_1\cos\phi_1$，$a' = -V_2\sin\phi_2$，$b' = V_2\cos\phi_2$，则式(6.17)和式(6.18)成立：

$$I_n = a \cdot a' + b \cdot b' = (-V_1\sin\phi_1)\cdot(-V_2\sin\phi_2)+(V_1\cos\phi_1)\cdot(V_2\cos\phi_2) = V_1V_2\cos(\phi_1-\phi_2) \tag{6.17}$$

$$Q_n = b \cdot a' - a \cdot b' = V_1\cos\phi_1 \cdot(-V_2\sin\phi_2)-(-V_1\sin\phi_1)\cdot V_2\cos\phi_2 = V_1V_2\sin(\phi_1-\phi_2) \tag{6.18}$$

根据式(6.17)和式(6.18)，代入计算相位差的正切值，$\tan(\phi_1-\phi_2) = \dfrac{Q_n}{I_n}$，从而

可得两信号的相位差 $\phi_1 - \phi_2 = \arctan\left(\dfrac{Q_n}{I_n}\right)$。

基于该数字测频方法的频率测量系统主要测量误差源包括量化噪声、积分或差分非线性、热噪声、孔径抖动(不确定度)，其中前三项反映为测量结果相对于真实输入信号的幅度误差，第四项是由采样时钟误差引起的孔径抖动，为模数转换器内采样保持电路的时延波动。系统的本底噪声与输入信号功率有对应关系，信号在测量系统的功率范围内时，功率越小，系统本底噪声越大。

高速采样相对于低速采样方案的最大特点是结构简单、紧凑，其系统主要部件仅包括两个高速模数转换器、一个采样时钟源和一块 FPGA，以上组成可以集成到一块面积为 15cm×10cm 的电路板上。

6.7 异频相位重合检测测频方法

大多数高精度频率测量方法或仪器，主要是针对标称频率相同信号之间的测量，这是因为相同标称频率信号间相位差变化具有很强的规律性，容易通过分析其规律实现高精度测量。当两比对信号异频时，西安电子科技大学的研究团队通过研究任意频率信号之间的相位关系，发现异频信号间尽管相位差互不相同，且变化不连续，但在某时间区间内相位差群之间具有严格的对应关系，据此提出了异频相位重合检测的测频方法，根据信号间相位关系特定属性，测量频率信号间相位差的变化，进而实现对待测频率源的测量(李智奇，2012)。根据该方法实现了测量任意频率信号，测量附加本底噪声 10^{-12} 量级。

频率信号除各自的周期性变化特性，能用于测量、比对的主要是信号间相位差变化的规律性，周期性信号相位差变化在空间上体现为时间间隔的变化，这种变化在时间上不连续，而是以一定的量化间隔连续传递。假设参与比对的两个频率信号分别是待测信号 v_1 和参考信号 v_2，两信号标称频率不等，对应的周期分别为 T_1 和 T_2。若 $v_1 = Av_{\max,c}$、$v_2 = Bv_{\max,c}$，其中 A 和 B 是互素的正整数，且满足 $A > B$，则 $v_{\max,c}$ 为它们之间的最大公因子频率，$v_{\max,c}$ 的倒数为最小公倍数周期 $T_{\min,c}$，则 $T_{\min,c}$ 可用式(6.19)和式(6.20)表示，即

$$T_{\min,c} = 1/v_{\max,c} = A/v_1 = AT_1 \qquad (6.19)$$

$$T_{\min,c} = 1/v_{\max,c} = B/v_2 = BT_2 \qquad (6.20)$$

根据式(6.19)和式(6.20)，A 和 B 的取值满足 $\dfrac{v_1}{v_2} = \dfrac{A}{B}$。

两个异频信号及其相位差的关系如图 6.12 所示，其中 v_{out} 为 v_1 和 v_2 鉴相输出

的结果。

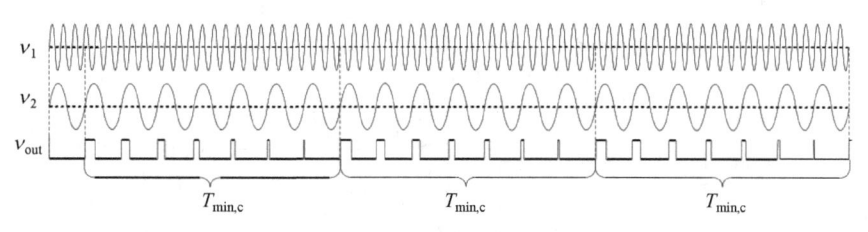

图 6.12　两个异频信号及其相位差的关系

从图 6.12 可以看出，在一个 $T_{\min,c}$ 周期内，异频信号间各相位差互不相同，且不连续，所以从连续性角度看，异频信号之间并不具备相位的可比性。若以 $T_{\min,c}$ 为单位，把 $T_{\min,c}$ 内所有相位差集合起来作为一个相位差群，则群与群之间存在对应关系。在一个群内，所有相位差的平均值称为群相位差，在实际异频信号相位比对中，因为外界的各种干扰，频率信号间往往出现相位扰动或频率漂移现象，所以 v_1 和 v_2 之间具有微小频差 Δv，将导致 $\dfrac{v_1}{v_2} \neq \dfrac{A}{B}$，使得群相位差发生平行移动，称为群相移，图 6.12 是群相移为零值时的特殊情况。群相位差的变化范围虽然很窄，但具有良好的线性特性，任意异频信号间相位差变化的连续性并不发生在每个群内，而是发生在各群之间。随着时间的推移，表面上看起来杂乱无章的相位差群就可根据这样特定的连续性，反映出频率信号间相位差的变化，群相位差延迟的积累使得两个异频信号再次发生相位重合，两次重合所经历的时间间隔称为群周期。在一个群周期中，群相位差变化的最大值 ΔT 为两个异频信号相位比对发生满周期变化的相位差，即 $\Delta T = T_1 / B$，结合式(6.19)和式(6.20)，有

$$\Delta T = \frac{v_{\max,c}}{v_1 v_2} = \frac{1}{AB v_{\max,c}} \tag{6.21}$$

如图 6.12 所示，两个信号间的量化相位差状态中有一些值，等于信号间的相对初始相位差加 ΔT 或是 ΔT 的倍数，把这类点中相位差最小的点称为两个信号间的相位重合点。对于任意给定频率的两个信号，它们之间的频率值不同，会发生相位相互移动，还受到分辨率的限制，导致相位重合点不唯一，而是一簇脉冲信号。选择一簇脉冲信号中幅度最高的作为最佳相位重合点，测量两个最佳相位重合点之间的时差，反映两个信号之间的相位差。

当两个信号之间的相位差变化非常小时，为实现皮秒级的相位差测量，可采用对称结构和使用公共参考源，使两路相差信号受相同噪声的影响，消除通道中的噪声，降低系统误差，测量原理如图 6.13 所示。

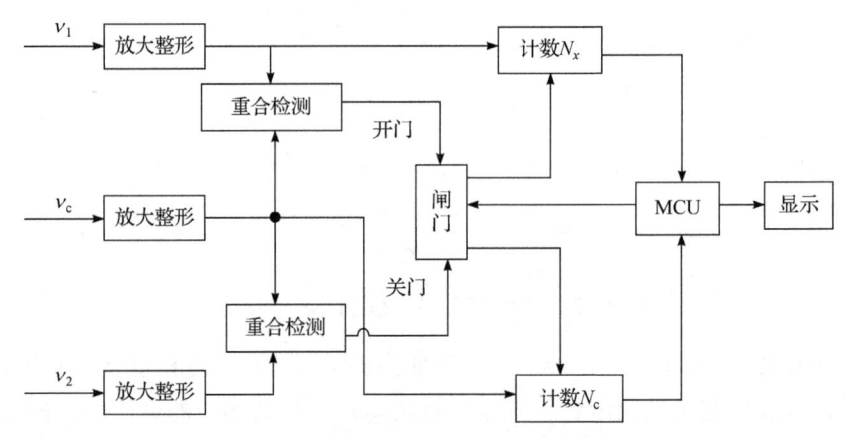

图 6.13 相位差重合点间相位差测量原理

MCU-微控制器单元(microcontroller unit); N_c-闸门内对公共参考信号v_c的计数值; N_x-闸门内对待测频率v_1和v_2的计数值

图 6.13 中, v_1 和 v_2 是两个标称频率相同, 或者与公共参考信号呈倍数关系的比对信号, 且公共参考信号 v_c 与参考信号、待测信号之间均存有频差。公共参考信号 v_c 频率可调, 分别与 v_1 和 v_2 进行群相位重合点的检测, 利用频率信号之间互呈倍数关系的比对性, 可以相对适当地增加信号间量化相移分辨率, 从而降低测量对电路的要求。

测量中, 计数闸门是由 v_1 和 v_c、v_2 和 v_c 的相位重合脉冲及参考闸门共同决定的, 参考闸门的时间可设置为 0.1s、1s 和 10s 等, 控制实际闸门的形成, 其中 v_1 和 v_c 的相位重合脉冲作为闸门的开门信号, v_2 和 v_c 的相位重合脉冲作为闸门的关门信号。待测信号、参考信号和公共参考信号分别经放大整形电路后输出脉冲信号, 系统测频原理如图 6.14 所示。

公共参考信号 v_c 与计数闸门的开门和关门信号多周期同步, 即实际闸门是 v_c 周期的整数倍, 故在闸门中对 v_c 计数时, 不会产生±1 个数字的计数误差。同时, v_1 与计数闸门的开门脉冲同步, v_2 与计数闸门的关门脉冲同步。假设计数器在信号上升沿到来时进行计数, 且相位重合反映了两个信号之间的上升沿同步, 则在计数闸门内对 v_1 和 v_c 的计数时间反映 v_2 和 v_1 在闸门时间段内相位变化情况, 即式(6.22)和式(6.23)成立:

$$t = N_c T_c \tag{6.22}$$

$$t = N_1 T_1 - \Delta t \tag{6.23}$$

式中, T_c 为公共参考信号的周期; N_1 为闸门内对待测频率 v_1 的计数值。相位差 P_d 可以根据式(6.24)计算, 即

$$P_d = \Delta t = N_1 T_1 - N_c T_c \tag{6.24}$$

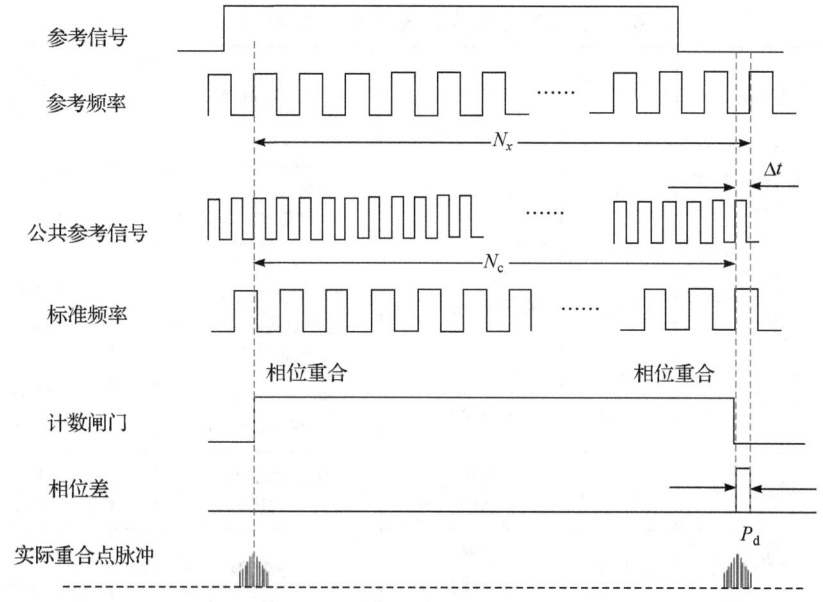

图 6.14 异频相位重合检测测频原理图

因此，比对信号在实际闸门中的计数值反映了信号之间的真正相位关系。

两个相位重合点之间是一个相位差群，相位差群的周期远大于比对信号周期。对被比对信号之间相位差的检测，相当于在一段时间内累计多个 v_1 和 v_2 的相位差并测量，因此测量分辨率要高于直接相位比对。

但是，由于相位重合点处可能存在一簇脉冲信号，选择最佳相位重合点具有一定的模糊区，在模糊区内高于闸门触发电平的窄脉冲很多，造成测量闸门开启与闭合存在随机性，使得每次测量闸门时间并不完全相等，限制了测量精度的提高。为了解决这一问题，研究人员提出了基于长度游标法的相位重合检测技术，利用光和电磁波信号在空间或特定介质中以稳定的速度传递这一属性，对待测信号与其在长度上传输延迟的重合检测来测量短时间间隔，减小相位重合信息中的模糊区，提高测量精度。尽管测量设备的干扰可能影响传输的性能，但如果屏蔽措施得当，这些干扰对传输性能的影响将非常小，1cm 延迟线可对应 60ps 的分辨率，若延迟线段长度设置约为 2mm，则能实现测量分辨率 10ps(周渭，2011)。

6.8 各系统特点总结

本节将对前面所述现代测频系统及方法进行总结，并比较各测量系统或方法的性能。各测频系统或方法测量本底噪声性能比较如表 6.1 所示。

表 6.1 各测频系统或方法测量本底噪声性能比较

序号	测频系统	型号	生产机构	频率测量范围	取样时间/s	不同频率下的阿伦偏差
1	多通道频标稳定度分析仪	FSSA	美国 NASA	100MHz X 和 Ka 频段任意频率	1	100MHz： 2.0×10^{-15}
2	信号稳定度分析仪	A7-MXU	英国 Quratzlock	高分辨率模式：10MHz 或 5MHz；宽频模式：1~65MHz	1	10MHz： 3.0×10^{-14}
3	比相仪	PCO	德国 TimeTech	5MHz、10MHz 或 100MHz	1	10MHz： 2.5×10^{-14}
4	频率比对仪	VCH-314	俄罗斯 VREMYA-CH	5MHz、10MHz 或 100MHz	1	10MHz： 2.0×10^{-14}
5	比相分析仪	VCH-323	俄罗斯 VREMYA-CH	1~100MHz	1	10MHz： 1.0×10^{-14}
6	多通道测量系统	MMS	美国 Microsemi	1~20MHz	1	10MHz： 2.5×10^{-13}
7	时间间隔分析仪	5110A	美国 Microsemi	1~20MHz	1	10MHz： 2.5×10^{-14}
8	相位噪声测量系统	5125A	美国 Microsemi	1~400MHz	1	10MHz： 3.0×10^{-15}
9	基于高速采样的数字测频系统	样机	日本安立	5MHz、10MHz 或 100MHz	1000	5MHz： 6.0×10^{-17}

各系统的生产机构根据其目标群体需求不同，设计各有侧重点，如追求最低的系统本底噪声、满足多个信号同时比对、任意频点的比对或是测量系统体积最小等，归纳各系统的主要特点如下。

相位噪声测量系统 5125A 最大的特点是采用全数字化处理，频率测量范围相对较宽，系统本底噪声小，还同时具有相位噪声和频率稳定度测量功能。

FSSA 结合模拟技术和数字处理方法，是已公开资料测量噪声最小的系统，可以同时监测 6 个具有相同标称频率的频率信号，并且还有一个可以测量 X 或 Ka 频段任意频点的测量通道。

信号稳定度分析仪 A7-MXU 是一个综合使用多级倍频、混频提高测量分辨率的系统。相对其他系统，它的组成较为复杂，具有宽频测量和高分辨率测量两种模式，适用频率范围宽。

PCO 的主要特点是采用二级混频结构提高测量分辨率，另外采用双计数器平行测量，分别进行粗测和精测，有利于提高时差测量分辨率。

频率比对仪 VCH-314 通过频差倍增法结合使用互相关技术提高测量分辨率，此外测量带宽可调、移相、对称结构等措施也是为了降低测量噪声。

MMS 采用双混频时差测量结构，主要特点是模块化组成结构，可以根据需求定制测量通道个数，并且能输出原始相位测量数据，用户可以使用该数据自行分析。

日本安立公司的数字测频系统对输入信号经高速模数转换器直接采样，然后经数字正交分路器处理后采用数字鉴相测量输入信号间的相位差。其主要特点是系统结构简单、紧凑，不需要公共振荡器、混频器，主要功能模块可以集成到一块面积为 15cm×10cm 的电路板中。

异频相位重合检测测频方法利用任意频率信号间相位差群的周期特性，设计相位重合检测方法，实现对异频信号间的高精度相位比对，不限制参与比对信号的标称频率需相同，可满足任意频率信号间的直接比对需求。但是，重合点处可能存在一簇脉冲信号，导致最佳相位重合点具有一定的模糊区，影响性能提升。

根据待测信号的频率稳定度性能及测试指标要求，用户可以根据各仪器的特点选择所需的设备，服务频率源的高精度测量、校准、监测等需求。

参 考 文 献

李智奇, 2012. 时频信号的相位比对与处理技术[D]. 西安: 西安电子科技大学.
周渭, 2011. 长度游标与群周期比对相结合的频率测量方法[J]. 北京邮电大学学报, 34(3): 1-7.
Greenhall C A, 2000. Common-source phase noise of a dual-mixer stability analyzer[R]. TMO Progress Report, 42-143: 1-13.
Greenhall C A, Kirk A, Stevens G L, 2001. A multi-channel dual-mixer stability analyzer: Progress report[C]. Proceedings of the 33th Annual Precise Time and Time Interval Systems and Applications Meeting, Long Beach, USA: 377-383.
Greenhall C A, Kirk A, Tjoelker R L, 2006. A multi-channel stability analyzer for frequency standards in the deep space network[C]. Proceedings of the 38th Annual Precise Time and Time Interval Meeting, Reston, USA: 105-115.
Microchip, 2021. 53100A Phase Noise Analyzer Data Sheet[Z]. Chandler, USA.
Mochizuki K, Uchino M, Morikawa T, 2007. Frequency-stability measurement system using high-speed ADCs and digital signal processing[J]. IEEE Transactions on Instrumentation and Measurement, 56(5): 1887-1893.
Quartzlock, 2006. A7 Frequency, Phase & Phase Noise Measurement System OPERATION & SERVICE MANUAL[Z].Devon, UK.
Quartzlock, 2014. A7-MXU Signal Stability Analyser USER'S HANDBOOK[Z]. Devon, UK.
Quartzlock, 2020. A7000 Frequency/Phase Analyzer Datasheet[Z]. Devon, UK.
Symmetricom, 2006. 5110A Time Interval Analyzer Operations and Maintenance Manual[Z]. San Jose, USA.
Symmetricom, 2007. Multi-Channel Measurement System User Manual[Z]. San Jose, USA.
Symmetricom, 2010. 5125A Phase Noise Test Set Operations and Maintenance Manual[Z]. San Jose, USA.
TimeTech, 2003. Multi Channel Phase Comparator User Manual[Z]. Esslinge, Germany.

Uchino M, Mochizuki K, 2004. Frequency stability measuring technique using digital signal processing[J]. Electronics and Communications in Japan, 87(1): 21-33.

VREMYA-CH, 2006. VCH-314 Routine for Multi-Channel Measurement of Frequency Instability Software Operational Manual[Z]. Moscow, Russia.

VREMYA-CH, 2022. PHASE COMPARATOR-ANALYZER VCH-323 Operational Manual[Z]. Moscow, Russia.

第7章 测量误差分析

实验方法不完善，或受仪器测量的灵敏度、分辨率等的性能限制，导致测量值存在误差，难以获得被测量的真值，只能在测量过程中尽可能减小误差，使测量结果更接近真值。为了达到上述目的，需对测量误差进行分析。

评价频率测量系统性能的主要指标是测量仪器的本底噪声，也可用测量分辨率表示。仪器本底噪声的来源广泛，任何不确定因素或是变化量都可能导致测量误差，特别是高精度测量仪器对噪声更为敏感。常见的噪声来源有器件噪声、信号连接电缆引入的误差、测试环境变化等。本章对典型频率测量系统常见和容易忽略的误差来源进行分析，并通过测试实验检验误差对测量结果的影响，最后介绍测量中不确定度的定义及评定方法。

7.1 误差类型

每一个物理量都是客观存在的，在一定条件下具有不以人的意志为转移的客观大小，将它称为该物理量的真值。进行测量是想要获得待测量的真值，然而测量要依据一定的理论和方法，使用一定的仪器，在一定的环境中，由具体的人进行。由于实验检验理论上存在着近似性，方法上难以完善，实验仪器灵敏度和分辨能力有局限性，周围环境不稳定等因素的影响，待测量的真值不可能被测得，测量结果和被测量真值之间总会存在或多或少的偏差，这种偏差就称为测量值的误差。

误差存在的必然性已经被大量的实践证明，包括几何量、机械量、物理量的一切静态和动态测量中都不可避免地存在测量误差。测量误差使人们不能直接得到测量真值，有时甚至会严重偏离和歪曲测量结果，从而掩盖了被测事物的客观性。

测量误差的来源多样(吴石林，2010)，观测者的技术水平和仪器本身构造的不完善等原因，都可能产生测量误差。通常把测量仪器、观测者的技术水平和外界环境三个方面综合称为观测条件。观测条件不理想和不断变化，是产生测量误差的根本原因。通常，把观测条件相同的各次观测称为等精度观测；观测条件不同的各次观测称为不等精度观测。具体来说，测量误差主要来自以下四个方面：

(1) 外界条件，主要指观测环境中气温、气压、空气湿度、清晰度、风力及大气折光等因素的不断变化，导致测量结果中带有误差。

(2) 仪器条件，仪器在加工和装配等工艺过程中，不能保证仪器的结构满足各种几何关系，这样的仪器必然会给测量带来误差。

(3) 方法，理论公式的近似限制或测量方法的不完善会给测量带来误差。

(4) 观测者自身条件，由于观测者感官鉴别能力所限，以及技术熟练程度不同，也会在仪器对中、整平和瞄准等过程中产生误差。

当今社会，科技迅速发展，研发速度越来越快，产品越来越精密，对时间频率测量的精度要求更是寄予了更高的期望。因此，研究高精度的测量系统，还需要研究测量误差，了解它的特性，为分析、移除或减小测量误差奠定基础，提高测量精度和测量技术水平。

根据测量误差对测量结果的影响，可以将测量误差主要分为三大类，即随机误差、系统误差和粗大误差。

7.1.1 随机误差

随机误差的定义是在同一测量条件下，多次测量同一量值时其绝对值和符号以不可预定方式变化的误差。随机误差是由很多暂时未能掌握的微小因素构成，归纳主要产生的原因有测量装置不稳定、温度的微小波动、湿度与气压的微量变化、光照强度变化、灰尘、电磁场的变化以及一些人为干扰因素等。

随机误差反映测量结果的分散情况，通常随机误差的算术平均值趋近于零，且在一定测量条件下，绝对值不会超过一定界限。因为随机误差主要是测量中各种随机因素综合影响的结果，所以随机误差大小一般借助概率与数理统计的各种分布函数进行处理并估计。随机误差为某值的概率可以用随机变量的分布函数来表征。若有一非负函数 $f(x)$，使得对任意实数 x 满足式(7.1)，即

$$F(x) = \int_{-\infty}^{x} f(x)\mathrm{d}x \tag{7.1}$$

则 $f(x)$ 称为 x 的概率密度分布函数，其概率满足式(7.2)，即

$$p\{x_1 < x \leqslant x_2\} = F(x_2) - F(x_1) = \int_{x_1}^{x_2} f(x)\mathrm{d}x \tag{7.2}$$

多数随机误差服从正态分布，当然也有一些随机误差服从非正态分布，如服从均匀分布、反正弦分布、三角形分布、χ^2 分布、t 分布、F 分布等。

7.1.2 系统误差

系统误差是指在同一测量条件下，多次测量同一量值时其绝对值和符号保持不变，或当条件改变时，按一定规律变化的误差。与随机误差不同，系统误差通

常由固定不变或按确定规律变化的因素所造成,包括仪器结构设计上的缺陷、器件偏差、实际温度与标准温度存在偏差或者测量过程中温度、湿度等按一定趋势变化等。因此,系统误差具有在同样条件下多次测量同一对象,误差保持不变或是按规律变化的特性。根据这一特性,多次重复测量同一量值,系统误差不能被相互抵偿。

要想消除系统误差,必须先找出引起系统误差的原因。研究总结系统误差的主要来源有仪器误差、理论误差、操作误差和试剂误差。

(1) 仪器误差是由仪器本身存在缺陷或没有按规定条件使用仪器造成的,如仪器零点不准,仪器未调整好,外界环境(光线、湿度、温度、电磁场等)对测量仪器影响等所产生的误差。

(2) 理论误差(方法误差)是由于测量所依据理论公式本身的近似性,或实验条件不能达到理论公式所规定的要求,或者实验方法本身不完善所带来的误差,如热学实验中没有考虑散热导致的热量损失。

(3) 操作误差是观测者个人感官和运动器官的反应或习惯不同而产生的误差,它因人而异,并与观测者当时的精神状态有关。

(4) 试剂误差指由于所使用试剂不纯引起的测定结果与实际结果之间的偏差,如蒸馏水含有杂质,或频率测量系统中参考源性能不能满足作为测试参考的要求。

另外,使用计算机处理数据的仪器,会因处理数据型字段时,处理位数不一样,得到有误差的结果,与计算中由于采用四舍五入引起的结果误差类似。

通过对系统误差来源的分析,测试时尽可能从来源上避免系统误差的发生。但是,很多情况下系统误差的发生难以避免,还可能多种系统误差来源混合,需要选择合适的方法查找系统误差。常见的系统误差查找方法有实验比较、残余误差观察、多种公式计算数据比较等方法。系统误差的发现较为不易,而发现系统误差对误差的消除至关重要,有助于从根源上消除误差,这也对测量人员在测量过程的观察、分析提出了较为严格要求。

系统误差总是使测量结果偏向一边,或者偏大,或者偏小,因此多次测量求平均值并不能消除系统误差。系统误差往往数值较大,隐含在测量中又不易发现,它使测量值偏离真值,因此系统误差比随机误差影响更为严重,需要谨慎对待。减小系统误差的方法有多种,介绍如下:

(1) 误差值修正方法是针对可以通过测量或其他手段获得系统误差值的情况,根据系统误差是否确定又可分为定值系统误差和变值系统误差。当系统误差为定值时,可以直接在测量结果中对系统误差进行修正;对于变值系统误差,设法找出误差的变化规律,然后使用修正公式或修正曲线对测量结果进行修正。对于未知系统误差,则按随机误差进行处理。

(2) 消除系统误差源法是从误差根源排除系统误差，是比较理想的方法，这就要求测量者对所用标准装置、测量环境条件、测量方法等进行仔细分析、研究，在测量之前采取措施，如仔细检查仪表、正确调整和安装；防止外界干扰，选好观测位置消除时差，选择环境条件比较稳定时读数等。

(3) 测量方法消除系统误差，通过设计测量方法，在测试中对系统误差进行补偿或修正，比较常用的消除系统误差的测量方法如下：

① 交换法，在测量中将某些条件，如被测物与标准的位置相互交换，使产生系统误差的原因对测量结果起反作用，从而达到抵消系统误差的目的。

② 替代法，替代法要求进行两次测量，第一次对被测量进行测量，达到平衡后，在不改变测量条件情况下，立即用一个已知标准值替代被测量。如果测量装置还能达到平衡，则被测量就等于已知标准值；如果不能达到平衡，修正使之平衡，这时可得到被测量与标准值的差值，即被测量=标准值−差值。

③ 补偿法，补偿法要求进行两次测量，改变测量中的某些条件，使两次测量结果得到的误差值大小相等、符号相反，取两次测量的算术平均值作为测量结果，从而抵消系统误差。

④ 对称法，是在对被测量进行测量的前后，对称地分别对同一已知量进行测量，将对已知量两次测得的平均值与被测量的测得值进行比较，便可得到消除线性系统误差的测量结果。

⑤ 半周期偶数观测法，对于周期性的系统误差，可以采用半周期偶数观测法，即每经过半周期进行偶数次观测的方法来消除。

⑥ 组合法，针对按复杂规律变化的系统误差，不易分析来源，采用组合测量法可使系统误差以尽可能多的方式出现在测量值中，从而将系统误差变为随机误差处理。

⑦ 实时反馈修正法，随着自动化测量技术及计算机的广泛应用，可用实时反馈修正的办法来消除复杂变化的系统误差。在测量过程中，用监测手段将误差因素的变化转换成某种物理量形式，然后按照其函数关系，计算影响测量结果的误差值，并对测量结果进行实时的自动修正。

可以根据实际情况选择或是组合使用各系统误差校准方法，校准测量结果。

7.1.3 粗大误差

粗大误差是指超出规定条件下预期的极限，且明显歪曲测量结果的误差。粗大误差使测量结果与真值有明显差异，一般可以通过统计判别法将属于粗大误差的坏值剔除。

粗大误差产生的主要原因可分为客观原因和主观原因两种。客观原因是指电压突变、机械冲击、外界振动、电磁干扰、仪器故障等引起的测试仪器测量值异常，或被测物品的位置相对移动导致的粗大误差；主观原因是指使用有缺陷的量具，操作疏忽大意，读数、记录、计算错误等。另外，环境条件的反常突变也是产生粗大误差的原因之一。

粗大误差不具抵偿性，它存在于一切科学实验中，不能被彻底消除，只能在一定程度上减弱。粗大误差属异常值，严重歪曲实际情况，所以在处理数据时应将其剔除，否则将对标准差、平均值产生严重的影响。防止粗大误差除了设法从测量结果中发现和鉴别，从而加以剔除，更重要的是加强测量者的工作责任心和以严谨的科学态度对待测量工作；此外，还要保证测量条件稳定，或者避免在外界条件发生变化时进行测量。如能达到上述要求，一般情况下的粗大误差是可以防止的。当粗大误差已经发生时，需要寻求粗大误差的剔除方法对测量数据进行处理，以消除粗大误差对数据统计结果的影响。常见的粗大误差剔除方法有莱以特准则、格拉布斯准则、罗曼诺夫斯基准则和狄克逊准则，下面分别介绍各准则的使用方法。

1. 莱以特准则

莱以特准则主要针对有大量测量数据的情况，如果其中某一测量值与平均值的差距超过 3 倍标准差，那么可以认为该测量值为粗大误差，因此莱以特准则又称 3σ 准则。实际使用时，实验标准差 σ 可用其估计值 S 代替，S 表示贝塞尔公式计算的实验标准差 $S = \sqrt{\dfrac{1}{n-1}\sum\limits_{i=1}^{n}(x_i-\bar{x})}$，其中 $\bar{x}$ 表示数据列的均值。按上述 3σ 准则剔除坏值后，须重新计算剔除坏值后测量数据列的算术平均值和实验标准差估计值 S，再行判断，直至余下测量值中无坏值存在。3σ 准则剔除粗大误差的计算过程如下。

对某个测量数据列中的数据 x_d，首先计算其数据列的算术平均值 $\bar{x}$，然后根据式(7.3)判断每一个测量数据是符合粗大误差判决条件：

$$|v_d| = |x_d - \bar{x}| \geq 3S \tag{7.3}$$

若式(7.3)成立，则 x_d 为粗大误差，可剔除，否则予以保留。

用 3σ 准则判断粗大误差的存在，优点是方法简单，适用数据容量 $n > 50$ 的情况；不足之处是它依据测量数据符合正态分布的假设，大部分测量数据应分布在 $\pm 3\sigma$，若测量数据不符合正态分布，或是当数据容量不是很大时，由于所取界限太宽，坏值不能剔除的可能性较大。特别是当数据容量 $n \leq 10$ 时，3σ 准则剔除粗差可能会失效。

2. 格拉布斯准则

对某量值测量，得到一组测量数据，用 $x_1, x_2, \cdots, x_n$ 表示，将数据按值大小排成数据列 $x'_1, x'_2, \cdots, x'_n$，如果怀疑最小或最大的数据为可疑数据，其判断过程如下。

首先，选定显著水平参数 α，一般 α 取值为 0.01 或 0.05，α 的物理意义是判定出错的概率。

其次，用式(7.4)计算首、尾测量值的格拉布斯准则数 G，即

$$G_{(i)} = \frac{x_{(i)} - \overline{x}}{S} \tag{7.4}$$

式中，$x_{(i)}$ 为可疑数据值，i 可为 1 或 n；S 为实验标准差，$S = \sqrt{\dfrac{1}{n-1}\sum_{i=1}^{n}(x_i - \overline{x})^2}$；$\overline{x}$ 为算术平均值，$\overline{x} = \dfrac{1}{n}\sum_{i=1}^{n}x_i$。

最后，根据数据列容量 n 和所选取的显著性水平参数 α，从表 7.1 中查得相应的格拉布斯准则临界值 $G(n,\alpha)$，若满足 $G_{(i)} \geq G(n,\alpha)$，则认为 $x_{(i)}$ 为坏值，应剔除；否则应保留。注意每次只能剔除一个值，若 $G_{(1)}$ 和 $G_{(n)}$ 都大于或等于 $G(n,\alpha)$，则应先剔除两者中较大者，再重新计算算术平均值 $\overline{x}$ 和标准差 S。此时需注意数据列容量应修改为 $n-1$，再重复上述步骤判断，直至余下的测量值中再未发现坏值。

表 7.1　格拉布斯准则临界值 $G(n,\alpha)$ 取值表

n	α 0.05	α 0.01	n	α 0.05	α 0.01
3	1.153	1.155	17	2.475	2.785
4	1.463	1.492	18	2.504	2.821
5	1.672	1.749	19	2.532	2.854
6	1.822	1.944	20	2.557	2.884
7	1.938	2.097	21	2.580	2.912
8	2.032	2.221	22	2.603	2.939
9	2.110	2.323	23	2.624	2.963
10	2.176	2.410	24	2.644	2.987
11	2.234	2.485	25	2.663	3.009
12	2.285	2.550	30	2.745	3.103
13	2.331	2.607	35	2.811	3.178
14	2.371	2.659	40	2.866	3.240
15	2.409	2.705	45	2.914	3.292
16	2.443	2.747	50	2.956	3.336

在数据列容量 n 取值为 $30 \leqslant n \leqslant 50$ 情况下,用格拉布斯准则效果较好;在 $3 \leqslant n < 30$ 情况下,用格拉布斯准则适用于剔除单个异常值。

3. 罗曼诺夫斯基准则

使用罗曼诺夫斯基准则(t 分布检验准则)检验粗大误差,过程为首先剔除一个可疑的测量值,然后按 t 分布检验被剔除的测量值是否为粗大误差。

对某量作多次等精度测量得 $x_1, x_2, \cdots, x_n$,若认为测量值 x_j 为可疑数据,将其剔除后计算剩余数据列的平均值 $\bar{x}$ 和实验标准差 σ,计算时不包括 x_j:

$$\bar{x} = \frac{1}{n-1} \sum_{\substack{i=1 \\ i \neq j}}^{n} x_i, \quad \sigma = \sqrt{\frac{1}{n-2} \sum_{\substack{i=1 \\ i \neq j}}^{n} (x_i - \bar{x})^2} \qquad (7.5)$$

根据测量次数 n 和选取的显著度 α,典型的 α 取值为 0.01 和 0.05,可查表 7.2 得到 t 分布的检验系数 $K(n,\alpha)$,即

$$|x_j - \bar{x}| > K(n,\alpha)\sigma \qquad (7.6)$$

若式(7.6)成立,则认为测量值 x_j 含粗大误差,剔除 x_j 正确;否则,认为 x_j 不含粗大误差,应予以保留。

表 7.2 罗曼诺夫斯基准则检验系数 $K(n,\alpha)$ 取值表

n	α 0.01	α 0.05	n	α 0.01	α 0.05
4	11.46	4.97	11	3.41	2.37
5	6.53	3.56	12	3.31	2.33
6	5.04	3.04	13	3.23	2.29
7	4.36	2.78	14	3.17	2.26
8	3.96	2.62	15	3.12	2.24
9	3.71	2.51	20	2.95	2.165
10	3.54	2.43	30	2.81	2.08

4. 狄克逊准则

上面几种判定粗大误差的准则都需要先求出样本的实验标准差 S,为了避免计算实验标准差 S 的麻烦,狄克逊根据顺序统计的原理,利用极差比构成统计量,经严密推算和简化,在 1953 年提出了狄克逊准则,即对正态测量总体的一个数据列样本 $x_1, x_2, \cdots, x_n$,按从小到大的顺序排列为 $x'_1, x'_2, \cdots, x'_n$,构造统计量,计算出

最小值和最大值的检验统计量，对 x_1' 计算 r_{ij}'，对 x_n' 计算 r_{ij}，即

$$r_{10} = \frac{x_n' - x_{n-1}'}{x_n' - x_1'}, \quad r_{10}' = \frac{x_2' - x_1'}{x_n' - x_1'}, \quad n = 3 \sim 7 \tag{7.7}$$

$$r_{11} = \frac{x_n' - x_{n-1}'}{x_n' - x_2'}, \quad r_{11}' = \frac{x_2' - x_1'}{x_{n-1}' - x_1'}, \quad n = 8 \sim 10 \tag{7.8}$$

$$r_{21} = \frac{x_n' - x_{n-2}'}{x_n' - x_2'}, \quad r_{21}' = \frac{x_3' - x_1'}{x_{n-1}' - x_1'}, \quad n = 11 \sim 13 \tag{7.9}$$

$$r_{22} = \frac{x_n' - x_{n-2}'}{x_n' - x_3'}, \quad r_{22}' = \frac{x_3' - x_1'}{x_{n-2}' - x_1'}, \quad n = 14 \sim 30 \tag{7.10}$$

若 $r_{ij} > r_{ij}'$，$r_{ij} > D(\alpha, n)$，则判断 x_n' 为异常值。若 $r_{ij} < r_{ij}'$，$r_{ij}' > D(\alpha, n)$，则判断 x_1' 为异常值，否则没有异常值。其中 $D(\alpha, n)$ 为在给定显著度 α 时的临界值，α 常用值为 0.05 或 0.01，临界值 $D(\alpha, n)$ 如表 7.3 所示。

表 7.3 狄克逊准则检验的临界值 $D(\alpha, n)$ 取值表

n	统计量 r_{ij} 或 r_{ij}'	α 0.05	α 0.01	n	统计量 r_{ij} 或 r_{ij}'	α 0.05	α 0.01
3	r_{10} 或 r_{10}' 中较大者	0.970	0.994	17		0.529	0.610
4		0.829	0.926	18		0.514	0.594
5		0.710	0.821	19		0.501	0.580
6		0.628	0.740	20		0.489	0.567
7		0.569	0.680	21		0.478	0.555
8	r_{11} 或 r_{11}' 中较大者	0.608	0.717	22	r_{22} 或 r_{22}' 中较大者	0.468	0.544
9		0.564	0.672	23		0.459	0.535
10		0.530	0.350	24		0.451	0.526
11	r_{21} 或 r_{21}' 中较大者	0.619	0.709	25		0.443	0.517
12		0.583	0.660	26		0.436	0.510
13		0.557	0.638	27		0.429	0.502
14	r_{22} 或 r_{22}' 中较大者	0.586	0.670	28		0.423	0.495
15		0.565	0.647	29		0.417	0.489
16		0.546	0.627	30		0.412	0.483

在数据列容量 n 取值为 $3 \leq n \leq 30$ 情况下，可用狄克逊准则剔除多个异常值，格拉布斯准则适用于剔除单个异常值。

在实际应用中，较为精密的场合可选用多种准则分别判断，若一致认为应当剔除时，则可以放心剔除；当几种方法的判定结果有矛盾时，则应慎重考虑，通

常需在可剔除与不可剔除间选择时，一般以不剔除为妥。

粗大误差的判别应遵守以下几个原则：

(1) 准确找出可疑测量值。测量数据列中残余误差绝对值最大者为可疑值，它为测量列中最大测量值或最小测量值之一，仅比较两者残余误差的大小即可确定。

(2) 合理选择判别准则。依据测量准确度的要求和测量数据量选择判别准则时，一般情况下遵循以下原则：当测量数据量 $n>30$，或当 $n>10$，做粗略判别时可采用莱以特准则；当 $n\leqslant 30$ 时，可采用格拉布斯准则或狄克逊准则。

(3) 查找粗大误差产生的原因。对由判别准则确定为"异常值"的可疑值，不能简单剔除了事，还要仔细分析，找出产生异常值的具体原因，以确保做出正确的判断。

(4) 判别准则的比较。用一种判别准则不能充分肯定的可疑值，建议按如下方法处理：若测量列中仅存在一个不能充分肯定的可疑值，应以格拉布斯准则判别结果为准；若同时存在两个不能充分肯定的可疑值，应以狄克逊准则判别结果为准。

(5) 全部测量数据的否定。若在有限次的测量列中，出现两个以上异常值，通常可认为整个测量结果是在不正常的条件下得到的，对此应改进完善测量方法，重新进行有效测量。

7.2 频率测量误差来源

根据前面对误差类型及来源的分析，任何测量过程中都存在测量误差，测试操作不当、测量仪器未调校及外界环境的影响等都会导致测量结果出现误差。尽管误差产生的原因不同，但最终都将在测量结果中以测量误差形式集中体现。因此，降低高精度频率测量中的测量误差，不仅需要关心测量仪器自身误差的来源，还需要对测量过程、测量环境进行约束。

本节主要介绍常用的频率信号测试方法、测量系统的主要误差来源及其影响，如双混频时差测量、数字测频技术等。另外，还对通常测量过程中可能引起测量误差需要注意的事项进行介绍。

7.2.1 公共振荡器

在双混频时差测量系统、差拍数字测频方法，以及大多数现代精密测频系统使用了公共振荡器，用于与待测信号混频，混频在降低待测信号频率的同时保留了待测信号的相位信息，能提高测量分辨率，因此在精密频率测量仪器中被普遍使用。根据不同仪器频率测量范围、测量性能的需求不同，公共振荡器有多种类型可供选择，如输出点频信号的压控振荡器或原子钟，可锁定至某参考的锁相晶振,可输出某频带内任意频率的数字频率合成器等,公共振荡器输出信号与待测信号频率存在确定偏差,频差一般不大于1kHz。因为高精度频率测量对象通常为标准频率的信号,所以公共振荡器的输出信号频率通常为非标准。

通过前面分析,双混频时差测量系统中公共振荡器自身噪声大部分能在测量过程中抵消,残余噪声对测量结果影响较小,一定程度上可以忽略不计,但当测量系统本底噪声低于10^{-13}量级,甚至达到10^{-15}量级时,公共振荡器的残余噪声可能湮没测量系统的其他噪声而不能被忽略。公共振荡器的残余噪声主要受公共振荡器短期不稳定度影响,原因是测量结构不能完全对称,以及通道间测量不完全同步,导致不同通道测量时刻间存在时隙,期间公共振荡器的噪声对各通道影响不同而不能完全被抵消。因为噪声是由测量不同步引起,所以通过方法设计,使各通道信号尽可能同步将有助于改善其影响,如通过对各通道信号同步高速采样,使在相同时刻公共振荡器对各通道信号的影响相同,进而在测量中抵消公共振荡器噪声的影响。

公共振荡器对测量结果的影响,可以通过分析其输出信号的频率稳定度进行量化表征。以传统双混频时差测量结构中公共振荡器的影响为例进行,公共振荡器输出信号的相对频偏表示为

$$y_c(t) = \frac{1}{2\pi(\nu+F)}\phi(t) \tag{7.11}$$

式(7.12)为其阿伦偏差表达式:

$$\text{ADEV}_{\text{CR}}(T_B, x_B) = \left[\int_0^\infty S_{yc}(f) G_c(f, T_B) G_R(f, x_B) df\right]^{1/2} \tag{7.12}$$

式中,S_{yc}为$y_c(t)$的功率谱密度;$G_c(f,T_B) = \frac{2\sin^4(\pi T_B f)}{(\pi T_B f)^2}$,为$y_c(t)$经低通滤波器的传递函数对应计算阿伦偏差的表达式;$x_B$为两差拍信号过零点时刻的相位差。滤波器截止频率外的函数可表示为

$$G_R(f, x_B) = 2[1-\cos(2\pi x_B f)] \tag{7.13}$$

根据式(7.13),当相位差x_B接近零值时,阿伦偏差$\text{ADEV}_{\text{CR}}(T_B, x_B)$也接近零。

解式(7.12),若信号受白色调相噪声影响,则$S_{yc}(f) = h_2 f^2$,理想低通滤波器的截止频率为f_c,因为x_B远小于T_B,可得

$$\text{ADEV}_{\text{CR}}(T_B, x_B) = \left[\frac{3h_2 f_c}{2(\pi T_B)^2}\left(1-\frac{\sin(2\pi x_B f_c)}{2\pi x_B f_c}\right)\right]^{1/2} \tag{7.14}$$

若$x_B \to 0$,则有$\text{ADEV}_{\text{CR}}(T_B, x_B) \to 0$。

根据式(7.14)计算 $\text{ADEV}_{\text{CR}}(T_B,x_B)$ 的理论值与相位差值 x_B 和低通滤波器的截止频率 f_c 有关，如图 7.1 所示(Šojdr et al., 2004)。其中，需要知道的参数包括 h_2 和 T_B。需要注意的是，当 x_B 远小于 T_B 成立时，f_c 和 x_B 越大，$\text{ADEV}_{\text{CR}}(T_B,x_B)$ 的值与 x_B 变得越不相关。

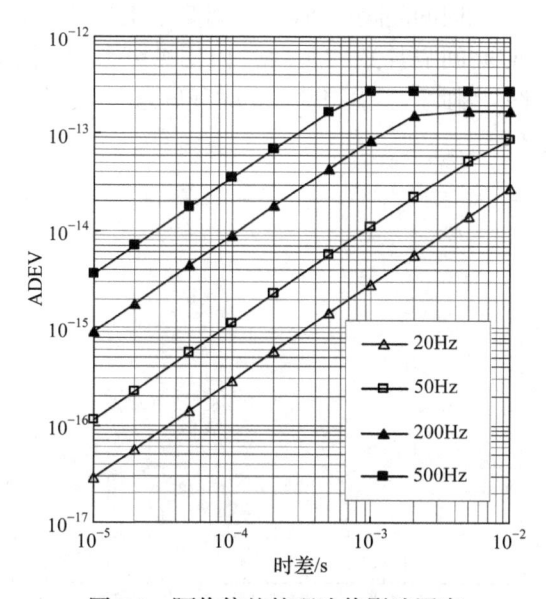

图 7.1 阿伦偏差的理论值影响因素

低频或甚低频信号主要受闪相噪声和随机游动频率噪声影响，式(7.12)显示该类型噪声对阿伦偏差结果影响非常低，几乎不影响双混频时差测量系统的本底噪声。对于采用短期稳定度性能特别好的振荡器作为公共振荡器时，也可以忽略其对系统测量噪声的贡献。

7.2.2 时间间隔计数器

时间间隔计数器在时频测量领域是一款常用的重要测试设备，应用广泛，差拍法、频差倍增法、双混频时差法、比相法等都使用时间间隔计数器进行测量。时间间隔计数器的测量不确定度将会导致测量结果出现偏差，表现为测量误差，因此特别是在精度较高的测量应用中，需要评估时间间隔计数器不确定度的影响。引起时间间隔计数器测量误差的主要原因有触发噪声、时基脉冲计数误差等。

时间间隔计数器噪声的评估方法根据误差源不同应分别对待。触发噪声对输入信号的幅值敏感，即使输入信号的触发电平检测点受较小的相位噪声影响，也可能导致时差测量误差。触发噪声可以采用实测方法进行评估，用等长电缆将同一信号分别接入时间间隔计数器的两个输入端，测量并统计结果。计数误差与时间间隔计数器的时基脉冲周期有关，时基脉冲周期越小，测量分辨率越高，计数误差越小。计数误差测试方法可以用时延差已知的两根测试电缆，分别接同一信号到计数器的两个输入端进行测量，比较测试结果与真值的偏差情况，扣除触发噪声的影响，即时间间隔计数器的计数误差。

实测型号为 SR620 的时间间隔计数器，时间偏差(TDEV)计算结果如图 7.2 所示。从图 7.2 可以看出，时间间隔计数器主要受白相噪声影响，低于目前大多数测量系统的本底噪声水平。因此，采用 SR620 时间间隔计数器测试时差时，计数器的测量噪声可以被忽略。

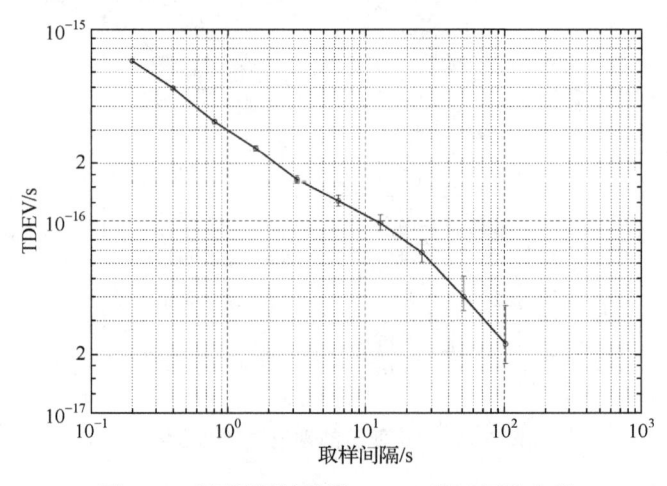

图 7.2　时间间隔计数器 SR620 的时间稳定度

7.2.3　模拟器件

为了提高测量的分辨率，大多数高分辨率频率测量方法引入了混频器或鉴相器，伴随使用放大器、滤波器等模拟器件调理信号，放大器放大混频后输出的信号，滤波器滤除混频后的高频分量。本小节将分析各模拟器件噪声对测量的影响。

以双混频时差测量系统组成结构为例，混频后的差拍信号首先经过低通滤波器、低噪声放大器进行处理；其次，部分系统还进一步将信号输入第二级低通滤波器、第一级限幅放大器和第二级限幅放大器进行调理；最后，输出的信号使用时间间隔计数器进行测量。

在差拍信号调理过程中，主要噪声来源包括两部分，分别是窄带放大器和宽带限幅放大器。第一级窄带放大器的作用是在滤波器滤除高频分量后放大差拍信号，此时主要受闪相噪声影响；两级宽带限幅放大器用在第二级滤波器后，完成对差拍信号放大整形，受宽带噪声影响较大。

混频器的噪声与混频器增益 K_d 有关，K_d 越大，混频器噪声影响越小，因此满足需求情况下尽可能选择 K_d 较大的器件。

限幅放大器的主要功能是增大过零点斜率，因此在线性区带宽越大越好。实验表明，可以通过控制带宽实现噪声优化，带宽越窄，对谐波幅度影响越小，噪声也越低。但是，特别窄的带宽对应斜率较小，导致测量时间间隔时噪声增大。为了平衡常采用两级限幅放大器增大斜率，但第二级放大器同样需要权衡放大倍数和带宽，如果第二级限幅放大器输出信号的斜率超出放大器线性区，那么额外的非线性影响将显著增加，导致通过放大信号降低的测量噪声湮没在系统噪声中，设计时需要根据放大器件的参数权衡选择合适的放大倍数。

7.2.4 模数转换器件

频率信号数字化测量是精密时频测量的主要发展方向之一，在时间上连续的模拟信号通过低速采样或高速采样等模数变换过程，转换为数字信号进行处理。数字化过程中，将模拟量转换为数字量一般需经过采样保持和量化编码两部分电路，不论何种量化方式，量化过程中必然导致输入信号实际值与量化值之间存在差别，这种差别称为"量化误差"。除了量化误差，模数转换器还有若干来源误差，包括非线性误差、孔径误差、谐波失真等。模数转换过程中引入的噪声是数字测频技术的一项重要误差来源，需要在设计模数转换电路时加以考虑。

采样率和分辨率是模数转换器的两个重要指标。其中，采样率表示模拟信号转换为数字信号的速率，与模数转换器件的制造技术有关，取决于模数转换器中比较器所能提供的判断能力；分辨率指模数转换器对输入模拟信号的分辨能力，表示模拟信号转换为数字信号后的比特数。分辨率直接决定模数转换器的量化电平，通常用最低有效位(LSB)占采集设备满度值的百分数表示，或实际电压值表示。表 7.4 表示满度值为 10V 时数据采集设备的分辨率。

表 7.4 数据采集设备的分辨率(满度值为 10V)

比特数/bit	级数	1LSB(满度值的百分数)/%	1LSB(实际电压)
8	256	0.391	39.1mV
12	4096	0.0244	2.44mV
16	65536	0.0015	0.15mV
20	1048576	0.000095	9.55μV
24	16777216	0.000006	0.60μV

量化误差是指量化结果与被量化模拟量的差值，量化级数越多，量化的相对

误差越小,因此量化误差取决于分辨率。模数转换器的分辨率越高,可以识别的信号电压变化量越小,量化误差越小。对于模数转换器,输入信号的电压在它的动态范围内可以是任意数值,出现各种电压的概率随机,并且均等。因此,一般可以认为量化误差是一个随机量,并且均匀分布在确定区域内,当变换位数足够大时,量化误差可以做得很小。实际量化时,变换位数 N 的取值有限,带来一定误差,因为这种误差是在一定数值范围内随机出现,类似于电噪声的概率特性,所以这种量化误差通常被称为量化噪声。量化噪声的均方差用式(7.15)表示,即

$$\sigma_e^2 = \frac{Q^2}{12} \tag{7.15}$$

式中,$Q = \frac{\text{FSR}}{2^N}$,为量化电平,$N$ 为变换位数,FSR 为输入信号的满量程电压值。式(7.15)表明,即使模拟信号本身无噪声,但经过量化后的数字信号仍包含量化噪声。模数转换器量化过程中产生的量化噪声还可以用信噪比表示,即无噪声信号均方根值和量化噪声均方根的比值。若输入模拟信号为归一化的正弦信号 $x(t) = \frac{1}{2}\sin(\omega t + \varphi)$,则经模数转换器后的信噪比为

$$\text{SNB} = 6.02N + 1.76 + 10\lg(f_s / 2f_{\max}) \tag{7.16}$$

式中,SNR 的单位为 dB;N 为变换位数。由此可见,模数转换器的信噪比主要取决于分辨率,分辨率每增加一位,模数转换器的信噪比将增加 6dB。表 7.5 为模数变换位数与信噪比对应的估算值。

表 7.5 模数变换的位数 N 与信噪比对应的估算值

N	分辨率(量化电平)	SNR/dB	估算值/dB
6	1/64	37.88	36
8	1/256	49.92	48
10	1/1024	61.96	60
12	1/4096	74.00	72
16	1/65332	98.08	96

随着分辨率的提高,模数转换器的量化电平变得更小,采样过程容易被干扰,并且相同采样率条件下,信号数字化后需要处理的数据量更大。常见模数转换设备的采样率与分辨率相互制约,采样率每提高 1 倍,分辨率大约损失 1bit,这主要是由采样时刻的抖动,即孔径抖动或称为孔径不确定性引起的。

理想情况下,采样过程是瞬间完成的,然而实际模数转换过程中,从发出采样命令到实际开始采样需要一定的时间,即实际采样点与理想采样点之间存在着

一定的时间延迟,称为孔径时间。孔径时间可以等效为两部分:对采样时钟的固定延迟和均值为零的采样时钟抖动,后者称为孔径抖动。固定延迟可以通过采用适当方法抵消,孔径抖动的效应不容易抵消,它使模数转换器采样位置不确定,只要输入的动态模拟信号在采样点附近是变化的,采样位置不确定就会导致模数转换结果随机变化,就是孔径抖动噪声。孔径抖动不同于模数转换器外部抖动,以及由时钟电路引起的抖动,它是由模数转换器自身电路特性所造成的抖动(马宝元,2010)。

在模数转换过程中,除了孔径抖动,还存在着输入信号相位抖动和采样时钟抖动,它们与模数转换器的孔径抖动一起被称为时间抖动。其中,采样时钟抖动是由时钟源内部的各种噪声所引起的,如热噪声、相位噪声、杂散噪声,统称为相位噪声。孔径抖动与相位抖动、采样时钟抖动造成的采样误差具有相同的特征,会导致模数转换器采样精度和信噪比下降,且与被采样信号的频率成正比。

模数转换器孔径抖动的均方值用 t_{con} 表示,信号电压变化最大值发生时刻在信号过零点,假设孔径抖动如同白噪声一样为高斯分布,那么最大孔径抖动可以认为为 $2t_{con}$,所以最大孔径误差可以用式(7.17)表示,即

$$\Delta V_{\max} = V \times 4\pi \nu t_{con} \tag{7.17}$$

式中,ν 为输入正弦信号的频率;V 为输入信号的幅值。

由式(7.17)可知,孔径误差与输入信号的幅值、信号的变化速率和模数转换器的转换时间有关。要使孔径误差不影响模数转换器的精度,需要限制模数转换器输入信号的频率,最大孔径误差为 LSB/2,即

$$\Delta V_{\max} = \frac{1}{2}\text{LSB} = \frac{2V}{2^{N+1}} \tag{7.18}$$

将式(7.17)代入式(7.18),得到模拟输入信号的最高频率为

$$\nu_{\max} = \frac{1}{2V\pi t_{con} \cdot 2^{N+1}} \tag{7.19}$$

例如,当 $t_{con}=10\text{ps}$,$N=10$ 时,$\nu_{\max}=7.8\text{MHz}$,使用采样率为 20MHz,分辨率为 10 位的模数转换器,可以忽略孔径抖动的影响(马宝元,2010)。

对于实际的模数转换系统,由于还存在着电噪声、外界干扰和模拟电路的非线性畸变等因素的影响,不能仅以理想的分辨率来度量系统性能。为更好地反映系统性能,可以在测得信噪比(SNR)的基础上,将上述因素按量化噪声进行折算,推导出系统的有效转换位数(ENOB),其计算公式为

$$\text{ENOB} = \frac{\text{SNR}-1.76}{6.02} \tag{7.20}$$

有效转换位数表示理想的模数转换器件为达到实际的信噪比所需具有的分辨率大小。模数转换器件指标中 ENOB 与分辨率的差别反映了由误差源引起的信噪比下降所造成的采样精度下降的程度。

采样率、分辨率与频率测量系统的本底噪声性能紧密相关，在基于模数转换的频率测量系统研制中，需要根据实际需求，核算测量所需模数转换器件的采样率、分辨率等需求。通常采样率和分辨率越高，测量系统对随机噪声的抑制能力越强，则模数转换引入的误差越小。在工程应用中，不存在无限高的采样频率，因此需要在采样率、数据处理能力、成本和测量噪声等各项指标中折中选择。通常情况下，重建原信号 90%甚至更高的精度，要求对信号每个周期进行约 10 次的采样，常用的采样范围是每周期 7~10 次采样，分辨率为 12bit 及以上。例如，对 1kHz 信号采样，采样频率为 10kHz 即可高精度复原信号，实验证明更高的采样率对频率测量系统中由模数转换引入的噪声改善不明显。

7.3 容易忽略的误差

误差量是指除了被测量，对测量结果有影响的所有量，包括测量系统输入信号中的非信息性参量。电子测量中的影响量多而且复杂，影响常不可忽略，如环境温度和湿度、电源电压的起伏和电磁干扰等，是外界影响量的典型例子；噪声、非线性特性和漂移等，是内部影响量的典型例子。影响量往往随时间而变，而且这种变化通常具有非平稳随机过程性质。但是，这种非平稳性大都表现为数学期望的慢变化。此外，在测量仪器中，若某个工作特性会影响到另一工作特性，则称前者为影响特性，影响特性也能导致测量误差。例如，交流电压表中检波器的检波特性，测量不同波形和不同频率的电压会产生不同的测量误差。

在电子测量和计量中，上述各种情况可能都存在，而且许多随机性误差的概率密度分布是非正态的，甚至是分布律不明的，这些都给电子测量误差的处理和估计带来许多特殊困难。

本节将介绍一些可能影响频率测量结果，但是容易被忽视或是不易从其他噪声中分离的误差来源，如外在环境、同轴电缆和信号干扰等的影响。

7.3.1 外在环境

高精度的频率测量对周围环境的变化较为敏感，但测量环境变化对测量系统的影响较为复杂，且难以捉摸，如供电系统受噪声干扰出现过压、欠压和停电等；系统运行过程中受静电干扰、磁场耦合干扰、电磁辐射干扰、电导通路耦合干扰、漏电耦合干扰等；环境温度、湿度、气压变化；机械振荡、变形等原因，具体对测量系统怎样产生影响、影响有多大很难具体描述和量化。基于差拍数字测频技术研制的频率稳定度分析仪作为实验对象，研究受实验室测试环境干扰的频率测量结果，如图 7.3 所示。测量使用的两个信号来自同一频率分配放大器的输出，测量期间尽量保证两信号的一致性。测量结果显示，第一批频率波动较大的点发生时间与实验室开门、亮灯时间一致；第二批频率波动较大的点发生时间与工作人员轻微震动频率稳定度分析仪所在实验台的时间重合；第三批频率波动较大的点发生时间与开合频率稳定度分析仪的机箱上盖重合。由此可见，测量环境的稳定性将直接影响高精度频率测量系统的测量结果，并且影响的量值未知。

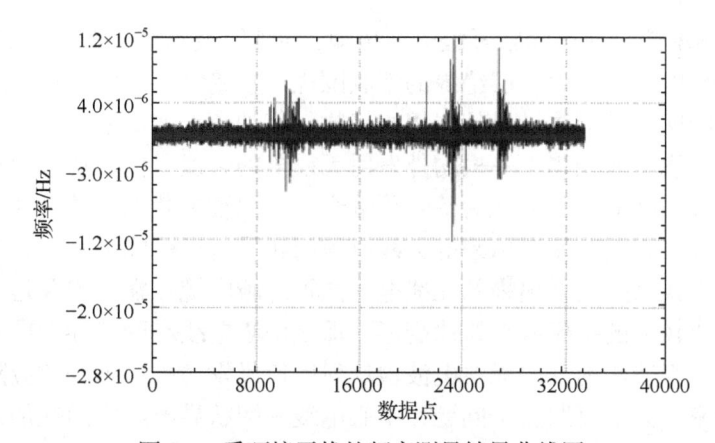

图 7.3 受环境干扰的频率测量结果曲线图

根据不同的干扰原因设计应对措施，特别是针对系统中对干扰较为敏感的部件采取预先防护措施对排除环境的干扰更有效；也可以根据实际所处环境条件，有针对性地处理主要的干扰原因。例如，针对供电电压不稳定的情形，可采用稳压电路，以及在交流进线端加交流滤波器，滤除高频电压等处理进行干预；电磁干扰可通过实施物理隔离、屏蔽予以抑制；为了避免干扰从连接电缆的端口进入电路，电缆接头需要做屏蔽；实验所处环境的其他设备往往存在电磁干扰，为了减小干扰的影响，需要对易受干扰的模块进行屏蔽，使用铜或铝等低阻材料制成容器，将需要防护的模块包起来，以达到阻断或抑制各种电磁干扰的目的，仪器面板的显示屏也可以使用屏蔽玻璃等措施隔离电磁辐射；对环境的控制方面，具有可操作性的方法是尽量控制环境条件到最优状态，最优状态的标准包括能忽略温度、电压等的影响。但什么样的环境影响最小，需要有设备环境敏感性知识和实践经验，或者能单独对各项因素影响进行实测，如果可能，最好在对环境的敏感性测试前，先最小化其他噪声的影响。

7.3.2 同轴电缆

信号通过电缆传输过程中，外界环境是非恒定场，各种因素不断作用于传输电缆，影响信号传输的稳定性，特别是在精密的频率测量实验中，测试对任意类型的扰动敏感，包括电缆。频率测量仪器内外部都离不开各类电缆的连接。部分电缆引起的噪声可能被归类为环境影响，而电缆自身的影响容易被忽视。实验发现，不合适的电缆会成为影响系统测量本底噪声的重要因素。因此，充分了解电缆的属性，并根据测试需求选择合适的电缆对获得更低的系统本底噪声有重要意义。

通常，频率信号使用同轴屏蔽电缆传输，同轴屏蔽电缆一般由四层物料构成，内里是一条导电铜线，由一层绝缘的塑胶围拢，在绝缘体外面又有一层一般材料为铜或合金的网状导电体，最外层用绝缘物料作护套。如果使用一般电缆传输高频率信号，电缆可能相当于一根向外发射无线电的天线，信号功率会损耗，使得接收到的信号强度减小，表现为信号传输衰减。同轴屏蔽电缆的设计正是为了解决这类问题，中心电线发射出来的无线电被网状导电层所隔离，网状导电层可以通过接地的方式屏蔽发射出来的无线电。同轴屏蔽电缆存在的问题是，如果电缆某一段发生比较大的挤压或者扭曲变形，那么中心电线和网状导电层之间的距离不始终一致，将造成内部的无线电波被反射回信号发送端，这种效应降低了可接收的信号功率。为了克服这个问题，中心电线和网状导电层之间被加入一层塑料绝缘体来保证它们之间的距离始终如一。最常见的同轴屏蔽电缆由绝缘材料隔离的铜线导体组成，里层绝缘材料的外部是另一层环形导体及其绝缘体，然后整个电缆由聚氯乙烯或特氟纶材料的护套包住。

用于精密频率测量的同轴屏蔽电缆主要关心的性能指标有损耗、驻波比及相位稳定性，主要原因是不同材质的电缆对温度、机械振动的敏感程度不同。当测量系统所处环境条件发生变化时，电缆的不同自然属性将导致信号经电缆传输后叠加相位噪声，引起测量误差。

同轴屏蔽电缆的损耗通常可用式(7.21)估计，即

$$a = a_R + a_G = \frac{R}{2}\sqrt{\frac{C}{L}} + \frac{G}{2}\sqrt{\frac{L}{C}} = \frac{R}{2Z_c} + \frac{G}{2}Z_c \tag{7.21}$$

式中，a_R 为导体衰减，是导体电阻损耗引起的衰减分量，dB/km；a_G 为介质衰减，是介质损耗引起的衰减分量，dB/km；R 为导体的直流电阻，Ω/km；C 为电缆的工作电容，F/km；L 为电感，H/km；G 为绝缘电导，S/km；Z_c 为电缆的特性阻抗，Ω。

由式(7.21)可见，当电缆的特性阻抗确定时，导体衰减 a_R 主要取决于导体所

采用材料的特性和几何尺寸。在导体采用的材料特性和电缆几何尺寸确定的情况下，可供调节的仅有介质衰减 a_G。从降低衰减的角度考虑使用空气作为绝缘介质是比较理想的情况，但从保证电缆的结构机械强度和稳定性角度考虑，需要引入其他绝缘介质，并且希望引入的介质等效介电常数越小越好。

对同轴屏蔽电缆的要求除了应具有低衰减及低驻波比，还要求由温度变化和机械应力作用变化引起的电缆相移常数变化较小。根据这些要求以及功能和结构特点，从射频电缆中进一步细分出一种独立的电缆，即同轴稳相电缆。

同轴稳相电缆就是在外界条件(如温度、机械力等)变化的条件下，依然保证所传输频率信号的相位相对稳定。在射频条件下，同轴电缆的相移常数可以简化为

$$\beta = \omega\sqrt{Lc} = 1200\nu\sqrt{\varepsilon_e} \tag{7.22}$$

式中，β 为相移常数，(°)/km；c 为光速，取值为 3×10^5 km/s；ν 为传输信号的频率，MHz；ε_e 为等效相对介电常数。根据相移常数计算同轴稳相电缆的相位为

$$\varphi = \beta l \tag{7.23}$$

式中，φ 为相位，(°)；l 为电缆的长度，km。

同轴稳相电缆的相位 φ 随温度 T 变化的关系为

$$\frac{1}{\varphi}\frac{d\varphi}{dT} = \frac{1}{l}\frac{dl}{dT} + \frac{1}{2\varepsilon_e}\frac{d\varepsilon_e}{dT} \tag{7.24}$$

式中，T 为温度，℃。

从式(7.24)可以得出，电缆的温度-相位变化率由温度变化引起的电缆机械长度伸长率与等效介电常数变化率两者组合而成，其 ε_e 与同轴电缆所用材料及电缆结构有关(张磊等，2010)。

图 7.4 为两种同轴稳相电缆的温度-相位变化曲线。由此可见，不同型号的电缆在不同温度下相位变化不同，使用电缆进行测试时需要注意电缆的影响，在同一测试系统中各通道尽可能使用相同型号的电缆。

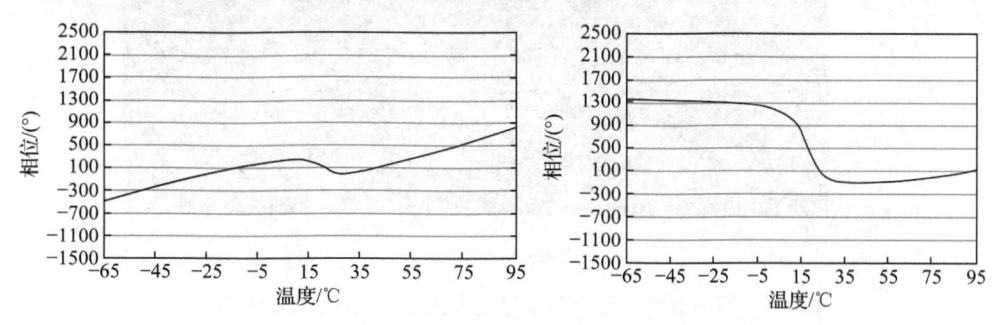

图 7.4 两种同轴稳相电缆的温度-相位变化曲线

频率信号测量的主要对象是信号的相位或是频率，因此精密测量系统对信号的相位变化特别敏感，在此种情况下，对测试系统中电缆的相位稳定性提出了极高的要求。例如，可能需要使电缆弯曲后连接，而电缆的弯曲会导致插入损耗的漂移，最终在测量结果中反映为相位波动，影响测试结果的准确性。为了避免电缆形变引起的测量误差，一是尽量避免电缆发生变形，二是不可避免电缆变形时，尽量使各路信号电缆弯曲的形状相同。另外，即使使用同轴稳相电缆，环境温度的变化也会导致电缆传输信号的相位发生相移，因此在相对稳定的温度条件下开展测试是避免该问题的最好办法，不能满足该条件时也应该保持温度在较小范围内波动，并且选择温度稳相性能好的电缆。

图 7.5 是使用同一频率源分配为多个相同信号，分别经两种不同性能的同轴电缆输入频率稳定度分析仪的各个通道，使用频率稳定度分析仪测量各通道信号的频率稳定度。图 7.5 中颜色较亮的两根线条是使用两根相同稳相电缆的稳定度测试结果，颜色较暗的两根线条代表相同普通两根同轴屏蔽电缆的稳定度测试结果。在测试之前，为了保证各通道一致性，对频率稳定度分析仪的各个通道进行了标校。根据图 7.5 所示比对测试结果，同轴稳相电缆在取样时间为 1s 时，阿伦偏差结果与普通同轴屏蔽电缆差异较小；当取样时间超过 10s 或更大时，阿伦偏差的差异逐渐增大，并且在相同测试条件下，同轴稳相电缆测得的频率稳定度结果明显优于普通同轴屏蔽电缆。这一结果也进一步证实了电缆导致的测量噪声确实存在。

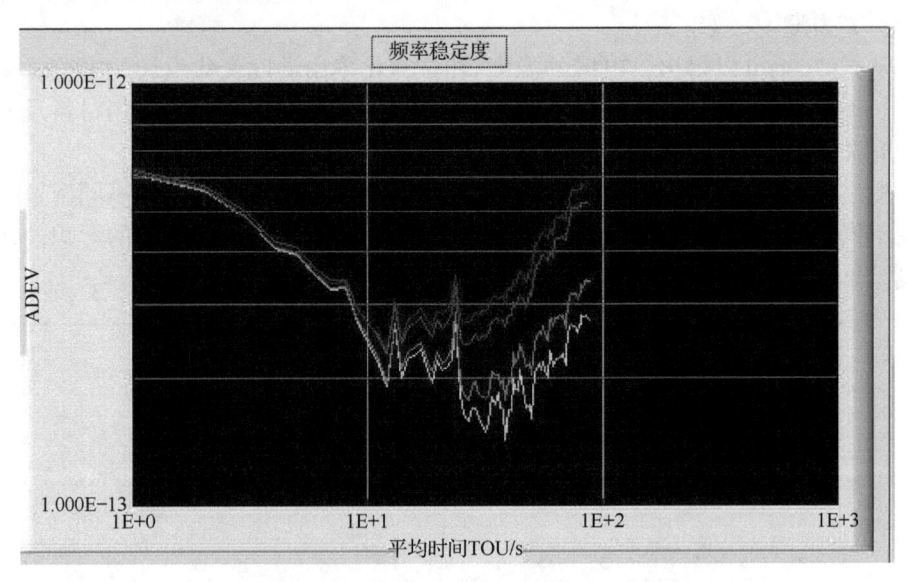

图 7.5 不同测试电缆对频率稳定度测量结果的影响比较结果

电缆的使用需要注意避免高温、低温或机械振动。环境温度太高，电线电缆的散热困难，电缆内部温度过高，导体和绝缘体的损耗增大使发热量增大，进一步加剧温度升高，恶性循环就会导致烧坏绝缘材料或加速其老化。温度太低甚至结冰，容易使绝缘层龟裂，造成绝缘击穿。机械振动也对电缆有害，振动可能会导致绝缘体开裂、连接松动，甚至损坏电缆。

7.3.3 信号干扰

信号干扰也是一种容易被忽视的噪声来源，它可能对测量结果有显著影响，分类或量化特别低的噪声电平的干扰信号非常困难，并且干扰可能对两个测量通道产生不同的影响，或是仅发生在一个通道，不能通过对称结构被抵消。干扰也很难识别，通常是不稳定的干扰源，对测量的影响呈动态特性。

差拍法、双混频时差法、频差倍增法等分辨率增强的方法大多需要使用混频器，而混频器是测量系统信号干扰的主要来源。混频器的工作特征决定其存在互调，放大器中也可能存在互调，所有落入系统带宽内的互调输出频率可以表示为

$$\nu_s = r_i \nu_i + \cdots + r_2 \nu_2 + r_1 \nu_1 = 0, \pm 1, \pm 2, \cdots \tag{7.25}$$

事实上，互调信号能增加混频器输出信号的增益，不会直接导致波动，但可能生成一些不希望的信号频率 $\nu_1, \nu_2, \cdots$，这些信号可能来自测量系统中的各种频率源，如公共振荡器、参考源、待测源，也可能来自实验室的电源等。

图 7.6 显示了一个受干扰晶体振荡器频率稳定度测量结果。被测的晶体振荡器输出频率为 5MHz 的信号，干扰频率出现在中心频率偏约 19mHz 处，紧邻晶体振荡器输出信号的中心频率。受干扰的晶体振荡器的输出信号是通过一个约 1m 长的同轴电缆连接，当断开该电缆后，干扰消失。

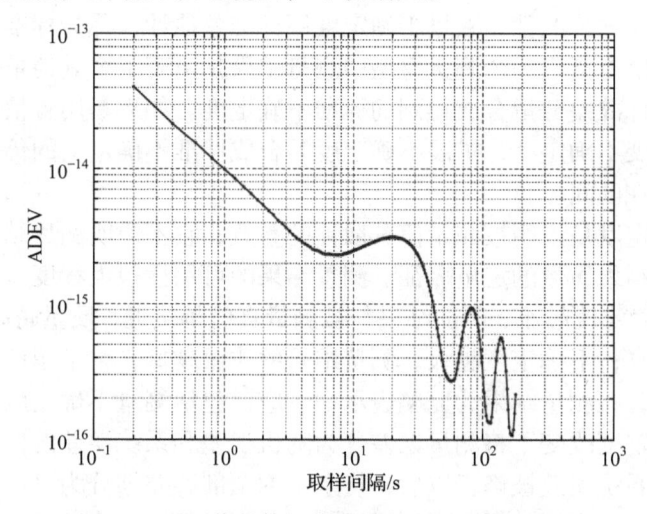

图 7.6 受干扰晶体振荡器频率稳定度测量结果

使用锁相环的测量系统可能发生相位锁定到干扰源的情况，幸好这种情形通过测试很容易被检测出来，最糟糕的情况是相位锁定到信号中心频率附近的扰动上，难以识别。

交流电源也是干扰信号的来源之一，如果测量系统、公共振荡器和待测频率源的供电均采用直流电，那么可以避免电力线引入的工频干扰，但是仍存在电磁场辐射的低频干扰，电磁屏蔽柜等隔离措施有助于隔离测量系统可能受到的电磁场干扰。

综上所述，信号干扰无处不在，为了保证高精度频率测量，需要系统具有一定的抗干扰能力和信号检测能力，及时发现干扰源，并进一步采取滤波等措施消除其影响。

7.4 测量不确定度

7.4.1 测量不确定度定义

测量不确定度从词义理解，意味着对测量结果可信性、有效性的怀疑程度或不肯定程度，是定量说明测量结果质量的一个参数。实际上，由于测量不完善和认识的不足，得到的测量值具有分散性，即每次测得的结果不是同一值，而是以一定的概率分散在某个区域内的许多值。虽然客观存在的系统误差是一个不变值，但是由于不能被完全认知或掌握，只能认为它是以某种概率分布存在于某个区域内，而这种概率分布本身也具有分散性。

测量不确定度是表征合理地赋予被测量值的分散性，与测量结果相联系的参数。为了表征这种分散性，测量不确定度用标准差估计，称为标准不确定度。合成标准不确定度是指当一个测量模型中测量结果是由若干个其他量的值求得时，按其他各量的标准差分量合成得到的标准不确定度。如果是用置信区间的半宽度表示则称为扩展不确定度，扩展不确定度是合成标准不确定度的倍数，确定了测量结果可能所在区间。

测量不确定度是说明被测量值分散性的参数，它不说明测量结果是否接近真值，而是测量结果质量的定量表征。测量结果的可用性很大程度上取决于不确定度的大小，不确定度越小，所述结果与被测量真值越接近，质量越高，水平越高，其使用价值越高；不确定度越大，测量结果的质量越低，水平越低，其使用价值也越低。因此，在测量结果的完整表示中，应该包括测量不确定度。

测量不确定度改变了将测量误差分为随机误差和系统误差的传统分类方法，它在可修正的系统误差被修正以后，将余下的全部误差划分为可以用统计方法计算(A 类分量)和用其他方法估算(B 类分量)的两类误差(国家质量监督检验检疫总局，2012)。其中，A 类分量用多次重复测量以统计方法算出的实验标准差来表征，而 B 类分量用其他方法估计出近似的"标准差"表征。若上述分量彼此独立，通常可用标准差合成的方法得出合成不确定度的表征量。由于不确定度是未定误差的特征描述，不能用于修正测量结果。

测量不确定度可用多种方式表征，有标准不确定度、扩展不确定度与合成标准不确定度，各表征方式的关系可用图 7.7 简单描述。

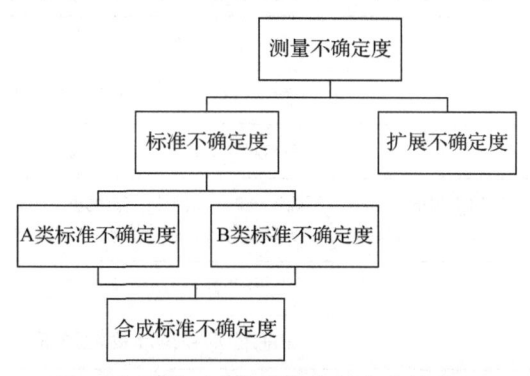

图 7.7 测量不确定度各表征方式的关系

图 7.7 所示的测量不确定度各表征方式通常由多个分量组成，对每一分量都要求评定标准不确定度。评定方法分为 A 类评定和 B 类评定。A 类评定是用对观测列进行统计分析的方法，以实验标准差表征；B 类评定用不同于 A 类评定的其他方法表示，含有主观鉴别的成分。标准不确定度 A 类评定和 B 类评定的比较如表 7.6 所示。分类旨在指出评定方法不同，并不意味着两类分量之间存在本质上的区别，它们都基于概率分布，并都用方差或标准差定量表示，为方便起见，简称为 A 类标准不确定度和 B 类标准不确定度。对于某一项不确定度分量究竟用 A 类评定还是用 B 类评定，应由测量人员根据具体情况选择。

表 7.6 标准不确定度 A 类评定和 B 类评定的比较

A 类评定	B 类评定
根据一组测量数据计算	根据信息来源估计
可能性	可信性
来源于随机效应	来源于系统效应
通常为数学家的研究范畴	通常是物理学家的研究范畴

需要注意的是，A、B 两类标准不确定度的评定方法与"随机误差""系统误

差"的分类之间不存在简单的对应关系。"随机误差"与"系统误差"表示误差的两种不同性质，A、B两类标准不确定度表示不确定度的两种不同的评定方法。随机误差与系统误差的合成是没有确定的原则可遵循，而A类标准不确定度和B类标准不确定度在合成时均采用标准不确定度方法。

表 7.7 列出了与测量不确定度相关的常见术语及其定义。

表 7.7 与测量不确定度相关的常见术语及其定义

序号	术语	定义
1	量值	由一个数乘以测量单位所表示的特定量大小
2	真值	与给定特定量约定定义一致的值
3	约定真值	对于给定目的具有适当不确定度的、赋予特定量的值，有时该值是约定采用(注：约定真值有时称为指定值、最佳估计值、约定值或参考值)
4	被测量	作为测量对象的特定值
5	测量结果	由测量所得的赋予被测量的值
6	测量准确度	测量结果与被测量的真值之间的一致程度
7	重复性	指测量结果的重复性，在相同条件下，对同一被测量进行连续多次测量所得结果之间的一致性
8	复现性	在改变了的测量条件下，同一被测量测量结果之间的一致性
9	实验标准差	对同一被测量作 n 次测量，表征测量结果分散性的量 s，按贝塞尔公式计算：$s(q_k)=\sqrt{\dfrac{\sum_{i=1}^{n}(q_k-\bar{q})^2}{n-1}}$，其中，$q_k$ 为第 k 次测量的结果，$\bar{q}$ 是 n 次测量结果的算术平均值
10	测量不确定度	表征合理地赋予被测量之值的分散性，与测量结果相联系的参数
11	标准不确定度	用标准偏差表示的测量不确定度
12	不确定度A类评定	用对观测列进行统计分析的方法，来评定标准不确定度
13	不确定度B类评定	用不同于观测列进行统计分析的方法，对测量不确定度分量进行的评定
14	合成标准不确定度	当测量结果是由若干个其他量的值求得时，按其他量的方差或协方差算得的标准不确定度
15	扩展不确定度	确定测量结果区间的量，合理赋予被测量之值的大部分可望含于此区间
16	包含因子	为求得扩展不确定度，对合成标准不确定所乘的倍数因子

续表

序号	术语	定义
17	自由度	当以样本的统计量来估计总体的参数时,样本中独立或能自由变化的资料个数
18	测量误差	测量结果减去被测量的真值
19	修正值	用代数法与未修正结果相加,以补偿其系统误差的值
20	相关系数	相关系数是两个变量之间相互依赖性的量度,它等于两个变量间的协方差除以各自方差之积的正平方根,因此有 $\rho(x,y)=\rho(y,x)=\dfrac{v(x,y)}{\sqrt{v(x,x)v(y,y)}}=\dfrac{v(x,y)}{\sigma(x)\sigma(y)}$,估计值 $r(x_i,y_i)=\rho(y_i,x_i)=\dfrac{v(x_i,y_i)}{\sqrt{s(x_i,x_i)s(y_i,y_i)}}=\dfrac{v(x_i,y_i)}{s(x_i)s(y_i)}$。相关系数是一个纯数,取值范围 $-1\leqslant\rho\leqslant 1$ 和 $-1\leqslant r(x_i,y_i)\leqslant 1$
21	独立	如果两个随机变量的联合概率分布是它们每个概率分布的乘积,那么这两个随机变量统计独立

7.4.2 测量不确定度来源

测量不确定度一般来源于随机性和模糊性,前者归因于条件不充分,后者归因于事物本身概念不明确。这就使得测量不确定度一般由许多分量组成,其中一些分量可以用测量列结果(观测值)的统计分布来进行估算,并且以实验标准差表征;另一些分量可以用其他方法(根据经验或其他信息的假定概率分布)来进行估算,并且也以标准差表征。所有这些分量应理解为都贡献了分散性。

在测量过程中,测量不确定度来源多样,以下列举了十种典型的测量不确定度来源,需要在测量误差分析中加以注意:

(1) 被测量的定义不完整或不完善。例如,定义被测量是某晶体振荡器的秒级频率稳定度,其标称值为 5×10^{-12},若要求测量该频率源的秒级频率稳定度,则被测量的定义就不够完整。这是因为被测晶体振荡器输出信号的频率稳定度受温度影响明显,而定义条件中没有包含测试所处环境的温度等条件,将使测量结果中引入温度影响的不确定度。完整的定义应包含测量时所处位置的温度条件,避免由此引起的测量不确定度。

(2) 实现的测量方法不理想。当被测量的定义足够完整,但测量时温度等条件实际上达不到定义的要求(包括由于对温度等条件的测量本身存在的不确定度),使得测量结果引入了不确定度。

(3) 取样的代表性不够,即被测量的样本不能代表所定义的被测量。测量某种介质材料在给定频率下的相对介质常数,由于测量方法和测量设备的限制,只能取这种材料的一部分作为样块进行测量。如果测量所用的样块在材料成分上或均匀性方面不能完全代表定义的被测量，则样块将引起不确定度。

(4) 对测量过程受环境影响的认识不周全或对环境的测量与控制不完善。同样，以测试晶体振荡器的频率稳定度为例，不仅温度影响其稳定度性能，而且湿度、供电电源等都会影响其频率稳定度性能。但是，由于认识不足，没有采取措施，就会引入不确定度。

(5) 对模拟式仪器的读数存在人为偏移。模拟式仪器在读取其示值时，一般是估读到最小分度值的 1/10。由于观测者个人习惯不同等，可能对同一状态下的显示值会有不同的估读值，这种差异将产生不确定度。

(6) 测量仪器计量性能(如灵敏度、鉴别力、分辨率、稳定性及死区等)的局限性。例如，指示装置的分辨率是数字式测量仪器的不确定度来源之一，即使被测对象为理想的重复，但由于指示装置的分辨率问题，重复测量结果并不完全相同，即测量不确定度不为零；或者当输入信号在一个已知的区间变动时，该仪器却给出了同样的指示。

(7) 测量标准或标准物质的不确定度。通常的测量是通过被测量与测量标准的给定值进行比较实现的，因此该测量标准的不确定度将直接引入测量结果。例如，按照操作规范，被测量是某频率源的频率稳定度时，由于不存在理想的无噪声频率源作为测量标准，通常规定使用频率稳定度性能优于被测量 3 倍的频率源作为测量标准，测量时，测得的频率稳定度结果包括了作为测量标准的参考源的不确定度。

(8) 引用的数据或其他参量的不确定度。例如，在测量黄铜的长度随温度变化时，要用到黄铜的热膨胀系数，通过查找有关数据手册可以找到所需的值，与此同时，也可从手册上查出或计算该值的不确定度，它同样是测量结果不确定度的一个来源。

(9) 测量方法和测量程序的近似和假设。被测量表达式的近似程度，自动测试程序的迭代程度，电测量中由于测量系统不完善引起的绝缘漏电、热电势、引线电阻上的压降等，均会引起不确定度。

(10) 在相同条件下被测量在重复观测中的变化等。在实际工作中经常发现，无论怎样控制环境条件以及各类对测量结果产生影响的因素，最终的测量结果总会存在一定的分散性，即多次测量结果并不完全相同。这种现象是一种客观存在，是一些随机效应造成的。

除了上述典型的测量不确定度来源，还有一些容易被混淆为不确定度来源的情况，但不属于不确定度来源，同样需要注意：

(1) 操作人员失误不是不确定度。这一类不应计入不确定度的来源，这是因为该类情况是可以通过仔细工作和核查避免发生。

(2) 允差不是不确定度。允差是对所选定的工艺、产品或仪器允许公差的极限值。

(3) 技术条件不是不确定度。技术条件是指对产品或仪器所期望的内容，也包括一些"定性"的质量指标，如外观。

(4) 准确度不是不确定度。这些术语使用常被混淆，确切地说，准确度是一个定性的术语，如可能说测量是"准确"或"不准确"的。

(5) 误差不是不确定度。

(6) 重复性、复现性不是不确定度。

测量中可能引入不确定度的来源很多，一般来说主要是由测量设备、测量人员、测量方法和被测对象的不完善引起的。前面只是列出了测量不确定度可能的几个来源，作为分析和寻找测量不确定度来源时参考，它们既不是寻找不确定度来源的全部依据，又不表示每一个测量不确定度评定必须同时存在上述几方面的不确定度分量。

7.4.3 不确定度评定方法

用传统方法对测量结果进行误差评定主要遇到两方面的问题：一是逻辑概念上的问题，真值无法得到，因此严格意义上的误差也无法得到，能得到的只是误差的估计值，误差的概念只能用于已知约定真值的情况；二是评定方法的问题，由于随机误差和系统误差是两个性质不同的量，前者用标准偏差表示，后者则用可能产生的最大误差来表示，在数学上无法解决二者之间的合成问题。误差评定方法的不一致，使不同的测量结果缺乏可比性，这与当前全球经济一体化发展的需求不相适应。用测量不确定度统一评定测量结果就是在这种背景下产生的。测量不确定度通过描述被测量值的分散性，表示测量结果不能肯定的程度，反映的是测量结果的质量。测量误差和测量不确定度是两个不同的概念，各有不同的定义，它们相互关联但又各不相同，相互并不排斥，测得的误差肯定会有不确定度，反之评定得到的不确定度可能存在误差，各自适用于不同的场合，一般情况下不能相互替代，应该根据需求选用。

测量不确定度通常由测量过程的数学模型和不确定度的传播率来评定，由于数学模型可能不完善，所有有关的量应充分地反映其实际的变化情况，以便可以根据尽可能多的观测数据来评定不确定度。在可能情况下，应尽量采用按长期积累数据建立起来的经验模型。另外，还需通过对数据进行适当的检验，以剔除测量过程中的异常值(通常由于读取、记录或分析数据的失误所导致)，以保证分析结果的可靠性。

不确定度评定方法可归纳为 A 类评定和 B 类评定。A 类评定指用测量样本统计分析进行不确定度评定的方法，用实验标准偏差表征；B 类评定指用不同于测量样本统计分析的其他进行不确定度评定的方法，借助于一切可利用的有关信息进行科学判断，确定不确定度分量含有主观鉴别成分，是一个估计值。

1. 标准不确定度的 A 类评定

标准不确定度的 A 类评定有贝塞尔法、极差法、合并样本标准差法和最大残差法等，其中最为常用的方法是贝塞尔法。

1) 贝塞尔法

贝塞尔法是采用贝塞尔公式计算标准差的方法。在重复测量条件或复现性条件下对被测量作 n 次独立重复测量，得到 $x_k, k=1,2,\cdots,n$，一般要求 n 的取值不小于 10。随机变量 x_k 的最佳估计是 n 次独立观测结果的算术平均值 $\bar{x}$，即

$$\bar{x} = \frac{1}{n}\sum_{k=1}^{n} x_k \tag{7.26}$$

由于影响量的随机变化或随机效应随时空变化影响不同，每次独立观测量 x_k 不一定相同，观测值与 $\bar{x}$ 之差称为残差 v_k，$v_k = x_k - \bar{x}$。

单次测量结果 x_k 的标准不确定度 $u(x_k)$ 用式(7.27)计算，为单次测量结果的分散性，是测量结果的 A 类标准不确定度：

$$u(x_k) = s(x_k) = \sqrt{\frac{\sum_{k=1}^{n} v_k^2}{n-1}} \tag{7.27}$$

平均值 $\bar{x}$ 的实验标准差 $s(\bar{x})$ 用式(7.28)计算，为平均值作为测量结果的分散性，是测量结果平均值的 A 类标准不确定度：

$$s(\bar{x}) = \frac{s(x_k)}{\sqrt{n}} = \sqrt{\frac{\sum_{k=1}^{n} v_k^2}{n(n-1)}} \tag{7.28}$$

比较式(7.27)和式(7.28)可知，$s(\bar{x}) < s(x_k)$ 成立，这是因为多次测量取平均后，正负误差能相互抵偿。

若测量仪器稳定，则通过 n 次重复得到的单次测量实验标准差 $s(x_k)$ 可以保持相当长的时间不变，并可以在一段时间内的同类测量中直接采用该数据。此时，若所用的测量结果是 m 次重复测量的平均值，则实验标准差可由式(7.29)计算，即

$$s(\bar{x}) = \frac{s(x_k)}{\sqrt{m}} = \sqrt{\frac{\sum_{k=1}^{n} v_k^2}{m(n-1)}} \tag{7.29}$$

式中，要求 n 的取值满足 $n \geq 10$，而 m 的取值可以比较小。

尽管方差 $s^2(x_k)$ 在不确定度评定与表示中是基本的量，但由于标准差 $s(x)$ 与

观测量 x_k 有相同的量纲，较为直观和便于理解，标准差使用更为广泛。

采用贝塞尔法计算标准不确定度时，测量次数 n 越大，得到的标准不确定度 $s(x_k)$ 越可靠，$s(\bar{x})$ 越小。

2) 极差法

在给定条件下，重复观测结果中最大值与最小值之差称为极差法。

设等精度重复测量 n 次，得到一组呈正态分布的数据序列，则根据极差法计算该测量值序列的标准不确定度如式(7.30)所示，即

$$s = \frac{\omega_n}{C} \tag{7.30}$$

式中，ω_n 为极差，定义为最大测量值与最小测量值之差；C 为极差系数，其值与测量次数 n 有关，可根据测量次数查表 7.8 得到。

表 7.8 极差系数 C 与测量次数 n 的关系

n	2	3	4	5	6	7	8	9	10	15	20	25	30
C	1.13	1.64	2.06	2.33	2.53	2.70	2.85	2.97	3.08	3.47	3.73	3.93	4.09

极差法常在测量次数为 $4 \leqslant n \leqslant 9$ 的情况下使用，极差法自由度比贝塞尔法要小，即可靠性差，优点是经济方便。当 $n \leqslant 9$ 时，极差法优于贝塞尔法，主要原因是贝塞尔法给出的实验标准差并不是标准偏差的无偏估计。需要注意，使用极差法需满足测量值符合正态分布的前提。

3) 合并样本标准差法

合并样本标准差法是根据多个被测量(或一个被测量在不同时间)在重复性(或复现性)条件下所进行的多组观测数值，按统计方法计算出一次测量结果的分散性标准差。

在重复测量条件下对被测量作独立重复测量，测得 m 组 n 个结果。根据测量数据按式(7.31)计算标准不确定度 $s_p(x_k)$，即

$$s_p(x_k) = \sqrt{\frac{\sum_{j=1}^{m}\sum_{k=1}^{n}(x_{jk}-\overline{x_j})^2}{m(n-1)}} = \sqrt{\frac{\sum_{j=1}^{m} s_j^2(x_k)}{m}} \tag{7.31}$$

式中，x_{jk} 为第 j 组第 k 次测量的结果；$\overline{x_j}$ 为第 j 组 n 个测量结果的平均值。若各组所包含的测量次数不完全相同，则还应采用式(7.32)所示加权平均法进行处理，即

$$s_p(x_k) = \sqrt{\frac{\sum_{j=1}^{m}(n_j-1)s_j^2(x_k)}{\sum_{j=1}^{m}(n_j-1)}} \qquad (7.32)$$

式中，n_j 为第 j 组的测量次数；n_j-1 为权重。

合并样本标准差仍然是单次测量结果的实验标准差，若最后给出的测量结果是 N 次测量结果的平均值，则该平均值的实验标准差用式(7.33)计算，即

$$s(\bar{x}) = \frac{s_p(x_k)}{\sqrt{N}} \qquad (7.33)$$

合并样本标准差法计算标准不确定度的优点是自由度大，结果可靠，特别适用于对规范化常规测量数据的处理。但须满足如下使用前提条件，包括多次测量的检测方法不变，整个过程满足统计控制状态，被测量的大小变化对分散性不起主要作用，测量值的不确定度相近。

4) 最大残差法

在测量不确定度的评定中，用测量数据的最大残差乘以适当系数获得标准差的方法称为最大残差法。

设等精度重复测量 n 次，得到测量值序列 x_k，若测量值独立且服从均值为 μ、标准差为 σ 的正态分布，则残差 $v_k = x_k - \bar{x}$ 为观测值与平均值 $\bar{x}$ 之差。在用最大残差法计算标准不确定度时，只需找出最大残差的绝对值 $\max|v_k|$，再乘以一个适当的系数 c_n 即可，其中 c_n 可通过查找表 7.9 得到，其值与测量次数 n 有关。

表 7.9　系数 c_n 与测量次数 n 的关系

n	2	3	4	5	6	7	8	9	10	15	20	25	30
c_n	1.77	1.02	0.83	0.74	0.68	0.64	0.61	0.59	0.57	0.51	0.48	0.46	0.44

根据最大残差法计算该测量值序列的标准不确定度，由式(7.34)计算，即

$$\sigma = c_n \max|v_k| \qquad (7.34)$$

最大残差法计算过程简单、易于掌握，但测量列需满足测量值独立且服从正态分布的前提条件。

使用最大残差法的注意事项：尽可能使每次重复观测之间相互独立，若调零是测量程序中的一部分，则它就应该是重复性的一部分；假定的随机效应在整个实验过程中均存在，均值与方差应不变，不存在随机的漂移，即需充分保证重复性条件，即使存在未知影响量，也不应超出允许的范围。

当某个测量只进行一次时，未必不存在 A 类评定，此时可以用合并样本标准差。

标准不确定度的 A 类评定方法较 B 类评定方法更为客观，具有统计学的严格性，所得结果的可靠程度与测量次数有关，但计算繁琐。

2. 标准不确定度的 B 类评定

有很多不能或不便用统计方法来评定标准不确定度的情况，可以采用 B 类评定方法估计。标准不确定度的 B 类评定是借助于影响被测量估计值可能变化的全部信息来进行的科学判定，这些信息可能是以前的测量数据、经验或资料，也可能是有关仪器和装置的一般知识，制造说明书和检定证书或其他报告所提供的数据，或是由手册提供的参考数据等。为了合理使用信息，正确进行标准不确定度的 B 类评定，要求有一定经验及对一般知识有透彻的了解。因此，采用 B 类评定方法，需先根据实际情况分析，对被测量值进行一定的分布假设，如可假设为正态分布或其他分布，然后根据各种分布假设对应的概率估算标准不确定度，常见的标准不确定度评定方法如下。

1) 已知置信区间和包含因子

根据经验和有关信息或资料，已知被测量值 x_i 落入区间 $(\bar{x} - a, \bar{x} + a)$ 的概率为 1，$\bar{x}$ 为被测量值的算术平均值。首先估计区间内被测量值的概率分布，再按置信概率 p 估计对应的包含因子 k，则 B 类标准不确定度 $u(x)$ 可估计为

$$u(x) = \frac{a}{k} \tag{7.35}$$

式中，a 为置信区间半宽度；k 为对应于置信概率的包含因子。当 x_i 出现的概率服从表 7.10 所示的分布时，可以通过查表得到对应的包含因子，用于计算标准不确定度。

表 7.10 常用分布置信概率与 k 和 $u(x)$ 的关系

分布类型	p/%	k	u(x)
正态分布	99.97	3	$a/3$
三角分布	100	$\sqrt{6}$	$a/\sqrt{6}$
梯形分布	100	2	$a/2$
均匀(矩形)分布	100	$\sqrt{3}$	$a/\sqrt{3}$
反正弦分布	100	$\sqrt{2}$	$a/\sqrt{2}$
两点分布	100	1	a

2) 已知扩展不确定度和包含因子

当估计值取自有关资料，如制造部门的说明书、校准证书、手册或其他资料，同时还明确给出扩展不确定度 $U(x)$ 为标准差的 k 倍，并指明了包含因子 k 的大小，则标准不确定度可用式(7.36)计算，即

$$u(x) = \frac{U(x)}{k} \tag{7.36}$$

3) 已知扩展不确定度和置信概率的正态分布

当测量值 x_i 的扩展不确定度不是按标准差 $\sigma(x_i)$ 的 k 倍给出的，而是给出了扩展不确定度 U_p 和置信概率 p 的正态分布，此时除非另有说明，一般按正态分布评定其标准不确定度 $u(x)$，估算方法为

$$u(x) = \frac{U_p}{k_p} \tag{7.37}$$

式中，k_p 为对应于置信概率 p 的包含因子。正态分布情况下置信概率和包含因子的关系如表 7.11 所示。

表 7.11　正态分布情况下置信概率 p 和包含因子 k_p 的关系

$p/\%$	50	68.27	90	95	95.45	99	99.97
k_p	0.67	1.00	1.65	1.96	2.00	2.58	3.00

4) 以"级"使用仪器的不确定度计算

当测量仪器检定证书上给出准确度级别时，可按检定系统或检定规程所规定的该级别的最大允许误差进行评定。假定最大允许误差为 $\pm A$，一般采用均匀分布，得到示值允差引起的标准不确定度分量 $u(x)$ 用式(7.38)计算，即

$$u(x) = \frac{A}{\sqrt{3}} \tag{7.38}$$

5) 由重复性限或复现性限计算不确定度

在规定实验方法的国家标准或类似技术文件中，按规定的测量条件，当明确指出两次测量结果之差的重复性限 r 或复现性限 R 时，如无特殊说明，则测量结果标准不确定度可用式(7.39)计算，即

$$u(x) = r/2.83 \text{ 或 } u(x) = R/2.83 \tag{7.39}$$

这里，重复性限或复现性限的置信概率为 95%，并按正态分布处理。

6) 已知扩展不确定度以及置信概率与有效自由度

若被测量值 x_i 的扩展不确定度不仅给出了扩展不确定度 U_p 和置信概率 p，

还给出了有效自由度 v_{eff},此时通过查 t 分布表得到 $t_p(v_{\text{eff}})$ 的值,标准不确定度 $u(x)$ 必须按 t 分布处理,则 $u(x)$ 的计算公式为

$$u(x) = \frac{U_p}{t_p(v_{\text{eff}})} \tag{7.40}$$

因为不确定度使用标准差来表征,所以不确定度的评定质量就取决于标准差的可信赖程度。标准差的可信赖程度与自由度密切相关,自由度越大,标准差越可信赖。因此,自由度的大小直接反映不确定度的评定质量。

对 B 类评定的标准不确定度 $u(x)$,由估计 $u(x)$ 的相对标准差来定义自由度 v,如式(7.41)所示,即

$$v = \frac{1}{2\left(\dfrac{\sigma_u}{u(x)}\right)^2} \tag{7.41}$$

式中,σ_u 为评定 $u(x)$ 的标准差;$\dfrac{\sigma_u}{u(x)}$ 为评定 $u(x)$ 的相对标准差。$\dfrac{\sigma_u}{u(x)}$ 与 v 的关系如表 7.12 所示。

表 7.12 $\dfrac{\sigma_u}{u(x)}$ 与 v 的关系

$\sigma_u / u(x)$	v	$\sigma_u / u(x)$	v
0.71	1	0.25	8
0.50	2	0.24	9
0.41	3	0.22	10
0.35	4	0.18	15
0.32	5	0.16	20
0.29	6	0.10	50
0.27	7	0.07	100

3. 合成标准不确定度的评定

合成标准测量不确定度的定义是根据一个测量模型中各输入量的标准测量不确定度,获得输出量的标准测量不确定度。在测量模型中输入量相关的情况下,计算合成标准不确定度需要考虑协方差。

当被测量 y 由 N 个其他量 $x_1, x_2, \cdots, x_N$ 通过测量函数 f 确定时,被测量的估计值 $y = f(x_1, x_2, \cdots, x_N)$。被测量的估计值 y 的合成标准不确定度 $u_c(y)$ 按式(7.42)计算,该式又被称为不确定度传播律,是计算合成标准不确定度的通用公式:

$$u_c(y) = \sqrt{\sum_{i=1}^{N}\left(\frac{\partial f}{\partial x_i}\right)^2 u^2(x_i) + 2\sum_{i=1}^{N-1}\sum_{j=i+1}^{N}\frac{\partial f}{\partial x_i}\frac{\partial f}{\partial x_j}r(x_i,x_j)u(x_i)u(x_j)} \qquad (7.42)$$

式中，y 为被测量的估计值，又称输出量的估计值；x_i 为输入量的估计值；$\frac{\partial f}{\partial x_i} = c_i$，为被测量的估计值 y 与有关的输入量的估计值 x_i 之间的函数对于输入量的估计值 x_i 的偏导数，c_i 为灵敏系数。灵敏系数是一个有符号有单位的量值，它表明输入量的标准不确定度 $u(x_i)$ 影响被测量估计值的标准不确定度 $u_c(y)$ 的灵敏程度。$r(x_i,x_j)$ 为输入量的估计值 x_i 与 x_j 的相关系数，$u(x_i,x_j) = r(x_i,x_j)u(x_i)u(x_j)$ 为输入量的估计值 x_i 与 x_j 的协方差。

根据式(7.42)计算合成标准不确定度，需要考虑输入量之间的相关性，当输入量之间不相关时，相关系数为零，则式(7.42)可以简化为

$$u_c(y) = \sqrt{\sum_{i=1}^{N}\left(\frac{\partial f}{\partial x_i}\right)^2 u^2(x_i)} \qquad (7.43)$$

设 $u_i(y) = \left|\frac{\partial f}{\partial x_i}\right|u(x_i)$，代入式(7.43)，可变换为

$$u_c(y) = \sqrt{\sum_{i=1}^{N} u_i^2(y)} \qquad (7.44)$$

当各输入量之间不相关时，合成标准不确定度的计算需根据测量模型分别计算。

当各输入量之间相关时，需要考虑它们的协方差，详细内容请查阅相关文献(国家质量监督检验检疫总局，2012)。

为了正确给出测量结果的不确定度，应全面分析影响测量结果的各种因素，从而列出测量结果的所有不确定度来源，做到不遗漏、不重复。这是因为遗漏会使测量结果的合成不确定度减小，重复则会使测量结果的合成不确定度增大，都会影响不确定度的评定质量。

7.4.4 频率测量不确定度评定

本小节以使用时间间隔计数器测量频率源输出的频率信号为例，阐述频率测量的不确定度计算方法。

频率是指单位时间内周期现象重复出现的次数。频率源输出信号的频率可以使用时间间隔计数器测量，其原理如图 3.3 所示。由时基振荡器的输出经分频后产生 1ms～10s 的一系列时基信号，通过闸门选择开关控制主闸门的开闭时间 τ，待测信号经放大整形等输入信号调理后变成所需极性的脉冲。如果在闸门时间内

有 n 个脉冲通过主闸门进入计数电路,则待测信号的频率 ν_x 为

$$\nu_x = n/\tau \tag{7.45}$$

式中,τ 为取样时间,s;n 为计数器所计的脉冲数。

待测信号的频率值通常由时间间隔计数器直接显示。根据式(7.45)得到时间间隔计数器测量频率源的标准不确定度传递公式为

$$u_c = \frac{u(\nu_x)}{\nu_x} = \sqrt{\left(\frac{u(\tau)}{\tau}\right)^2 + \left(\frac{u(n)}{n}\right)^2} \tag{7.46}$$

式中,$u(\tau)/\tau$ 为时基信号不准所引入的相对标准不确定度分量。计数器的时基是指所选的闸门时间 τ,它的不确定度主要取决于时基振荡器。一般,计数器所用时基振荡器标称频率为 5MHz 或 10MHz,时基振荡器标称频率的相对频率最大允许误差(频率准确度)为 $\pm\Delta\nu_0/\nu_0$。假设时基振荡器频率的可能值在 $\nu_0 \cdot (1 \pm \Delta\nu_0/\nu_0)$ 区间均匀分布,则可选取置信因子 $k_1 = \sqrt{3}$,则由于时基信号不准引入的相对标准不确定度分量可用式(7.47)计算,即

$$\frac{u(\tau)}{\tau} = \frac{u(\nu_0)}{\nu_0} = \frac{\Delta\nu_0/\nu_0}{k_1} \tag{7.47}$$

式中,ν_0 为时基振荡器标称频率,Hz。

由计数不准引入的相对标准不确定度分量用 $u(n)/n$ 表示,计数不准主要是由计数器量化引起的。因为待测信号和门控信号的相位关系是随机的,而计数电路不显示末位以下的数,所以可能多计或少计一个数,最大量化误差在 1 个最低位有效数字之内。若分辨率为 $\Delta\nu_L$,则相对分辨率为 $\Delta\nu_L/\nu_x$。假定频率读数在 $\nu_x \cdot [1 \pm \Delta\nu_L/(2\nu_x)]$ 区间为均匀分布,可选取置信因子 $k_2 = \sqrt{3}$,则 $u(n)/n$ 可以由式(7.48)计算,即

$$\frac{u(n)}{n} = \frac{u'(\nu_x)}{\nu_x} = \frac{\Delta\nu_L/\nu_x}{2k_2} \tag{7.48}$$

式(7.46)的标准不确定度 u_c 主要是根据经验和有关仪器的一般知识分析估计的标准不确定度,使用的是标准不确定度的 B 类评定方法。

频率测量结果的不确定度常用扩展不确定度 U 表征:

$$U = 2u_c, \quad k=2, \quad p \approx 95\%$$

参 考 文 献

国家质量监督检验检疫总局,2012. 测量不确定度评定与表示:JJF 1059.1—2012[S]. 北京:中国计量出版社.
马宝元,2010. 模数转换电路中孔径抖动的测量研究[D]. 太原:太原理工大学.

吴石林, 2010. 误差分析与数据处理[M]. 北京: 清华大学出版社.

叶德培, 1998. 时间频率计量中不确定度的评定[J]. 中国计量, 8(34): 59-61.

张磊, 靳志杰, 高欢, 2010. 低损耗稳相电缆的温度稳相及机械稳相研究[J]. 电气技术, (6): 91-94.

Šojdr L, Čermák J, Barillet R, 2004. Optimization of dual-mixer time-difference multiplier[C]. Proceedings of the 18th European Frequency and Time Forum, Guildford, UK: 1-7.

Šojdr L, Čermák J, Brida G, 2003. Comparison of high-precision frequency stability measurement systems[C]. Proceedings of the 2003 IEEE International Frequency Control Symposium and PDA Exhibition Jointly with the 17th European Frequency and Time Forum, Tampa, USA: 317-325.

第8章 精密测频技术发展展望

从人类开始使用日晷、漏刻等工具计时开始，时间计量仪器已经发展了几千年。随着信息化时代的到来，高精度时间频率已经成为一个国家科技、经济、政治、军事和社会生活中至关重要的一个参量，时间的应用范围已经渗透到众多基础研究领域(天文学、地球动力学、物理学等)和工程技术领域(信息传递、电力输配、深空探测、空间旅行、导航定位、武器实验、地震监测、计量测试等)，以及关系到国计民生的国家诸多部门和领域(交通运输、金融证券、邮电通信等)的各方面(陈洪卿，2004)。

频率标准和时频测量器件是时间频率领域的两个重要方面，相互影响，互相促进。在频率标准的发展方面，1967年将秒长定义从天文学更改到原子时，这一更改标志着时间测量的一个新时代到来，原子时开始作为计量标准。原子频率标准器以铯原子、氢原子、铷原子频标为主。守时常用铯原子钟的准确度能达到 5×10^{-13} 量级，钟组的准确度达到 2×10^{-14} 量级；主动型氢原子钟的稳定度能达到 10^{-16} 量级；光频率标准是时频标准发展的另一个方向，已经发展的光钟如铝离子光钟、镱/锶原子光钟、汞离子微波钟等。有研究表明，光钟的准确度及万秒稳定度甚至已经达到 10^{-18} 量级。这些标准器不仅被用于实验室，而且被大量用于卫星上及许多其他场合，发挥着更重要的作用。

时间频率的测量与频率标准的发展息息相关，随着频率标准器准确度和稳定度的不断提高，对相应的测量比对技术提出了更高要求。

根据本书所述各种不同频率测量方法，直接计数方法具有结构简单和频率测量范围宽的特点，但存在着正负一个周期的计数误差，导致测量精度不高。为降低此项误差，已经发展了多种方法，如模拟内插法、游标法、宽带相位重合检测法，以及借助于短时间间隔电容充放电与高速模数转换等方法。直接计数法的测量分辨率与计数器及其计数所使用的分辨率改进技术有关，典型分辨率能达到 1×10^{-11} 量级；相位比对法、差拍法和双混频时差法等提高测量分辨率方法都具有比直接法更高的分辨率，但是它们的频率测量范围较直接计数法窄，主要与公共参考源输出信号频率范围、滤波器带宽等有关，常用于标准频率信号间比对。差拍法、双混频时差法及频差倍增法等方法都有可能获得优于 1×10^{-13} 量级的测量分辨率。但是，即使是测量本底噪声最低的相位噪声测量系统(5125A)，系统本底噪声测量能实现取样时间 1s 的阿伦偏差为 3×10^{-15}，也不能满足评估光频标类频率稳定度性能的要求。另外，现代通信、仪器仪表、导航、空间技术和电子技术等领域要求频率测量仪器还应具有频率测量覆盖范围宽、响应时间快等特点，对测量仪器的发展提出了更多要求。

为了能更好地利用高性能频率源，以及满足各领域对频率测量设备的需求，需要更好的频率分配、传递、监测设备，这对频率信号整个传递链路的所有环节提出了更高要求，促使更高精度的频率传递方式(如光纤频率传递)逐渐走向实用阶段。频率信号的高精度测量比对作为频率传递和监测的重要手段，也需要不断降低测量噪声、扩展测量功能，以适应测试需求。总结各种需求，频率测量仪器的发展主要涉及以下几个方向：

(1) 从用户需求角度出发，将用户对频率源的稳定度与相位噪声测量需求相结合，发展适合同时测量频率源时域与频域性能的测量系统，便于用户全面了解待测源的性能。例如，采用直接数字相位噪声测量(Symmetricom，2010)，使用快速模数转换器对输入的待测信号进行数字化并且通过数字信号处理完成后期的测量功能。由于采用数字技术，通过数据处理，可以同时测量信号的相位和噪声，由此计算相位噪声谱和阿伦方差。

(2) 在传统频率测量方法基础上，发展频率信号的数字合成技术，扩展频率测量范围。频率测量系统中所需要的频率合成技术是指根据参考频率产生所要求的频率，最常用的频率合成方法有直接模拟合成方法、间接合成方法和直接数字合成。其中，高精度的数字频率合成是近年来研究开发的重点，其主要优点是快速频率转换的同步实现和高分辨率，缺点是功耗高、工作频率相对较低，以及频率合成器的时钟频率还受只读存储器(ROM)存取时间的限制。有研究通过带有插入方式的结构来改善接数字频率合成器(DDS)的性能。随着高精度 DDS 的出现，不但可以扩展精密频率测量的应用范围，而且有助于提升频率测量的灵活性。以双混频时差测量法为例，如果使用 DDS 作为内部的公共参考源，由于 DDS 的输出频率可以根据控制参数直接生成，可将测量系统的频率测量范围扩展至与 DDS 相当。扩展频率测量范围除了需要解决频率合成方面的问题，滤波器设计也非常关键，这是因为通常滤波器带宽越宽，噪声滤除效果越差，需要研究能兼顾带宽与噪声抑制两方面的需求的方法。

(3) 频率测量仪器功能的扩展，包括增加测量通道、增加测量带宽选择、增加数字测频时的采样率等方面。其中，增加测量通道数主要是为了满足多个频率源并行测量的需求。在某些领域，为了保证产生时频信号的可靠性，通常时间频率信号由不止一台频率源产生，甚至可能由数十台甚至几十台频率源组成，因此需要有能同时监测多个频率源性能的仪器，为产生可靠参考时频信号服务。测量带宽可选是为更准确地描述测量结果，在结果中增加测试带宽条件内容有助于对测试结果的充分表述。频率测量，特别是高精度频率测量，测量带宽直接影响测量结果，比较理想的情况是根据测量需要设置测量带宽。采样率主要针对数字测频系统，增加采样率有利于减小量化噪声，降低测量误差。

(4) 根据测量仪器行业总的发展趋势，频率测量仪器发展的主要方向应该符合模块化、便携化、集成化、软件化、高性能、网络化和配备应用程序(APP)等七个方面目标。在软件化方面，随着虚拟仪器技术的发展，已经有多家厂商提供了虚拟仪器开发平台，供用户开发专用仪器，这也为仪器便携化、模块化提供了基础条件。另外，模块化仪器对增强仪器的灵活性也具有重要意义。

(5) 发展更适合的材料，降低器件噪声，优化电路降低线路等噪声。在频率测量方面，对于器件和材料的研究也十分重要。很大部分的工作重点是发展晶体材料和模拟器件材料。

高精度频率测量技术是一个国家技术基础与高新技术发展的标志之一，在国际上受到广泛的重视。这不仅表现在精度方面，而且表现在技术本身所包括的丰富内涵、广泛影响，以及与其他领域的联系密切等方面，尤其是各种高精度频率标准的不断发展，精密频率源的广泛应用，使得它们以及相关的技术具有更广泛的社会影响和市场价值。对于这种对科技和产业的全局有重要作用的技术基础领域，除了需求牵引，系统的、全面的中长期规划和研究是保证学科水平的关键，在此基础上，才能保证本领域的高水平发展。

参 考 文 献

陈洪卿, 2004. 时间频率测量技术的发展与应用[C]. 21世纪中国电子仪器发展战略研讨会, 北京, 中国, (9): 18-22.
Symmetricom, 2010. 5125A Phase Noise Test Set Operations and Maintenance Manual[Z]. San Jose, USA.